南水北调精神初探

中共南阳市委组织部
南水北调干部学院　组织编写

刘道兴　等　著

人民出版社

1952 年 10 月毛泽东视察黄河，途中首次提出南水北调伟大构想。

南水北调中线干线工程路线示意图。

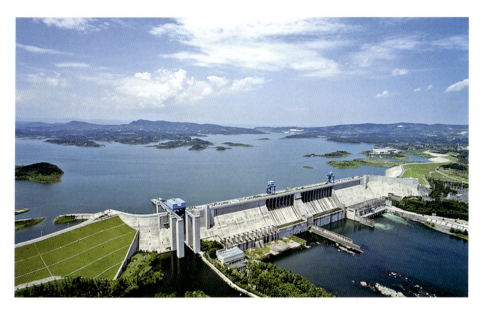
丹江口水库大坝。

南水北调中线工程陶岔渠首。

湍河渡槽工程。（陈东辉 摄）

南阳膨胀土试验段施工。（余培松 摄）

南阳市区段焦柳铁路跨渠桥梁和北环绕城高速跨渠公路桥。（余培松 摄）

沙河渡槽工程。（李博 摄）

南水北调中线穿越黄河。

焦作市城区段工程。（李博 摄）

南水北调中线工程北京团城湖明渠和配套工程。

穿黄工程隧洞管片拼装有序。（田自红 摄）

南水北调工程建设者风雨兼程赶工期。

南水北调工程建设者在工地上的晚餐。

淅川县盛湾镇移民在老宅前拍张全家福。（王洪连 摄）

淅川县金河镇 85 岁的老奶奶抱着刚出生 3 天的重孙（最小的移民）即将移民他乡。

（王洪连 摄）

行进中的移民搬迁车队。

淅川县仓房镇移民从水路搬迁。

南阳市移民干部千名党员誓师大会。

淅川县厚坡镇七里移民新村。

亲人您到家了。

原阳县狮子岗移民新村学校的学生在上课。（余培松 摄）

移民在新家喜获丰收。

湖北大柴湖移民后扶项目。（陈东辉 摄）

淅川县污水处理厂。

淅川县毛堂乡生态保护区。（李振林 摄）

郑州市中原西路南水北调总干渠生态绿化带。

南水北调中线工程通水后，一渠清水将许昌润泽为北方生态水城。（徐鼎烨 摄）

水质固定监测站点。（余培松 摄）

丹江湿地风光。

前　　言

2014 年 12 月 12 日，举世瞩目的南水北调中线一期工程正式通水。对于这样一个功在当代、利在千秋、历时半个多世纪的世界级水利工程，人们原本都期望着在工程建设成功之时会举行一次盛大的庆典，然而令人们没有想到的是，通水之时静悄悄。当天 14 时 32 分，一位渠首闸管理人员按动电钮，3 道闸门缓缓升起，清澈的丹江水奔涌而出，沿着蜿蜒的千里长渠，缓缓流向北方。此时，整个渠首只有几位工作人员和记者。有人评价，如果说这算是一个仪式的话，则是世界重大水利工程史上最简单、最节约、最低调的通水仪式，充分显示了当代中国共产党人坚定不移转变作风、励精图治的决心和意志。

尽管没有搞通水典礼，但是党和国家对南水北调中线工程建成通水是高度重视的。中共中央总书记、国家主席、中央军委主席习近平作出重要指示："南水北调工程是实现我国水资源优化配置、促进经济社会可持续发展、保障和改善民生的重大战略性基础设施。经过几十万建设大军的艰苦奋斗，南水北调工程实现了中线一期工程正式通水，标志着东、中线一期工程建设目标全面实现。这是我国改革开放和社会主义现代化建设的一件大事，成果来之不易。"中共中央政治局常委、国务院总理李克强作出批示："南水北调是造福当代、泽被后人的民生民心工程。中线工程正式通水，是有关部门和沿线六省市全力推进、二十余万建设大军艰苦奋战，四十余万移民舍家为国的成果。"

南水北调工程是民生工程、民心工程，是为中国北方解渴的国家战略工程。自建成通水以来，作为南水北调中线工程的水源地，丹江口水库水量充沛，水质优良，整个水库碧波荡漾，生态环境日益优美；一渠清水浩浩向北，不舍昼夜汩汩流淌，给干涸已久的中原和华北大地带来了甘霖般的滋润，平添了一片盎然生机。近两年，吃上"南水"的郑州市民普遍感叹，"水变软了，水变甜了，水垢少了"，许多家庭拆掉了家用软水机。而受益最大最明显的还是首都北京，通水两年多来，北京地区生活用水已经 70% 使用"南水"。北京和天津已初步实现了"地表水、地下水、南来水"统一调配。为国家实施京津冀协同发展战略，为规划建设首都副中心，为支持首都新机场等重特大工程建设提供了充足优质的水资源保障，特别是为河北雄安新区的规划建设提供了宝贵的水源支撑。通水两年多来，整个华北地区地下水位回升，生态环境初步改善，南水北调工程引来的丹江水已成为沿线城市的主力水源。这一切都表明，南水北调中线工程取得了巨大成功。

伟大的实践孕育和产生伟大的精神。南水北调工程作为新中国成立以来规模最宏大、持续时间最长的建设工程，从 1952 年金秋十月毛泽东主席提出大胆而又浪漫的设想，到 2014 年冬季"一泓清水润京津"梦想成真，一部南水北调工程规划建设史，留下了无数感天动地、可歌可泣的中国故事，孕育生成了荡气回肠、催人奋进的伟大精神——南水北调精神。这一丰硕的精神成果，与工程建设的累累物质成果交相辉映，光耀千秋。

人类历史上有四大古文明，唯有中华文明不曾中断过。中华文明之所以能够历经磨难而绵延不绝，"其中一个很重要的原因就是世世代代的中华儿女培育和发展了独具特色、博大精深的中华文化，为中华民族克服困难、生生不息提供了强大精神支撑"①。这种文化和精神是中华民族的根和魂。在五千年的文明发展进程中，我们的先人演绎出了女娲补天、共工触山、后羿射日、嫦娥奔月等神话，以及愚公移山、大禹治水等传说，积淀着中华民族最深层的精神追求，代表着中华民族独特的精神标识，蕴含了我们民族特有的文化内涵和代代传承、历久弥新的文化因子，奠定了中华民族精神丰厚的文化根基。

在带领中国人民进行革命、建设、改革的长期历史实践中，中国共产党人始终是中华优秀传统文化的忠实继承者和弘扬者，先后孕育形成了伟大的井冈山精神、长征精神、延安精神、西柏坡精神、"两弹一星"精神、红旗渠精神、焦裕禄精神、载人航天精神等。所有这些伟大精神，共同构成我们党在前进道路上战胜各种困难和风险、不断夺取新胜利的强大精神力量和宝贵精神财富。南水北调精神是历久弥新的中华优秀传统文化和民族精神在新的历史条件下的传承与弘扬。

南水北调精神源远流长。从 20 世纪 50 年代末兴建丹江口水利枢纽开始，南水北调精神就在工程建设实践中初步显现并发挥重要作用。当年的丹江口水库大坝工地上，来自豫、鄂两省的数万民工，完全靠铁锹土筐、人挑肩扛，硬是把汉江水拦腰截断。当时工地上有一个响亮的口号——"丹江不北流，誓死不回头！"这就是那个岁月的南水北调精神。到了二十世纪六七十年代，河南邓县、淅川县等地的十几万民工，在陶岔以东开挖引丹总干渠，兴建南水北调中线渠首。当时，整个十里长渠，红旗招展，车飞镐舞，口号震天，到处都是热火朝天的场面。民工们使用镢头、铁锹、扁担、柳条筐和架子车等最原始的劳动工具，以"南水北调，引汉济黄"、"愚公移山，改造中国"的英雄气概和豪情壮志艰苦奋战，谱写了一曲感天动地的时代壮歌。

---

① 习近平：《在文艺工作座谈会上的讲话》，人民出版社 2015 年版，第 2 页。

南水北调，难在移民。在整个南水北调中线工程建设中，河南、湖北等地共移民近百万。淅川县作为全国最大的库区移民县，在长达半个多世纪的南水北调推进过程中，先后有 40 多万居民离开山清水秀的美好家园搬迁他乡，无怨无悔。移民群众这种舍小家为大家、顾大局讲奉献的精神，集中体现了以爱国主义为核心的民族精神，是"国家兴亡，匹夫有责"民族大义的当代诠释。忠诚于党和人民的广大移民干部，则在移民工作一线表现出了恪尽职守、积极作为、鞠躬尽瘁、奉献担当的优秀品质，充分展示了当代中国共产党人的先进性和精神面貌。

南水北调中线工程是迄今为止人类历史上规模最大、施工最复杂、水质要求最严的调水工程。其中，规划设计、施工质量和水质保证是决定工程成败的关键。这就决定了南水北调精神是科学谋划的精神，是大胆创新的精神，是精益求精的精神，是严格管理的精神，是大国工匠的精神。正因为如此，国务院南水北调办公室把南水北调精神归纳概括为"负责、务实、求精、创新"，这也是在整个南水北调工程施工和管理过程中始终贯穿的一种精神，是支撑南水北调工程高标准建设和高质量调水的精神力量。

南水北调工程集中承载了中华民族伟大复兴的中国梦，其实质是国家对水资源在时空上的优化配置。南水北调精神，在国家层面上蕴含着社会主义集中力量办大事的独特优势，体现了在党的领导下统筹协调、科学发展的精神，彰显了全国一盘棋的团结协作精神。凭借着这些独特优势和特有精神，中国干成了其他一些国家根本干不成或很难干成的大事，取得了连一些西方大国也惊叹不已的发展成就。尽管南水北调精神孕育形成于南水北调工程建设实践，但其意义和价值已远远超出了工程建设领域，它同井冈山精神、长征精神、延安精神、"两弹一星"精神、红旗渠精神、焦裕禄精神一样，成为我们党、国家和民族宝贵的精神财富，成为我们实现中华民族伟大复兴中国梦的强大精神动力和精神支撑。

2013 年，为了弘扬和传承南水北调精神，用南水北调精神教育和激励干部，中共河南省委决定建立南水北调干部学院（南水北调精神教育基地）。这一重要决策，既为持续弘扬、传播南水北调精神搭建了平台，也为更加系统全面准确地归纳提升南水北调精神提出了高标准要求和现实需要。受南水北调干部学院委托，河南省社会科学院组成课题组，对南水北调精神开展系统专题研究。本书只是这一课题研究的初步成果。

作为一本全面系统研究提炼南水北调精神的理论专著，本书全景式回顾和描述了南水北调中线工程的概貌，全面系统总结概括了南水北调精神，对南水北调精神的内涵进行了深入分析，特别是重点阐释了南水北调精神的时代价值，揭示了南水北调精神对于振奋民族精神、建设伟大国家的重大现实意义。在南水北调工程实施和推进过程中，各地区、各部门根据自身在南水北调工程中承担的任务和使命，都提出了特色鲜明的南水北调精神。作为专家学者研究南水北调精神，课题组秉持的理念和原则是：既源于实践，又高于实践，使南水北调精神在内涵上具有广泛的包容性，在理论上将其提升为国家精神和民族精神。正是基于这种考量，我们把"大国统筹、人民至上、创新求精、奉献担当"作为南水北调精神的综合表述。

"大国统筹"作为一个有一定创新性的提法，是南水北调精神最具独特性的表述，是从国家层面、精神层面阐释和说明南水北调工程是"干什么"的。南水北调是国家工程、世纪工程，是统筹优化国家水资源配置的工程。总结概括南水北调精神，首先要站在国家高度。从毛泽东、邓小平到历届党中央、国务院领导集体，立足国家和民族全局，统筹谋划，持续推进。从长委会、黄委会到淮委会几十年分工合作，从东线、中线到西线，对中国水资源状况全面普查，综合分析，科学规划，直到形成"四横三纵"的"中华水网"。在整个工程施工过程中，国家统筹协调各方面力量，充分体现了社会主义制度能够集中力量办大事的独特政治优势。从时间跨度上说，从 1952 年毛泽东提出浪漫设想到今天已经经过了 65 个年头，国家各有关方面特别是国务院南水北调办公室综合协调统筹配置各方面资源，持续不懈推进移民搬迁安置、工程建设和水源水质保护，最终取得了举世瞩目的建设成就。这一切都是南水北调精神应当充分涵盖和着重反映的独特内涵，是其他许多单一性工程所不可比拟的。而用"大国统筹"可以把这些丰富的内涵集中表达出来。使用"大国"这一语言表达，意在把跨江跨河、三千里调水这一工程气势展示出来。而"统筹"一词一般认为有方法论意义，实际上也有思想、理念和精神意蕴。把"大国"与"统筹"结合到一起，则更多反映一种敢为人先的精神状态，一种气吞山河的恢宏气势，一种追求科学发展的理性精神。特别是作为党的十八大以后建成通水的世纪工程，南水北调工程已成为中华民族在中国共产党领导下从"站起来、富起来到强起来"的标志性工程之一，用"大国统筹"这一表述，体现了这一时代语境。在奋力实现中华民族伟大复兴中国梦的历史进程中，中国凭借改革开放以来积累的大国实力，实施了一系列大国战略，干成了一批大国工程，在世界树立起大国形象，而南水北调工程就是代表这一时代印记的历史丰碑。南水北调工程将和都江堰、京杭大运河、红旗渠一样，在中国历史上留下浓墨重彩的一笔。所以用"大国统筹"作为南水北调精神的表述，充分反映了南水北调工程的国家性、民族性、时代性和统筹谋划、优化配置全国水资源的独特性。

把"人民至上"作为南水北调精神内涵的重要表述，既反映了南水北调工程的根本目的和价值取向，又是当代中国共产党人治国理政新思想在南水北调工程推进过程中的集中体现。从逻辑关系上看，"人民至上"鲜明回答了南水北调"为谁干"的问题，与"大国统筹"构成一对完整的密不可分的逻辑体系。为了一泓清流润京津，中国共产党人矢志不渝 60 年，持续推进南水北调工程。人民对美好生活的向往，就是我们的奋斗目标。党的十八大以来，习近平总书记提出了以人民为中心的发展思想，充分彰显了我们党鲜明的人民立场、博大的民生情怀和自觉的责任担当。人民至上的核心要义，就是始终不渝地坚持党的根本宗旨，始终不渝地把人民放在心中的最高位置，始终不渝地贯彻党的群众路线，始终不渝地尊重和发挥人民群众的首创精神。南水北调工程建设实践，就是始终不渝地坚持和贯彻人民至上的实践。我们党和国家谋划和规划南水北调工程建设，根本出发点和落脚点是增进人民福祉，是为了人民；在移民征迁工作中，一切为移民群众着想，始终把移民群众的利益和安危冷暖放在心上。"视移民为父母、为移民当孝子"，体现的还是对人民敬畏和负责的态度与情怀。

需要特别说明的是，在南水北调精神研究过程中，有些同志希望用顾全大局、舍家为国、大爱报国、大爱无疆、舍小家为大家等来概括这一精神的内涵。经过反复讨论，大家逐步形成共识：如果是总结和概括南水北调移民精神，采用上述表述是可取的和应当的。但是，如果从国家精神层面来归纳凝练南水北调精神，则应主要反映党和政府以及各级干部在对待移民、做好移民工作方面所体现出来的精神。用"人民至上"这一表述，正是对这方面精神的最高抽象和准确表达。事实上，只有把"大国统筹、人民至上"这一南水北调过程中的国家精神突出出来，才能更加鲜明地显现出广大移民群众大爱的境界和胸怀。

"创新求精"是贯穿南水北调工程规划设计、工程建设和管理始终的基本精神，在南水北调精神表述的逻辑体系中，用来集中说明南水北调"怎样干"的问题。要把南水北调这项规模浩大、艰巨复杂、技术标准要求非常高的工程建设好，没有高度负责、求真务实、开拓创新、精益求精的精神，是根本不可能的。作为南水北调精神的重要内涵，"创新求精"既生动地反映了南水北调工程的建设实践，又深刻揭示了南水北调精神鲜明的时代特征，更对未来的国家重大工程建设具有直接的激励和示范作用。

"奉献担当"作为南水北调精神的重要内容，是多方面高度认识一致、几乎没有任何争议的表述，是对南水北调过程中广大移民群众、移民干部、工程建设管理者，以及各级各有关部门和单位的干部职工在国家工程面前的基本态度和精神风貌的客观真实反映。从逻辑关系上说，"奉献担当"揭示的是南水北调"靠谁干"的问题。为了一泓清流永续北上，几十万移民群众舍小家、为大家，不怕牺牲、无私奉献，广大移民干部、工程建设管理者，以及各级各有关部门和单位的干部职工不怕困难、忠诚担当，才最终成就了南水北调这一伟大工程。顾全大局、舍家为国、勇于牺牲、甘于奉献，顽强拼搏、敢为人先，对党忠诚、勇挑重担，所有这一切，都蕴含于"奉献担当"之中。

用"大国统筹、人民至上、创新求精、奉献担当"表述南水北调精神，比较全面反映了南水北调工程建设过程中国家、政府和一切参与人员的精神面貌。从逻辑上形成了南水北调"干什么、为谁干、怎样干、靠谁干"完整的思想体系。当然，在南水北调工程实施过程中，在各地各部门表述的南水北调精神中，还有团结协作、顽强拼搏、勇于牺牲、艰苦奋斗等内容，都在一定程度上属于南水北调精神。作为一种国家精神、民族精神的高度概括，作为一种时代精神的凝练，我们应突出重点，注意精练。

由于我们研究水平和能力有限，加上对南水北调工程建设实践的体会和感悟不深不透，对南水北调精神内涵的概括和提炼尚待进一步深化，对南水北调精神时代价值及其实践意义的认识还很不系统，存在一定疏漏、瑕疵乃至讹误在所难免，敬请各位读者不吝赐教，诚望我们的一家之言能够起到抛砖引玉的作用，吸引更多的人参与到南水北调精神的研究探索中来，以便同心协力把南水北调精神研究好、概括好、宣传好、弘扬好，使之在我们党团结带领全党全国各族人民进行伟大斗争、推进伟大事业、建设伟大工程、实现伟大梦想的征程中更好地发挥作用。

在本课题研究过程中，承蒙国务院南水北调办公室、中共南阳市委市政府、河南省南水北调办公室、中共南阳市委组织部、南水北调干部学院、淅川县委县政府、邓州市委市政府，以及南水北调中线工程沿线地方党委、政府和有关部门的大力支持和热情帮助，在此表示最诚挚的谢意。

第 一 章
寄寓梦想的世纪工程

中华民族是一个有着伟大梦想，并善于通过实践来实现梦想的民族。五千多年来，中华民族基于梦想与实践创造了许多世界奇迹。南水北调工程就是中华民族在 21 世纪创造的又一世界奇迹。中国水资源匮乏，南北分布严重不均衡，南方水患频仍，北方干旱肆虐。把南方富余的水调到干旱缺水的北方，就成了炎黄子孙共同的梦想。南水北调工程作为一项世纪工程，寄寓了一代伟人的世纪梦想和强国情怀，承载着亿万百姓的殷殷期盼，凝结着数十万工程建设者的心血与汗水，是泽润北国、惠及苍生的人间奇迹。

第一节 一代伟人的世纪梦想

水是生命之源，是人类生存和经济社会发展不可或缺的基础性资源。中国不仅是人均水资源最为贫乏的国家之一，而且水资源的分布在时空上极不均衡，与人口、耕地和经济社会发展不相匹配。新中国成立后，国家建设首先要面对"南方水多，北方水少"的现实问题。如何破解这一现实问题，就成为摆在党和国家面前的一个重要课题，激发出一代伟人毛泽东的世纪梦想。

一、世纪梦想的萌生土壤

实施南水北调是由中国水资源的基本状况决定的。中国水资源现状总量可观，但人均偏低，且分布不均。淡水资源总量为 28000 亿立方米，约占全球淡水资源的 6%，仅次于巴西、俄罗斯、加拿大、美国和印度尼西亚，位居世界第六位。但是，中国人均淡水资源量只有 2163 立方米，仅为世界人均水平的 25%，是全球人均水资源最贫乏的国家之一。据水利部预测，到 2030 年，中国人口将达到 16 亿，届时人均水资源量只有 1760 立方米。按照国际标准，人均水资源量低于 3000 立方米即为轻度缺水，低于 2000 立方米属中度缺水，低于 1000 立方米属重度缺水，低于 500 立方米属极度缺水。目前，中国有 16 个省（区、市）人均水资源量低于重度缺水线，其中，宁夏、河北、山东、河南、山西、江苏 6 个省区人均水资源量低于极度缺水线。与此同时，水资源时空分布不均的现象十分严重。

一是水资源区域分布南多北少。中国水资源总量的 81% 集中在面积只占全国面积 36.5% 的长江流域及其以南地区。长江是世界第三、亚洲第一长河，流域面积 180.85 万平方公里，占全国江河总流域面积的 18.8%，多年平均水资源总量 9960 亿立方米，约占全国水资源总量的 36.5%。流域多年平均年径流量约 9600 亿立方米，相当于黄河的 20 倍，但每年约有 94% 的水白白流入大海。淮河流域及其以北地区的国土面积占全国的 63.5%，人口、耕地、国内生产总值分别占全国的 47.4%、61.1% 和 41.2%，而其水资源量仅占全国水资源总量的 19%，只有南方水资源的 1/4。京津冀地区承载了全国 8% 的人口和 11% 的经济总量，而水资源量仅占全国的 1%。北京市人均水资源量不到 100 立方米，仅仅是沙漠国家以色列的 1/3。

二是中国受季风气候的影响，降雨和径流不仅年际变化大，连续丰水或连续枯水年较为常见，而且年内分布也很不均匀，降雨主要集中在汛期，大部分地区年内连续四个月降水量超全年的 70%。这使得旱、涝及连旱、连涝现象频繁发生。

水资源开发过度，水体污染严重，也是造成水资源短缺的重要原因。随着中国经济快速发展和城市人口急剧膨胀，对水的开发利用需求越来越高，很多地方水资源被过度开发。比如：黄河流域水资源开发利用程度已经达到 96%，淮河流域亦达到了 86%，而海河流域更是高达 106%，已超过了自然承载能力。近 20 多年来，黄淮海流域地下水超采日趋严重，每年超采地下水 60 亿—70 亿立方米，超采面积达 9 万平方公里，占平原面积的 70%，造成地面沉降、海水入侵、水质污染、土壤盐渍化等地质环境灾害。与此同时，由于工业和生活污水废水以及农业施用化肥、农药等原因，水污染问题越来越突出，松花江、辽河、海河、黄河、淮河、长江和珠江七大江河水网，均遭到程度不同的污染。2010 年，38.6% 的河流劣于三类水，2/3 的湖泊富营养化。全国 50% 的浅层地下水和 80% 以上的地表水遭受一定程度的污染。

中国正以严重稀缺的水资源和极端脆弱的水生态环境，承载着历史上最大规模并仍在持续增长的人口，支撑着历史上最大规模的人类活动和最快速度的经济社会发展。这种状况不仅难以持续，而且严重威胁着当代人的生产生活，给子孙后代留下无穷后患。南北水资源分布的巨大反差及人们面临的窘境，自然会使人们自觉或不自觉地萌生调水解困的想法。

二、世纪梦想的思想火花

进入 20 世纪后，一些仁人志士在统筹南北水资源问题上有不少奇思妙想。他们的设想闪耀着智慧火花，为南水北调工程的实施提供了借鉴。

一是整治恢复大运河。最早提出沟通南北水网的是革命先行者孙中山。他在 1917 年至 1920 年期间撰写了《孙文学说》、《实业计划》和《民权初步》，后来合称《建国方略》。《实业计划》对全国的水利建设着墨甚多，从南到北，从东到西，对中国的江河湖泊均有涉及。《实业计划·物质建设》写道："千百年来，为中国南北交通枢纽之古大运河，其一部分现在改筑中者，应由首至尾全体整理，使北方、长江间之内地航运得以复通。此河之改筑整理，实为大利所在。盖由天津至杭州，运河所经皆富庶之区也。"这一论述和今天南水北调东线工程相契合，只是孙中山先生关注的是航运，而今天的南水北调东线工程则更偏重于北方生产生活用水的供给。

二是引江洪济河旱。孙中山在《建国大纲》中提出"引江洪济河旱"的设想。他说："余历九州，阅《禹贡》，审史观今，发现江河洪旱不同时。长江洪水泛滥时，黄河干旱无水。诚能引江洪济河旱，则江无洪灾，河无干旱，双赢双益，齐利中华。可二路引水：康成凤州—宝鸡峡沟入渭；三峡筑坝截江，引渠过南阳入郑川直至河。"孙中山引江济河的构想，基于长江流域的洪灾与黄河流域的旱灾往往同时发生。如将长江之水引入黄河，则长江无洪灾，黄河无干旱，可同时缓解北旱和南涝。由此孙中山提出了南水北调的东西两线方案：西线从甘肃的康县、成县，到陕西的凤州、宝鸡峡，引水入渭河，通过渭河补充黄河水量；东线是在三峡筑坝拦截长江水，修渠引水过南阳盆地，流入新郑、郑州，直接进入黄河。① 孙中山的南水北调设想涉及南水北调的东线、中线和西线，和如今的南水北调工程方案惊人契合，输水线路也基本一致，显示出一代伟人的阔大胸襟、敏锐眼光和

---

① 参见徐建平：《孙中山与华北水务问题研究》，《河北师范大学学报（哲学社会科学版）》2011 年第 5 期。

经世济民的良苦用心。

三是川水济渭。1931 年，江淮地区遭遇百年罕见的特大水灾，湖北、安徽等 8 个省区"洪水横流，弥溢平原，化为巨浸，死亡流离之惨触目惊心"，武汉三镇没入水中一个月。这次水灾死亡 40 多万人，受灾总人口 5000 多万。仅长江流域泄洪区的死亡人数就达 14.5 万人，受灾人口 2850 万。这是有记录以来死亡人数最多的一次自然灾害。知名人士翁文灏、孙越崎等人扼腕长叹："如中国这样干旱缺水的国家，怎能每年任由几千亿立方米洪水泛滥成灾、害人之后白白流入大海？我们一定要实行孙文的主张：引洪济旱、引江济河！"他们怀着"治洪救民"的情怀，继承孙中山先生"引江洪济河旱"的思想，向国民政府提出了导出部分长江之水入陕西的"川水济渭"方案。但在积贫积弱、长期战乱、一盘散沙的旧中国，这种方案只能是束之高阁的一纸空文，是知识分子忧国忧民的美好梦想。

三、世纪梦想的萌发形成

中国人民的伟大领袖毛泽东是最早萌生南水北调世纪梦想，并努力将这一梦想付诸实践的人。毛泽东青少年时生长于湘江之畔，曾长期在南方地区从事革命活动，因而对湘江、洞庭湖洪水泛滥给百姓带来的苦难非常了解。早在 1934 年，第二次国内革命战争时期，毛泽东在《我们的经济政策》一文中就提出了"水利是农业的命脉"的著名论断，深刻揭示了水利对于农业生产的重要作用。1935 年 7 月，毛泽东率领中央红军北上，来到四川阿坝地区，登上麦尔玛北面的一座小山。他发现山南山北各有一条河流，山南是大渡河上游查理河，向南流入长江，山北是贾曲河，往北流入黄河。毛泽东感慨地说："长江与黄河仅一丘之隔，打个洞就能把长江的水引到黄河了。"这虽然是浪漫诗人的即兴遐思，但毛泽东南水北调的想法便在此时萌芽了。1935 年 10 月，毛泽东率中央红军长征到达陕北,他在《念奴娇·昆仑》中写下了"夏日消溶,江河横溢,人或为鱼鳖"的诗句,表达了他对洪水泛滥成灾造成人民生命财产巨大损失的痛惜。自1935年10月到1948年离开陕北,毛泽东在中国的大西北待了十多年,大西北干旱缺水、焦渴贫瘠的现实给他留下深刻印象。

深谙中国传统文化的毛泽东,对"治国必先治水"的古训有深刻理解。建国伊始的1950年,淮河流域先是久旱不雨,然后暴雨成灾。毛泽东多次指示治理淮河,并于1951年5月3日在《人民日报》发表了"一定要把淮河修好"的题词。1952年10月30日上午,毛泽东在河南兰考视察黄河东坝头时,黄河水利委员会主任王化云向毛泽东汇报治黄的规划设想,报告了已派查勘队行走万里查勘黄河源以及金沙江上游的通天河,希望可以把通天河的水引到黄河里来,解决西北、华北缺水问题。听了王化云的汇报,毛泽东说:"南方水多,北方水少,如有可能,借一点来是可以的。"正是这句看似轻描淡写的话语,点燃了共和国跨流域调水的世纪梦想,开启了国人长达半个多世纪的追梦之旅。

1953年2月,毛泽东南下视察长江,其目的之一就是想进一步探求向长江借水,解决北方缺水的问题。2月16日,毛泽东路过郑州时,特地向干化云了解了通天河引水的勘察和工程估算情况。2月19至22日,毛泽东乘"长江舰"视察长江中下游。19日,与长江水利委员会主任林一山论及南水北调问题,毛泽东问:"南方水多,北方水少,能不能把南方的水借给北方一些?这件事情你想过没有?"林一山老实回答:"不敢想,也没有交代给我这个任务。"毛泽东在对林一山的询问中,初步确定了在丹江口筑坝引水,引汉江水北上。随后,长江水利委员会组织专家和技术人员对汉江流域进行查勘,对丹江口坝址予以确定。中国的地势西高东低,大江大河一般呈自西向东流向,最后汇入大海，想把南水调入北方，山隔水阻，一般人不敢想象。但毛泽东作为一位杰出的浪漫主义诗人，一位雄视万方的大政治家，自有其吐纳山河的胆魄、心游万仞的气象。1956年6月视察南方时，毛泽东在《水调歌头·游泳》一词中写下了"更立西江石壁，截断巫山云雨，高峡出平湖。神女应无恙，当惊世界殊"的著名诗句，抒发了他根治江河的豪迈气魄和强烈愿望，奠定了南水北调工程的思想基础。

1958年3月，中共中央政治局在四川成都召开扩大会议，周恩来总理在会议上作了关于长江流域和三峡工程的报告，会议通过了《关于三峡水利枢纽和长江流域规划的意见》，明确提出了"引江济黄"方案，决定兴建丹江口水利枢纽初期工程。毛泽东高兴地说："打开通天河、白龙江与洮河，借长江水济黄，丹江口引汉济黄，引黄济卫，同北京连起来了。"毛泽东这一南水北调的构想，很快就在同年8月《中共中央关于水利工作的指示》中得到体现。文件指出："全国范围的较长远的水利规划，首先以南水（主要长江水系）北调为主要目的，即将江、淮、河、汉、海河各流域联系为统一的水利系统的规划……应加速制订。"这是南水北调一词第一次在中共中央文件中正式出现，这4个字重若千钧，标志着南水北调由领袖构想转化为国家决策。1959年，为了彻底搞清黄河、长江的地形、地质、水文、历史、文化等情况，为南水北调和三峡工程的决策做准备，毛泽东曾经产生过用骑马和徒步的方式考察黄河、长江的想法。他计划带一个包括天文、地理、历史、气象、土壤、化学、地质、肥料、水利、电力等方面的专家团队，从黄河口溯河而上，一直到昆仑山、通天河，翻过长江上游，然后顺江而下，从金沙江一直到上海崇明岛。毛泽东南水北调的世纪梦想，充分展现了他作为一代伟人的眼光和气魄，充分体现了他作为人民领袖心系苍生、忧国忧民的博大胸怀。

第二节　精心描绘的宏伟蓝图

为把一代伟人毛泽东的世纪梦想变为现实，党中央、国务院和有关部门深入调研、科学规划、详细论证、慎重决策，精心描绘出南水北调的宏伟蓝图，科学重构华夏水网，把长江之水通过东、中、西三条线路引向北方，以解决北方缺水地区的生产生活用水。经过长达半个世纪的不懈探索和精心准备，南水北调工程建设在新世纪全面进入实施阶段。

一、宏伟蓝图的初步构想

1958年2月，周恩来总理接受了毛泽东主席交付的南水北调任务，和李富春、李先念副总理视察长江三峡。长江水利委员会主任林一山在江轮上向周恩来总理等汇报了水利工程情况。周总理听完汇报后，当即表示支持丹江口工程建设，随后该工程建设被纳入到第二个五年计划。3月25日，在成都召开的中共中央政治局扩大会议认为建设丹江口工程的条件成熟，批准了丹江口水利工程上马，争取在1959年做施工准备或者正式开工。5月，周恩来总理飞抵武汉，传达中央意见，要求丹江口一期工程尽快组织上马。6月4日，丹江口水利枢纽工程规划设计鉴定会在湖北武昌召开，国家计委、经委、水电部、铁道部、地质部、长江委及湖北、河南两省的负责人参加了会议，会议确定一期工程以防洪、发电、灌溉和发展航运为主，大坝基础要为二期南水北调做好预置准备。

1958年9月1日，丹江口工地彩旗猎猎，随着湖北省省长张体学的一声令下，在一片欢呼声中，响起了惊天动地的开工炮声。1959年12月26日上午，汉江成功截流。国务院副总理李先念亲自到场祝贺，湖北省委第一书记、汉江丹江口工程建设总指挥部政委王任重现场泼墨，挥毫写下一首七言绝句："腰斩汉江何须惊，敢叫洪水变金龙。他年再立西江壁,指挥江流上北京。"

三年困难时期和十年"文革"期间,南水北调工程被迫搁置。这一时期,尽管丹江口水库的兴建和南阳邓县引丹工程仍然在进行之中,库区移民工作也没有停止,但是总的来看,南水北调工程的勘探、设计和论证工作基本上处于停滞状态。由于历史原因,南水北调工程一搁置就是十多年。

二、宏伟蓝图再次提上日程

1978年召开的党的十一届三中全会,重新确立了马克思主义的思想路线、政治路线和组织路线,把党和国家工作重心转移到经济建设上来。沐浴着改革开放的春风,尘封了十多年之久的南水北调规划再次被纳入重要议事日程。1980年四五月间,水利部组织国家有关部委和省市对中线进行了全线查勘。

1980年7月22日,时任中共中央副主席、国务院副总理的邓小平同志亲临丹江口水利枢纽工程进行视察。视察期间,他详细询问了丹江口大坝二期加高的相关情况以及水利枢纽初期工程建成后防洪、发电、灌溉效益等问题。邓小平同志这次视察,标志着南水北调工程建设重新进入中央高层视野。同年10月至11月,政府有关部门、高等院校和科研院所的专家学者、工程技术人员,会同联合国官员及联合国大学专家,对南水北调中线和东线进行了为期一个月的考察,并在北京举行了专题学术讨论会。经过考察和讨论,专家们认为,南水北调中线和东线工程在技术上是可行的。

1983年2月,水电部将《关于南水北调东线第一期工程可行性研究报告审查意见的报告》报国家计委并国务院,建议东线工程先通后畅、分步实施,第一期工程暂不过黄河,先把江水引至山东济宁。国家计委审查后认为,送到济宁不是南水北调东线工程的最终目的,建议补充继续送水到天津的修改方案。2月25日，国务院常务会议听取了水利电力部关于南水北调东线第一期工程的汇报。国务院认为，南水北调引水工程已酝酿多年，并做了大量的勘察、研究工作，是一项效益大而又没有什么风险的工程，它不仅能解决北方缺水问题，而且对发展航运有着重要意义。3月28日，国务院第11次会议决定，批准南水北调东线第一期工程方案，并以（83）国办函字29号文，将《关于抓紧进行南水北调东线第一期工程有关工作的通知》发给国家计委、国家经委等部委和苏、鲁、皖、冀、京、津、沪等省市。

1987年长江水利委员会编制并提出《南水北调中线工程规划报告》，翌年又报送了《南水北调中线规划补充报告》和《中线规划简要报告》。1988年6月9日，国务院总理李鹏对国家计委的报告作出批示，对国家计委提出的报告表示同意，并明确提出了南水北调的实施目标和建设投资应当遵循的基本原则，强调必须以解决京津华北用水为主要目标，按照谁受益、谁投资的原则，由中央和地方共同负担。

1991年4月9日，第七届全国人民代表大会第四次会议在审议和讨论的基础上，决定批准《中华人民共和国国民经济和社会发展十年规划和第八个五年计划纲要》。《纲要》强调："要着手建设一些跨流域的调水工程，逐步缓解华北和其他重点缺水地区、缺水城市的供水困难，努力解决部分地区人、畜饮水困难的问题"，并明确提出要在"八五"期间"开工建设南水北调工程"。这就意味着，南水北调工程建设得到了最高国家权力机关的批准。

三、宏伟蓝图最终绘就

以1992年邓小平同志南方谈话发表和党的十四大召开为标志，中国改革开放事业进入一个新的历史时期。在新一轮改革开放的大潮中，南水北调这一宏伟蓝图也进入了加速描绘阶段。1992年10月12日，江泽民同志在十四大报告中指出："集中必要的力量，高质量、高效率地建设一批重点骨干工程，抓紧长江三峡水利枢纽、南水北调、西煤东运新铁路通道、千万吨级钢铁基地等跨世纪特大工程的兴建。"①

党的十四大之后，党中央、国务院多次召开专门会议，研究南水北调问题。中央领导同志深入南水北调规划沿线进行实地调查研究。专家学者经过反复勘探、论证，提出了不同的方案。社会各界人士也踊跃参与，为南水北调工程积极建言献策。1992 年 12 月，水利部南水北调办编制了《南水北调东线第一期工程可行性研究修订报告》。《报告》提出了南水北调东线第一期工程的供水范围和目标以及工程规模、水量分配。1993 年 3 月，民革中央"南水北调方案"考察团在济南召开座谈会，听取山东省计委、省水利厅、省环保局和山东黄河河务局有关情况的介绍。同年 7 月，国家计委、水利部联合在北京召开南水北调工程工作座谈会。会议认为，中、东线都应上、快点上，要抓紧前期工作。9 月下旬，水利部在北京召开《南水北调东线工程修订规划报告》和《南水北调东线第一期工程可行性研究修订报告》审查会，会议同意两项报告。

1995 年 6 月 6 日，李鹏总理主持召开国务院第 71 次总理办公会议，专门研究南水北调问题。会议再次明确，近期南水北调的主要目标，是为了解决京津华北地区的严重缺水状况，是以解决沿线城市用水为主。会议同时还明确提出，南水北调规划方案要兼顾用水要求、投资效益和承受能力，东线、中线、西线都要研究，不可偏废，丹江口水库从发电、防洪改为供水、防洪为主。会议强调，一定要慎重研究，充分论证，科学决策。会议决定成立南水北调工程论证委员会，提出的论证报告由国家计委组织审查，并请邹家华副总理主持审议后报国务院。这标志着南水北调工程进入全面论证阶段。

---

① 《江泽民文选》第 1 卷，人民出版社 2006 年版，第 231—232 页。

1999 年 6 月 21 日，江泽民同志在河南郑州主持召开黄河治理开发工作座谈会。他在讲话中强调指出："为从根本上缓解我国北方地区严重缺水的局面，兴建南水北调工程是必要的，要在科学选比、周密计划的基础上，抓紧制定合理的切实可行的方案。"①根据江泽民同志的这一指示精神，2000 年 10 月，党的十五届五中全会通过的《中共中央关于制定国民经济和社会发展第十个五年计划的建议》明确提出："加紧南水北调工程的前期工作，尽早开工建设。"10 月 16 日，《人民日报》发表《抓紧实施南水北调工程》评论员文章，指出："酝酿多年的南水北调工程，已基本具备实施条件，各项准备工作将加快步伐。"②

2002 年，为确保南水北调工程顺利开工，国务院进行了紧锣密鼓的准备工作。是年 5 月 8 日至 11 日，温家宝副总理实地考察南水北调中线，先后察看了丹江口水利枢纽、陶岔渠首闸、穿越黄河工程、永定河倒虹吸工程等中线调水的一些关键性工程项目，看望了丹江口库区移民，听取鄂、豫、冀、京、津等沿线省市和有关部门的汇报，了解各方面的意见和建议。他强调指出，南水北调是千年大计，一定要以严谨、科学和实事求是的态度进行充分可靠的论证，经得起历史的检验，对子孙后代负责。8 月 19 日，温家宝副总理听取国家计委、水利部关于南水北调工程总体规划工作情况汇报。23 日，国务院总理朱镕基主持召开国务院第 137 次总理办公会议，听取了水利部副部长张基尧关于南水北调工程总体规划的汇报。会议审议并通过了《南水北调工程总体规划》，原则同意成立国务院南水北调工程领导小组，原则同意江苏三阳河、山东济平干渠工程年内开工。10 月 9 日，朱镕基总理主持召开国务院第 140 次总理办公会议，批准了丹江口水库大坝加高工程的立项申

---

① 《江泽民文选》第 2 卷，人民出版社 2006 年版，第 355 页。
② 《抓紧实施南水北调工程》，《人民日报》2000 年 10 月 16 日。

请，要求抓紧编制丹江口水库库区移民安置规划。

2002 年 10 月 10 日，江泽民同志主持召开中共中央政治局常务委员会会议，听取南水北调工程总体规划汇报，审议并通过了经国务院同意的《南水北调工程总体规划》。11 月 8 日，党的十六大报告郑重提出："抓紧解决部分地区水资源短缺问题，兴建南水北调工程。"[①] 这是南水北调工程第一次正式载入党的政治报告。12 月 23 日，国务院正式批复《南水北调工程总体规划》。12 月 27 日，南水北调工程开工典礼在北京人民大会堂和江苏省、山东省施工现场同时举行。国务院总理朱镕基在人民大会堂主会场宣布工程正式开工。开工典礼的举行，标志着南水北调工程已经完成了调研、论证、规划等前期准备工作，正式进入全面实施阶段。

1952 年毛泽东视察黄河时提出的南水北调之问，经过半个世纪的探索，无数次的勘探、座谈、研讨，反反复复的规划、设计、论证，终于由最初的世纪梦想转化为世纪工程的宏伟蓝图。南水北调这一亘古未有的调水工程从梦想到蓝图再到开工建设，凝聚着几代中央领导集体的心血，凝结着广大科研人员、工程技术人员和一线水利工作者的汗水，彰显着党和政府执政为民的宗旨意识，昭示着大国统筹的无限潜力。

第三节　古今中外的治水实践

人类文明离不开江河的哺育和滋润。古埃及、古巴比伦、古印度和中国是四大文明古国，都起源于自然地理条件比较优越的大河流域。河流提供了肥沃的冲积平原和便利的灌溉条件，是农耕文明时代不可或缺的自然资源。而洪水肆虐，也对农业生产和人民生活造成了极大危害。

---

① 《江泽民文选》第 3 卷，人民出版社 2006 年版，第 546 页。

在数千年的文明发展进程中，中国和其他国家都开展了卓有成效的治水实践，积累了丰富的治水经验，为南水北调世纪梦想付诸实施提供了历史依据和决策参考。

一、古老中国的治水理念

中华文明属于农耕文明，而农耕依赖于水利和土地。水利是农业的命脉，所以历代统治者都十分重视水利。管仲把兴水利、除水害看作是治国安邦的根本大计。他与齐桓公探讨治国方略时说："故善为国者，必先除五害。……水，一害也；旱，一害也；风雾雹霜，一害也；疠，一害也；虫，一害也。"[①]认为"五害之属，水为最大。五害已除，人乃可治"。他强调："除五害，以水为始。"概括为一句话就是：治国必先治水。中国第一个国家夏朝的建立，与大禹治水有着密切关系。因为治水需要组织社会力量，分工协作，通过成功的治水实践，大禹不仅积累了巨大的声望，而且形成了高效有力的社会组织，为大禹建立夏朝奠定了基础。

由于中国大部分地区属亚热带季风气候和温带季风气候，降雨量在年际和年内分布不均衡，加上西高东低呈阶梯状分布的地势，决定了中国是个水旱灾害频发的国家。据邓拓《中国救荒史》统计，自公元前1766年至公元1937年不到4000年间，中国发生水灾共1058次，平均每3年5个月左右发生1次；旱灾共1074次，平均每3年4个月左右发生1次。水利不仅关乎农业丰歉，甚至关乎社会治乱与政权兴替。风调雨顺、江河安澜、河清海晏，往往是政治昌明、太平盛世的景象，人民安居乐业，天下太平吉祥。而一旦出现严重的旱涝灾害，人民流离失所，无以为生，便会铤而走险，揭竿而起，危及政权存续。所以历代统

---

① 《管子·度地篇》。

治者都很注重水利事业，把治水放在头等重要的位置。秦王嬴政修筑了郑国渠，灌溉渭北平原，而使关中成为粮仓，为统一六国打下了物质基础；他还修建灵渠，把岭南广大的化外之地纳入大秦帝国的版图。汉武帝开关中漕渠，解决漕粮入京问题；兴修关中灌溉工程群，使关中"膏壤沃野千里"；亲临黄河瓠子（今濮阳西南）决口处，指挥堵口工程。康熙皇帝曾把河务、漕运与平定三藩并列，作为施政最紧要的大事。

治水是国家的重要职责，治水机构很早就成为国家机器的重要组成部分。相传尧舜时期，洪水四溢，禹被任命为司空负责治水。夏商时"水正曰玄冥"，专司水利。西周时，冬官司空为水官。春秋战国时期，各诸侯国设有川师、川衡、水虞、泽虞等，分掌水利事宜。秦汉时，中央政府的太常、少府、大司农等衙门都设有管水的官员都水长（令、丞）。隋唐时，中央政府六部中的工部所辖的水部负责全国的水政，长官称水部郎中、员外郎。后专设都水监，长官为都水使者，属官有监丞、主簿等，都水监衙门由此诞生。宋承唐制，又置河渠司、都水监。元代承袭都水监制度，权责较大。明清时，朝廷在工部下设都水司，"掌河渠舟航、道路关梁、公私水事"。此外，朝廷还根据需要派遣特使组织河道堵口和治理大役，在黄河、运河等大江大河上设流域机构，专司治理事宜，而地方水利管理职责主要由各级地方长官兼任。

随着水利事业的发展，统治者从国家利益出发，通过制定治水、管水、用水等方面的法律法规，协调各方面的利益关系，约束和规范各方面的行为，以求发挥水利的最大效益。公元前651年，春秋五霸之首的齐桓公"会诸侯于葵丘"，将"毋曲防"作为盟约的内容之一，即不要修筑挑水坝（曲防）将洪水引向他国，成为古代中国见诸文献记载的最早的防洪法规。《秦律》中有拆除诸侯国修建的阻洪设施、禁止砍伐山林等相关水利条文。《唐律疏议》对官员治水不作为、失职和违规的，有严格的处罚措施。金章宗泰和二年（1202年）颁布的《泰和律令》

中有《河防令》11条，内容涉及黄河和海河水网河防修守规则，是中国历史上第一部较为系统的防洪法令。清代的防洪法规集中在《清会典事例》中，有19卷之多，相当细密，内容主要包括：河防官吏的职责，河兵河夫，经费物料，疏浚工具，埽工、坝工、砖工、土工等的施工规范，工程质量保证和事故索赔，种植苇柳以及河防禁令等等。

国之大事，在祀与戎。祭水是古代中国的大事。由于生产力水平低下，当时人们认为大自然是不可抗拒的，不得不匍匐于大自然的淫威之下。在趋利避害的功利目的和原始宗教的作用下，人们常常举行包括祭水在内的各种祭祀活动。对黄河的祭祀史前就已经出现，夏商周三代成为定制，后来成为历代王朝的重要活动。据《竹书纪年》记载，夏代第九位君王后芒即位，"元年以玄珪宾于河"。"殷人尊神，率民以事神，先鬼而后礼"，每事必祀。商人视黄河为自然神，地位尊崇，甲骨文中就记述了大量对"河"的祭祀活动，包括祈雨、祈年等内容。基于万物有灵观念，古人笃信江河的安澜与否是由河神主宰的，故崇拜的对象便从江河逐渐转到了河神身上。《周礼》说："天子祭天下名山大川，五岳视三公，四渎视诸侯，诸侯祭名山大川之在其地者。"这说明周天子与诸侯不但要举行祭祀"四渎"、"大川"的活动，而且对它们的祭祀还有严格的等级规定。西门豹治邺中河伯娶妻的故事，反映了战国时期民间对河神的淫祀达到了无以复加的地步。隋文帝杨坚说："江河淮海，浸润区域，并生养万物，利益兆人，故建庙立祀，以时恭敬。"[1]古人将诸多希望和对自然的理解都寄托于对四渎等河神的献祭，以求风调雨顺，固涛安澜，国泰民安。

历代祭水活动显示了人们对大自然的敬畏和尊崇，体现在治水实践中，就是道法自然，顺应自然、敬奉自然，尊重自然规律，争取与自然

———————————

[1] 《隋书·卷二》。

和睦相处，修建天人合一、人与自然和谐相处的水利工程，都江堰、灵渠都是这类工程的典范。

二、古代中国的调水经典

中国西高东低的地势决定了境内自西而东的江河流向，每条大江大河往往自成体系，而沟通这些大的江河就需要开挖运河。中国古代为了漕运和灌溉的目的，开挖了无数运河。可以说，一部运河开凿史就是一部调水史。古代中国创造的调水工程经典之作，其治水理念之智慧、考虑问题之周全、工程设计之巧妙、人与自然结合之完美，无不令人拍案称绝。

邗沟。邗沟又称邗江、邗溟沟、渠水、中渎水、合渎渠，是连接长江北岸扬州与淮河岸边淮安的一段运河，沟通了长江和淮河，是中国有文献记载以来最早开通的跨流域人工运河。《左传》哀公九年："吴城邗，沟通江淮。"杜预注："于邗江筑城穿沟，东北通射阳湖，西北至末口入淮，通粮道也。"《太平寰宇记》则称之为合渎渠："合渎渠在（江都）县东二里，本吴掘邗沟以通江淮之水路也。昔吴王夫差将伐齐，北霸中国，自广陵城（今扬州）东南筑邗城，城下掘深沟，谓之邗江，亦曰邗沟，自江东北通射阳湖。"① 吴王夫差于公元前489年至公元前485年间，曾大举北伐齐、鲁，于鲁哀公九年（前486年）筑邗城（今扬州），利用多个天然湖泊向北开凿运河相互连接，到达今淮安，沟通了长江和淮河间的水运，通过水路北上争霸。开凿邗沟后的第三年（前484年），吴王夫差又开运河沟通济水和泗水，称菏水，从而沟通了淮河与黄河。邗沟是中国最早开凿的用以军事目的的漕运河道，是京杭大运河全程中开凿最早的一段。故道自今扬州市南引江水北过高邮市西，折东北入射

---

① 《太平寰宇记》卷一百二十三"江都县"。

阳湖，又西北至淮安市北入淮。东汉建安初广陵太守陈登改凿新道，自今高邮市直北达淮安，大致即今里运河一线。但魏晋时，淮安以南一段仍需绕道射阳湖，不能直达。隋炀帝大业元年（605年），发淮南丁夫十余万重开邗沟，基本上沿袭建安故道。

鸿沟。鸿沟是战国中期魏国修建的沟通黄河与淮河的一条人工运河。雄心勃勃的魏惠王欲称霸中原，于魏惠王九年（前362年）迁都大梁（今河南开封）。次年，开挖鸿沟，从黄河引水南入圃田泽（今河南郑州东），向东经中牟、开封，转向南下，汇入颍河，沟通淮河，从而把黄、淮之间的济、濮、汴、睢、颍、涡、汝、泗、菏等主要河道相互联结在一起，形成鸿沟水网。鸿沟有巨大的圃田泽调节水量，水位稳定，便利航运，它南通淮河、邗沟与长江贯通，北通黄河，与洛阳、渭水相连，东通济水、泗水，与淄济运河相接，形成了一个巨大的引水和水路交通网络，在历史上发挥过重要作用。

灵渠。又名澪渠、零渠、湘桂运河、兴安运河。灵渠，初名秦凿渠，唐以后始称灵渠，位于今广西兴安。秦统一六国后，向岭南用兵，派尉屠睢率军南下。为了运输军粮，于秦始皇二十八年（前219年），派监御史禄开凿灵渠。渠长33公里，其中人工开凿4.5公里，主要由铧嘴、大小天平、南渠、北渠等工程组成。铧嘴是分水坝，把湘水支流海洋水一分为二，一支流入南渠，一支流入北渠。大小天平是拦河坝，位于铧嘴尾端，用以拦河蓄水，提高湘江的水位，调节枯水季节和丰水季节渠内的水量，以保持安全流量。历经2000余年，各朝各代都曾进行维护、疏浚和建设，修建了新的坝、堤、堰、涵等，以保障引水、航运、防洪和农田灌溉。灵渠工程规划设计巧夺天工，是我国早期水利工程的经典之作。灵渠沟通了湘水和漓水，把长江水网和珠江水网联系起来，是秦为统一六国而兴建的一项重要的跨流域漕运工程，也是古代岭南与中原地区的主要交通干线，除有舟楫之利外，又用于灌溉，促进了西南地区少数民族的经济发展和文化交流。

通济渠。通济渠又称汴河、汴渠，是在古汴渠等旧有渠道的基础上开凿而成的，是隋唐宋时期联系黄河和淮河的骨干运道。古汴渠是鸿沟运河系统的一支，从黄河引水后经今开封、商丘、虞城、砀山、萧县至徐州入泗水，沿泗水入淮河，隋代以前一直是沟通黄河与淮河的重要运道。隋大业元年（605 年），隋炀帝命宇文恺在汴渠河道基础上加以整治，修筑堤堰，设置斗门等。渠成，名"通济"。通济渠自河南荥阳的板渚出黄河，经鸿沟、蒗荡渠、睢水沟通了江苏盱眙境内的淮河，全长650 公里，共流经 3 省 6 市，是古代中国劳动人民创造的一项伟大工程。

京杭大运河。京杭大运河将长江、黄河、淮河、海河和钱塘江五大水网连接起来，是世界上开凿较早、里程最长、工程最大的人工运河，北起北京，南至浙江杭州，流经京、津、冀、鲁、苏、浙 6 省市，全长1747 公里。它始建于公元前 5 世纪，最早的工程是吴王夫差开挖的邗沟。后经隋、元两代大规模整修扩建，利用天然河道加以疏浚修凿连接而成。全程分 7 段，即从北京市区到通州的通惠河段；通州至天津的北运河段；天津至山东临清的南运河段；临清至台儿庄的鲁运河段；台儿庄至淮阴的中运河段；淮阴至扬州的里运河段；镇江至杭州的江南运河段。京杭大运河是历代漕运要道，对中国的南北经济和文化交流发挥了重大作用。

新中国成立后，我国有计划修建了一批调水工程。其中，70 年代以前修建的调水工程主要以农业灌溉为目的，80 年代以后建设的调水工程主要在城市供水上发挥作用。如 1964—1965 年修建的广东东深引水工程，解决了香港的用水问题；1982—1983 年建成的引滦入津工程，缓解了天津市的用水紧张局面；1986—1989 年建成的山东引黄济青工程，满足了青岛市的用水需求；1976—1995 年修建的甘肃引大入秦工程，改善了兰州市以北秦王川地区的荒漠面貌；1992—1995 年修建的引黄入卫工程，缓解了河北省东南部严重缺水的状况。而在国内外影响最大的就是河南林县人民修建的红旗渠工程。这些跨流域调水工程的建设和运行，在发挥其应有效益的同时，也为南水北调工程积累了丰富的经验。

三、他山之石

跨流域调水源远流长。地球上水资源分布极不均衡，有的区域气候湿润，雨水丰沛，有的地方干旱少雨，极度缺水。这样，把丰水地区的水输送到缺水地区的跨流域调水工程，便应运而生了。早在公元前2400年前，古埃及国王默内尔下令兴建了世界上第一条跨流域调水工程：引尼罗河水到今埃塞俄比亚高原南部，以满足沿线土地灌溉和航运要求，极大地促进了古埃及文明的发展和繁荣。

第二次世界大战之后，各国经济进入恢复和发展时期，大规模的跨流域调水工程在全球范围纷纷出现，主要集中在20世纪40—80年代这一时期。据不完全统计，迄今已有40多个国家建设了350项大小不一的调水工程，已有24个国家和地区兴建了160多项跨流域调水工程，年调水量约6000亿立方米，主要集中在五大调水强国。加拿大共建有调水工程60多项，年调水总量达1410亿立方米，名列世界第一位；印度共建有大中型调水工程46项，年调水总量为1386亿立方米；巴基斯坦共建有48项大中型调水工程，年调水总量为1260亿立方米；苏联共建有近百项调水工程，年调水总量为860亿立方米；美国建有20余项调水工程，年调水总量为342亿立方米。这五个国家调水量总和占世界调水总量的80%以上。

作为农业国的印度和巴基斯坦，建设调水工程主要以灌溉为目的，印度和巴基斯坦调水工程的灌溉总面积分别达到2100万公顷和1704万公顷，极大地改善了两国粮食生产状况。得益于调水工程的灌溉功能，巴基斯坦的粮食生产大幅提高，由原来的粮食进口国变成粮食出口国。加拿大所建调水工程主要用于发电，用于发电的调水量占总调水量的95%，并通过向美国出口水电，取得了良好的经济效益。美国所建的调水工程以城市和工业供水、灌溉与发电为目的。美国西部加州地区素有干旱"荒漠"之称，由于修建了多项大型调水工程，加州已发展成为美国灌溉面积最大、粮食产量最高、人口最多的一个州，洛杉矶市一跃成为美国第三大城市。苏联调水主要以灌溉为目的，其次是城市和工业供水，兼顾发电和航运。

世界各地的调水工程给受水区带来了勃勃生机，形成了难以估量的综合效益。但不可否认，大型调水工程也对水源区的生态环境造成了一定的负面影响。一般情况下，调水工程的规模越大、距离越长，对生态和环境的影响就越显得复杂化、综合化。随着工程技术的提高，跨流域调水工程建设技术层面的困难越来越容易解决。与此同时，人们更加关注跨流域调水对经济效果和生态环境的远期影响。20世纪80年代后，发达国家调水工程的发展速度明显放慢，而发展中国家仍然建设不辍。除了印度、巴基斯坦外，埃及、南非等国家也大兴调水工程。但是新建续建的调水工程，都严格地考虑了自然生态环境的保护措施。近年来，法国、西班牙、土耳其等国正在筹划兴建新的调水工程，哈萨克斯坦也准备恢复兴建从西伯利亚河流向中亚地区的调水工程，中国的南水北调工程进展迅速、成效显著，一个新的跨流域调水工程建设高潮似乎正在世界范围悄然兴起。

第四节　华夏水网的科学重构

北方水少，南方水多，是中国水资源分布的一个显著特征。黄淮海地区是中国水资源最为紧张的地区，水成为制约该地区经济社会可持续发展的主要瓶颈。长江流域水量丰沛，有水可调。经过改革开放以来的快速发展，我国综合国力显著增强，财力、物力和科技实力雄厚，为实施南水北调工程、科学重构华夏水网奠定了坚实基础。

一、华夏水网基本状况

科学研究证明，正是因为有水的存在，地球才成为目前人类已知的唯一有生命存在的星球。有了水，植物才能进行光合作用，繁荣生长；有了水，动物才能存活在地球，繁衍生殖；有了水，人类才能生生不息，世代生存。水不仅维持了地球上所有生物的生命，也是关系经济社会发展的一种不可再生的宝贵资源。随着世界人口急剧增长，经济高速发展，全球用水量迅猛增加。与此同时，工业和生活废水污水的大量排放，水污染日益严重，可供人类安全饮水的水源日益短缺，生态环境不断恶化，水资源问题严重影响了全球的经济社会发展。联合国向全世界发出警告：水不久将成为继石油之后的下一个社会危机。

中国是世界上水资源比较贫乏的国家之一。根据水利部统计，中国多年平均水资源总量为28124亿立方米，位居世界第六。然而从人均来看，就很少了。2009年中国人均水资源占有量为2240立方米，约为世界平均水平的1/4。在世界银行统计的153个国家中，中国人均水资源占有量排在第88位。

中国水资源在空间分布上极不平均，南多北少是典型特征。西南、华南地区水资源比较丰沛，西北、华北地区水资源最为贫乏。从中国各省区市人均水资源量中明显看出，人均水资源比较多的大多在南方（西北的新疆、青海等地人口稀少）。根据水利部2000年资料统计，北方地区（长江流域以北）的人口、耕地、国内生产总值分布占全国的47.4%、61.1%和41.2%，而多年平均水资源量仅占全国的19.6%。

北方的黄淮海流域是中国缺水最为严重的地区。该区域面积为145

万平方公里，耕地面积、人口和国内生产总值均超过全国的 1/3，而水资源量仅占全国的 7.2%。黄淮海地区水资源的严重短缺，已成为制约该地区经济社会可持续发展的瓶颈。以山东为例：改革开放以来，山东工农业供水形势持续紧张，地表水资源严重不足，地下水资源持续超采，城乡供水频频告急，给工农业生产造成巨大损失，给人民生活、社会安定以及生态环境带来严重后果。初步测算，山东省每年因供水不足造成的直接经济损失超过 50 亿元。随着山东省工农业生产的发展，人民生活水平和城市化水平的提高，各方面的需水量还会不断增加。如果不采取强有力的措施，山东省的干旱缺水形势将日趋严重，旱灾危害将会更大。

20 世纪 80 年代以来，黄淮海地区发生持续干旱，缺水范围不断扩大，缺水程度不断加深。水利部发布的中国水资源公报指出：2000 年，中国北方大部降水量比同期减少 2 至 7 成，造成严重干旱，北方一些大中城市出现了新中国成立以来最严峻的缺水局面。持续 20 多年的水危机，对黄淮海地区的经济社会和生态都产生了重大负面影响。

由于资源性缺水，即使充分发挥节水、治污、挖潜的可能性，西北、华北，尤其是黄淮海地区仅靠当地水资源已不能支撑其经济社会的可持续发展，实施跨流域调水，从水量比较充沛的长江往北方调水迫在眉睫。

二、中国具有重构水网的现实可能性

在全国范围内实施跨流域大规模调水，重构中华水网，实现水资源的优化配置，解决北方特别是华北地区的缺水状况，在当今中国具有现实可能性：南方丰富的水资源为南水北调提供了必备的前提条件，改革开放以来大幅提升的综合国力和科技实力为南水北调提供了坚实经济基础和有力技术支撑，优越的中国特色社会主义制度为南水北调提供了根本保障。

其一，长江流域充沛的水资源为跨流域调水提供了前提条件。长江水利委员会每年发布的《长江流域及西南诸河水资源公报》显示：长江流域多年平均水资源总量为 9960 亿立方米，约占全国水资源总量的 36.5%，每平方公里水资源量 56 万立方米，为全国平均水平的 2 倍，是黄淮海地区的 4 倍。流域多年平均年径流量约 9600 亿立方米，其中入海水量占天然径流量的 94% 以上。每年的汛期，长江流域大量的地表水不但白白流入大海，而且还会造成洪涝灾害。中国的洪水灾害图显示，长江流域特别是长江中下游平原地区是洪水泛滥最为严重的地区。20 世纪以来，长江流域发生多次严重洪涝灾害。1935 年的汉江特大洪水，汉江干堤多处决口，淹死 8 万多人，淹没耕地 640 万亩，370 万民众无家可归。1954 年的大水，尽管党和政府采取了不少积极措施，依然造成巨大损失。据不完全统计，长江中下游的湖北、湖南、江西、安徽、江苏 5 省，有 100 多个县受灾，受灾人口 1888 万，死亡 3.3 万人。频发的洪涝灾害，从一个侧面反映了长江流域的水资源丰沛状况。总的来说，长江流域水资源较为充足，特别是在夏季的汛期，强降雨给长江流域带来丰沛的水量。因此，从长江流域调出部分水量是可行的。

其二，中国综合实力的显著增强为重构华夏水网奠定了坚实的基础。综合国力特别是经济实力与科技实力是衡量一个国家强大与否的最重要的指标。改革开放以来至南水北调开工建设的 20 多年间，中国进入发展快车道，综合国力不断迈上新台阶。1949 年新中国成立时，中国的综合国力居于世界第 13 位，但各项指标与排名靠前的美国、英国、苏联、法国等国家的差距很大。到 2001 年，根据中国现代国际关系研究所发布的研究报告，中国的综合国力已经跃居世界第 7 位，且各项指标明显提高，与欧美日等发达国家的距离逐步缩小。从经济方面来看，从 1979 年到 2002 年，中国以年平均近 10% 的增长率持续高速发展，增长率之高及持续时间之长远远高于曾经风光无限的日本及亚洲四小龙。1979 年中国 GDP 总量为 4062.6 亿元人民币，到 2002 年，GDP 总量突破 12 万亿元，约是 1979 年的 29 倍。从世界排名情况看，中国 GDP 总量 1996 年超越巴西位居第 7 位，2000 年超过意大利位居第 6 位。20 多年来，中国工农业生产成果骄人。据联合国粮农组织数据库提供的数据，2002 年中国的钢、原煤、水泥、化肥、棉布、电视机等工业产品产量和谷物、肉类、棉花、花生、油菜籽等农业产品产量均居世界首位。原油、电力、大豆、甘蔗等工农业产品产量居世界前列。经济实力的增强为实施大规模调水、整合水资源奠定了坚实的物质基础。在全国范围内实施规模空前的调水，没有较为雄厚的经济实力是不可能完成的。南水北调工程规划阶段的投资总额接近 5000 亿元，是 1957 年中国 GDP 总量 1069 亿元的 4 倍多，约相当于改革开放初的 1979 年 GDP 总量。这样的一个投资总额，放在改革开放之前，连想都不敢想。

其三，改革开放以来，中国科技事业日新月异，科技实力显著提升。1995 年 5 月，中国确立了科教兴国战略，迎来了科技事业发展的新时代。南水北调工程实施前，中国在科技领域取得了辉煌的成就。10 兆瓦高温气冷核反应堆实验工程建成、超大规模并行处理计算机研制成功、"神舟"系列飞船试验成功等，标志着中国在相关领域跨入世界先进行列。与此同时，我们建成一批国家重点实验室，实施一批重大科学工程，建设一批国家工程技术研究中心。科技实力的显著增强为实施跨流域水网重构提供了技术支撑。从世界范围看，跨流域调水面临很多技术难题，有些甚至是世界顶尖难题。如果没有强大的科技实力和装备制造能力做后盾，如此大规模的跨流域调水寸步难行。

其四，中国特色社会主义制度优越性为科学重构华夏水网凝聚了强大力量。在社会主义制度下，国家可以迅速集中人民群众智慧，集中一切可以利用的资源，最大限度地调动方方面面的积极性、创造性，实现人力物力财力的最佳组合，产生一加一大于二的效应。习近平同志指出："我们最大的优势就是我国社会主义制度能够集中力量办大事，这是我们成就事业的重要法宝，过去我们搞'两弹一星'等靠的是这一法宝，今后我们推进创新跨越也要靠这一法宝。"国务院南水北调办原主任张基尧曾经这样说，国外很多同行一提起南水北调工程，便对我们非常羡慕，羡慕社会主义制度的优越性，能够集中力量办大事。中国社会主义制度无与伦比的优势，是确保跨流域调水能够顺利实施的重要因素。如大规模移民、征迁等在西方国家想都不敢想的事情，而在南水北调工程中，依靠社会主义制度的优越性，都得到了妥善解决。

三、"四横三纵"华夏水网

通过南水北调工程，解决北方缺水问题，是很好的设想。但是，从什么地方取水，取水的路线怎么确定，往哪些城市供水，怎么做更为科学合理，更节约资源，这些都是构建华夏水网的重大问题。自20世纪50年代初毛泽东提出世纪梦想以来，这些问题已经进入党和政府的视野，并被提上了重要议事日程。

20世纪50年代初，党和国家领导人以及专家学者把目光聚焦在汉江流域，主张把丹江口的水调往北方。于是，1958年9月，丹江口大坝开工建设，移民工作陆续展开。同年，水利部领导李葆华、黄河水利委员会主任王化云带领几十名水利工作者深入青藏高原，探索西线取水方案。也是这一年，中共中央发布《关于水利工作的指示》，提出通过南水北调，将江、淮、河、汉、海各流域联为统一的水利系统的初步规划。

改革开放以来，党和政府再次聚焦南水北调，逐步确立了东、中、西三条线路的调水方案。20世纪80年代开始，国家统筹规划三条不同的线路，在路径选择上进行反复勘测论证，提出了不同的规划方案。就东线方案而言，有《1979 年规划报告》方案——过黄河到天津，《1983年可研究报告》方案——进东平湖不过黄河，《1990 年修订规划》方案——过黄河到天津和北京，《1996 年论证报告》方案——过黄河到天津，供青岛，《2001 年修订规划》方案——过黄河到京津，分供烟台、威海等；就中线方案而言，在具体的线路选择上，党中央、国务院和有关专家学者反复研讨、斟酌、对比。如南水北调中线要不要经过河南焦作，是绕过焦作市区还是穿城而过，领导和专家们都存在不同的意见分歧。张基尧回忆，大多数专家主张输水渠道绕过市区，但是焦作市委、市政府坚持引水线路从城市穿行，河南省委、省政府支持焦作意见。经过多方协商，中央尊重了地方意见。至于西线，方案更是多样。专家们提出了 30 多个引水线路，其中大渡河、雅砻江、通天河是比较具有代表性的线路。

经过半个世纪的酝酿，2002 年国务院《南水北调工程总体规划》横空出世，向世人展示了南水北调的宏伟蓝图——总体格局为西、中、东三条线路，分别从长江流域上、中、下游调水。东线从长江下游扬州江都抽引长江水，利用京杭运河及与其平行的河道逐级提水北送。出山东东平湖后分两路输水：一路向北，输水到天津；另一路向东，输水到烟台、威海。东线一期工程调水主干线全长 1467 公里。中线从河南南阳陶岔渠首引丹江水北上，沿黄淮海平原西部边缘北上，在郑州荥阳境内穿过黄河，随后沿京广铁路西侧北上，基本自流到北京、天津，全长 1432 公里。西线工程在长江上游通天河、雅砻江和大渡河上游筑坝建库，开凿输水隧道，调长江水入黄河，线路长度为 1072 公里。

南水北调工程的全面实施将为中华民族打造出一个全新的"华夏水网"。工程全部建成后，南北流向的三条调水干渠与东西流向的长江、淮河、黄河、海河纵横交错、相互连接，在空间上构成以"四横三纵"为主体的大水网。通过南水北调构建的"四横三纵"大水网，国家可在战略和宏观层面，大尺度、全方位地进行跨流域、跨区域的水资源优化配置，为经济社会发展和生态文明建设提供有力的水资源支撑和保障。①

第五节　泽被苍生的人间奇迹

南水北调工程是迄今为止世界上规模最为宏大的水利工程，是优化中国水资源配置、解决北方水资源短缺、实现 21 世纪黄淮海流域可持续发展的重大战略性基础设施建设。南水北调工程事关国家长治久安和中华民族伟大复兴中国梦的实现，是造福当代、惠及子孙的千秋伟业，是富民强国、泽被苍生的人间奇迹。

一、大国统筹的宏伟工程

南水北调工程自 1952 年开始论证，一直到 2002 年国务院批复同意《南水北调工程总体规划》，整整进行了半个世纪的周密论证，集中了中华民族的聪明才智。南水北调工程，分别从长江下游、中游、上游规划三个调水区，形成东线、中线、西线三条调水路线，并通过这三条纵向调水路线，把长江、淮河、黄河、海河这四条横向河流相互连接，构成"四横三纵"为主体的中国大水网。工程规划最终调水规模共计 448 亿立方米。其中，东线调水 148 亿立方米，中线调水 130 亿立方米，西线调水 170 亿立方米。调水总量相当于一条黄河的年径流量，超过当今世界调水量最多的巴基斯坦西水东调工程 3 倍多。先期建成通水的南水北调东线、中线一期工程，调水规模已达到 183 亿立方米，刷新了世界

---

① 张野：《构建中华民族"四横三纵"大水网》，2015 年 10 月 16 日，见 http://dan-gjian.people.com.cn/n/2015/0915/c117092-27588551.html。

调水工程的调水量最高纪录。南水北调东线、中线一期工程干渠总长为2899公里，是此前干渠比较长的美国加州北水南调工程3倍多。

东线工程。以江苏省江水北调工程为基础，扩大规模并向北延伸。在长江下游扬州附近抽引江水，充分利用京杭大运河故道以及与其平行的河道，逐级提水北送，贯通起调蓄作用的洪泽湖、骆马湖、南四湖、东平湖，出东平湖后分为两条输水线路：一路向北直到天津，主干渠全长1156公里；另一路向东经过济南输水到烟台、威海，全长701公里。东线工程总调水量设计为148亿立方米，分前后3期实施完成。东线工程主要解决黄淮海平原东部地区、胶东半岛和华北沿津浦线区域的严重缺水问题，一期工程最终投资为554亿元，调水总干线全长1467公里，多年平均抽取长江水89亿立方米。东线一期工程由调水工程和治污工程两大部分组成，通过比较彻底的治污措施，使东线水质全线达标，彻底改变沿线的水环境，使古老的运河焕发出新的生机和活力。东线一期工程于2002年12月27日开工。经过建设者们11年不懈努力，于2013年11月15日正式通水。截至2014年年底，东线一期工程累计抽长江水47.93亿立方米，圆满完成年度调水任务、南四湖应急补水和江苏省应急抗旱工作。通过一系列严格的治污措施，工程输水水质稳定，全部达到供水水质标准，输水河道航运平稳，交通、电力、水利等设施运转正常。

中线工程。南水北调中线工程充分利用自然地理条件，从加高大坝扩容后的丹江口水库陶岔渠首闸引水北上，沿唐白河流域西侧，穿过长江流域与淮河流域的分水岭方城垭口，沿黄淮海平原西部边缘继续北上，在郑州以西穿越黄河，随后沿京广铁路西侧北上，基本自流抵达终点北京团城湖，沿线以开挖渠道为主，全长1277公里。自河北省徐水县总干渠上分水向东至天津外环河形成天津干渠，全长155公里。整个中线工程干渠总长1432公里。中线工程调水规模设计为130亿立方米，规划分两期实施。一期工程调水量为 95 亿立方米，二期工程建成后调水量增加至 130 亿立方米。中线工程主要是向河南、河北、北京、天津四省市提供生活、工业用水，兼顾生态和农业用水，解决华北特别是京津地区的严重缺水问题。

中线一期工程由水源工程、陶岔渠首工程、输水干线工程、丹江口库区及上游水污染防治和水土保持工程、汉江中下游治理工程等组成。中线工程实现全线自流，对于长达 1432 公里的输水距离和不足百米的水位差，显示出设计和建设的超高精度和技术水平，成为控制成本、节约能源、环境保护等方面的典范工程。中线一期工程总投资 2528 亿元，规划多年平均年调水量为 95 亿立方米。其中河南省分配水量为 37.7 亿立方米，河北省 34.7 亿立方米，北京市 12.4 亿立方米，天津市 10.2 亿立方米。河南省境内既有水源和配套工程，又有渠道工程；既是调水区，又是受水区；既是渠道最长、占地最多、文物点最多、移民征迁任务最重、投资最大的省份，也是用水量最大的省份。中线一期工程于 2003 年 12 月 30 日开工建设，2013 年 12 月 25 日全线贯通，经历了整整 10 年时间。2014 年 9 月 29 日完成全线通水验收，2014 年 12 月 12 日正式通水。2014—2015 第一个调水年度，中线工程入渠水量为 23.9 亿立方米，除去长距离输水蒸发等损耗，累计向各受水区分水达 22.2 亿立方米，河南、河北、北京、天津四地分别为 8.7 亿立方米、8.4 亿立方米、3.8 亿立方米和 1.3 亿立方米，沿线 14 个大中城市受益，受益人口 3800 万。2015—2016 第二个调水年度，年调水量 38.3 亿立方米，北京分水量 11 亿立方米，达到一期工程设计分水量（10.5 亿立方米）的 104.8%；天津分水量 9.1 亿立方米，达到一期工程设计分水量（8.6 亿立方米）的 105.8%。通水期间，设备设施工况良好，运行正常，全线水位平稳，水质稳定达到或优于Ⅱ类标准。

西线工程。规划在长江上游的通天河、支流雅砻江和大渡河筑坝建水库蓄水，在长江与黄河分水岭巴颜喀拉山开凿输水隧洞，调长江水北入黄河上游。西线工程规划调水规模为 170 亿立方米，主要解决青海、甘肃、宁夏、内蒙古、陕西、山西 6 省（自治区）等黄河上中游地区和渭河关中平原严重缺水问题。西线工程位于青藏高原东南部，高寒缺氧，交通不便，地质条件复杂，自然环境恶劣，技术难点多，工程投资大，目前尚未开工建设。

二、盛世中国的实力展现

中国历史上的盛世，如西汉文景之治，唐朝贞观之治、开元盛世，清朝康乾盛世等，都表现出社会稳定、政治清明、经济繁荣、文化昌盛的基本特征。新中国成立后特别是改革开放 30 多年来，在中国共产党领导下，中国人民实现了一个又一个历史性飞跃，取得了举世瞩目的伟大成就。2010 年中国 GDP 超过日本，成为仅次于美国的世界第二大经济体，综合国力在世界上名列前茅，可以说中国进入了历史上最好的发展时期。习近平总书记说："我们比历史上任何时期都更接近中华民族伟大复兴的目标，比历史上任何时期都更有信心、有能力实现这个目标。"[①]中国强大的综合国力为南水北调的世纪梦想提供了雄厚的物质基础。同时，南水北调工程的顺利实施也是盛世中国综合实力的一次集中展现。

南水北调工程体现了当代中国经济实力。南水北调是迄今为止世界上规模最大的调水工程。工程跨越长江、淮河、黄河、海河四大流域，涉及 10 多个省、自治区、直辖市，干渠线路长、穿越河流多、工程规模大、涉及面广。仅东线和中线一期工程土石方开挖量就高达

---

① 习近平：《在纪念孙中山先生诞辰 150 周年大会上的讲话》，《人民日报》2016 年 11 月 12 日。

17.8 亿立方米，土石方填筑量达 6.2 亿立方米，混凝土量达 6300 万立方米。南水北调是世界上供水量最大的调水工程。工程规划最终年调水规模为 448 亿立方米，已建成通水的东线、中线一期工程，年调水量就高达 182.7 亿立方米。南水北调是世界上输水距离最长的调水工程。工程规划的东线、中线、西线干渠总长度共计达 4350 公里。已竣工的东线、中线一期工程干渠总长度就达 2899 公里，沿线六省市一级配套支渠长度累计约 2700 公里，干渠和支渠总长度达 5599 公里。南水北调是世界上受益人口最多的调水工程。工程主要解决中国北方地区，尤其是黄淮海流域的水资源严重短缺问题，2002 年规划区域人口达 4.38 亿。南水北调是世界上受益范围最大的调水工程。供水区域控制面积达 145 万平方公里，约占中国陆地面积的 15%。南水北调工程在规划阶段的投资额接近 5000 亿元。东线、中线一期工程的投资高达 3082 亿元，工程投资规模巨大。南水北调工程涉及的上述这一系列数字彰显了中国现阶段的经济实力。

南水北调工程展现了当代中国科技水平。南水北调工程包含水库、湖泊、河道、运河、大坝、渠道、泵站、渡槽、隧洞、暗涵、倒虹吸、PCCP 管道（预应力钢筒混凝土管，是一种特制的输水管）等水利工程项目，是一个十分复杂的巨型综合水利工程，其工程之复杂、技术之繁难国内外无出其右。南水北调工程克服了一道道技术难题，展现了中国的科技水平，创造了一批科技奇迹：丹江口大坝加高工程是国内规模最大的大坝加高工程；东线泵站群是世界上规模最大的现代化泵站群；中线穿黄工程是人类历史上最宏大的穿越大江大河的工程，创国内最深的调水竖井和穿越大江大河最大直径的输水隧洞纪录；中线湍河渡槽工程是世界规模最大的 U 型输水渡槽工程；中线北京段西四环暗涵工程是世界首次大管径输水隧洞近距离穿越地铁下部；武当山遇真宫垫高保护工程是国内文物建筑单体顶升高度最高的工程；中线工程处理膨胀土技术国际领先；大型渠道混凝土机械化施工技术国内领先；中线北京段PCCP 管道工程多项技术国内领先；等等。南水北调工程众多科技攻关成果的取得，是国家科研体制创新的结果，是国家科技实力显著提升的明证，展现出大国技术创新的风采。

南水北调工程展现了社会主义制度优越性。南水北调工程是一个点多、线长、面广的复杂系统工程。除主体工程以外，还有大量紧密关联工作，如征地移民、生态环境保护、水污染治理、产业结构调整、节水、地下水控采、文物保护等，涉及众多地区、众多领域、众多部门的分工协作和利益关系调整。干线和配套工程建设与铁路、高速公路、油气管道、电力通讯设施、军事光缆、历史文物等交叉频繁，各交叉建筑主体代表着各自不同的职责和利益诉求。南水北调中线工程建设正处于中国经济高速发展期、改革攻坚期和矛盾凸显期，生产关系复杂，利益主体众多，城乡差别巨大，协调任务繁重，中央和地方政府及相关部门必须通过高效合作与协调，才能保障工程的顺利推进。新中国成立 60多年来，国家集中人民群众智慧，集中力量办大事，创造了一个又一个人间奇迹。南水北调工程的顺利实施，正是得益于国家统筹和地方合作，彰显出社会主义制度的巨大优越性。

三、造福中国的民生工程

南水北调工程具有显著的社会效益、经济效益和生态效益，极大地提高了中国北方地区的水资源承载能力，使饮水安全有保障、工农业用水有补充、生态用水可调节，对保障北方地区经济社会的可持续发展，促进生态文明建设，增加国家抗风险能力，对于中国走向生产发展、生活富裕、生态良好的文明社会，具有重大现实意义和深远历史意义。

南水北调工程具有显著的社会效益。一是给广大北方人民带来清洁、稳定的饮用水源。已通水的东线、中线一期工程每年向北方调水

183 亿立方米，直接接受供水的县级以上城市有 253 个之多，1.1 亿人直接受益，700 万人彻底告别长期饮用高氟水、苦咸水的历史，遏制了氟骨病和甲状腺病的蔓延势头，有利于提高受水区人民的健康水平和幸福指数；同时缓解了城乡之间、地区之间、工农业之间用水之争的矛盾，有利于社会和谐、国家安定。二是保障中国的粮食安全。南水北调东线和中线受水区是中国主要的粮食生产基地。仅东线一期工程就增加农业供水量 13 亿立方米，灌溉面积超过 20000 平方公里，增加排涝面积超过 1730 平方公里，有力地促进了农业发展和粮食生产。三是丹江口水库加高带来了防洪效益。丹江口大坝加高扩容后，汉江下游地区的防洪标准显著提高，由 20 年一遇提高到 100 年一遇，下游 70 余万人的洪水威胁得以消除。四是促进了节水型社会建设。南水北调工程确立了"先节水后调水"的用水原则，通过建立合理的水价机制和节水宣传，极大提高了人们节约用水的自觉意识，促进了节水型社会的形成。

　　南水北调工程具有巨大的经济效益。一是直接的供水效益明显。东线、中线一期工程通水以后，新增水资源的稳定注入，给受水地区带来了生机和活力，改善了投资环境，促进了对外开放。经测算，每年因此增加的工农业产值可达千亿元。二是建设时期对经济有直接拉动作用。东线、中线一期主体和配套工程总投资高达 4000 多亿元，工程实施带动了沿线地区钢材、水泥等建材行业的快速发展。三是为国家重大战略的实施提供了保障。南水北调受水区是中国重要的工业经济发展聚集区、能源基地和粮食主产区，然而水资源的严重匮乏成为制约这些地区发展的瓶颈，南水北调突破了水资源的制约，保障了国家在这一地区重大项目和战略的实施。四是带动沿线受水地区产业结构的调整和优化升级。一方面关停并转了一大批严重污染企业，另一方面发展了一大批节水型高效企业。

　　南水北调工程具有突出的生态效益。一是有效遏制了超采地下水和挤占生态用水的势头。东线、中线一期工程通水以后，不仅城市超采的36亿立方米地下水将被逐步替代，而且原来被城市挤占的15亿立方米水量，以及经过处理达标的废污水53亿立方米都转化为农业和生态用水，将进一步涵养、改善和恢复水生态环境。二是强力治污带来了环境改善。经过一系列治污项目的实施和政策措施的落实，目前东线干线水质全部达到Ⅲ类标准，江苏、山东两省沿线的淮安、徐州、济宁等城市的人居环境也得到显著改善。中线水源区植被覆盖率也逐年增加，丹江口水库水质稳定在Ⅱ类标准。三是在中国新增了两条绿色生态景观带。东线、中线一期工程带动了沿线生态绿化带的建设。其中，中线工程沿线形成了一条长1400多公里壮观的生态景观带和一条清水长流的人工河。四是规划中的西线工程生态意义巨大。西线工程对改善西北地区脆弱的生态环境将发挥十分重要的作用，对维持国家生态安全具有长远的战略意义。

第 二 章
利在千秋的国家行动

南水北调是大国统筹下的伟大实践，是名副其实的国家行动。为了科学重构华夏水网，经过半个世纪广泛深入论证，国家勾画出"四横三纵"的中华大水网格局。2002 年 12 月，经过科学论证和精心准备，南水北调工程进入正式实施阶段。在南水北调工程的建设和管理中，党和政府统筹协调各方力量，充分调动一切积极因素，顺利完成工程科技攻关、干渠土地征迁、移民迁移安置、生态环境保护等各项任务，东线和中线工程如期实现跨流域调水。

第一节 南水北调奠基工程

位于汉江中上游的丹江口水库，是亚洲第一大人工淡水湖，也是南水北调中线工程的水源地。毛泽东 20 世纪 50 年代初南水北调的设想，使丹江口水库历史地成为南水北调中线工程水源地，成为新世纪南水北调中线工程的奠基工程。

一、一箭双雕的建设构想

汉江上游为秦巴山脉，平均海拔 2000 米左右，流域内属秦岭山地，气候温暖湿润，雨量充沛，是秦岭南部著名的暴雨中心区。汉江的主河段基本处在 V 字形峡谷中，两岸岩石裸露，河道陡深，水流湍急。丰富的河水带来了江汉平原"鱼米之乡"的美誉，也带来了下游动辄泽国的灾难。每年夏秋雨季来临，坡陡流急，雨水迅速汇集形成洪峰，咆哮着穿行在落差巨大的秦巴峡谷之间。然而，一旦挣脱秦巴山脉的束缚，洪水便一泻千里，下游顿成一片汪洋。

自古汉江多水患。历史记载：唐穆宗长庆四年（824 年），汉水溢决，襄、均、复、郢四州成灾；唐文宗开成三年（838 年），江、汉成溢，坏房、均、襄、荆等州，民居及田产殆尽；宋太宗太平兴国七年（982 年），均州均水、涢水、汉江并涨，坏民舍，人畜死者甚众；明万历五年（1577 年），汉江特大洪水，光化（今老河口市）、襄阳、钟祥、汉川均大雨涨溢，民多溺死，漂没民居人畜无数。从 1821 年至 1967 年的 146 年间，汉江干堤和主要支堤溃决 73 次，平均两年一次。1935 年特大洪水，光化以下尽成水国，受灾人口达 370 万，8 万余人丧生，670 万亩耕地被淹。"汉江大水浪滔天，十年倒有九年淹"的民谣，就是汉江水患的真实写照。中华民族兴于水，又饱受水患。趋利避害，是丹江口水库兴建的初衷。

中国历来南涝北旱。如果南方治了水，北方的旱如何解决呢？是不是可以既治又用，做到一箭双雕呢？1953 年，根据毛泽东提出的"南方水多，北方水少。借点水给北方"的指示精神，林一山这位新中国成立后首任长江水利委员会主任，开始考虑长江、汉江的综合治理规划，计划在汉江中上游修建水库，拦洪蓄水，除掉水患，同时又作为向北方调水的水源地。这也是中国历史上关于修建丹江口水库的第一个动议。

1954 年，长江中下游地区发生了百年未遇的特大洪水，淹没农田4755 万亩，造成 1888 万人受灾，死亡 3 万余人，京广铁路中断百日。

毛泽东对此非常痛心，下决心根除长江水患。大水过后，毛泽东乘专列沿京广线视察。在武汉，毛泽东问林一山："如果我们现在要上三峡工程，在技术上有困难吗？"林一山向毛主席阐述了治理江河的思路：先汉江后长江，先易后难，积累经验。丹江口水利枢纽工程是世界上一流的大工程，有了丹江口工程的实践经验，就能胜任三峡工程的规划设计和施工。他形容说，治理长江如同登天，治理汉江就是先打造登天的梯子。毛泽东接受了林一山关于长江流域水利工程建设的理念，认为治水应当着眼全流域统筹规划。根据他的思路，1956 年 10 月 22 日，国务院批准成立长江流域规划办公室。

　　为落实毛泽东关于长江流域水利工程建设的思路，1958 年 2 月 26 日，周恩来总理率国务院有关部委及专家百余人实地考察三峡。1958 年 3 月 23 日，中共中央在成都召开政治局扩大会议，周恩来在会上作了关于三峡水利枢纽和长江流域规划的报告，报告提出先修建汉江丹江口水利枢纽工程，待其取得经验后再动工修建三峡工程的建议。1958 年 8 月，北戴河会议明确提出实施南水北调工程。会议批准动工兴建汉江丹江口水利枢纽工程，以汉江丹江口水库作为南水北调的水源地。汉江丹江口水利枢纽工程，由此将真正开启它一身兼两职的历程。

二、一波三折的建设历程

　　1958 年 6 月，丹江口工程设计方案出台，确定丹江口水库正常高水位 170 米、大坝高程 175 米、电站装机容量 75.5 万千瓦。当时的设计者怎么也不会想到，这个方案竟然前前后后经历 50 年风风雨雨，整整半个世纪才能够全部完成。

　　大干快上。1958 年 5 月召开的中共八大二次会议，提出了"鼓足干劲，力争上游，多快好省地建设社会主义"的总路线。会议对"大跃进"给予了充分肯定，但在实际执行中"大干快上"则成了"大跃进"

的代名词。原定 1958 年 10 月的开工仪式，让激情澎湃的建设者们无法耐心等待下去。9 月 1 日，丹江口水利枢纽工程正式开工，比预定日期提前了整整 1 个月。时任湖北省省长张体学任丹江口水利枢纽工程总指挥，仅用 3 个月的时间，就调集了湖北、河南 16 个县 10 万民工，云集丹江口。修建丹江口水库大坝，首先要在汉江右岸建围堰，需要钢板桩 2100 吨及相应的机械设备，当时国内技术根本无法解决。即便改用木板桩，也需要 2400 立方米优质木料，并需长途采伐运输。这样，开工期将推迟 1 年以上，而围堰必须抢在枯水的冬春季节完成。在此情况下，围堰施工方案最终采用了传统的筑堤法——土沙石组合围堰。这意味着要完全依靠人力，移山填江。10 万大军要用扁担、筐子、小木船等最简单的工具，运载着黏土、沙石，"腰斩汉江"。丹江口工程建设工地的 10 万劳动大军更是干劲冲天。他们肩挑背扛，昼夜不停工。白天人山人海，穿梭不停；晚上没有电，照明用火把、汽灯，从材料场到江边连成数条火龙。建设者们的设想是保证 1961 年底完工，争取 1960 年完工。

丹江、汉江汇流之处，江面宽超过 600 米，日均流量超过 1 亿立方米。两岸被湍急的水流切成陡坡，离岸边不远水深就超过 10 米。斗大的石头滚入江中也激不起水花。面对滔滔汉水，建设者以惊人的气魄和力量，开始了与汉江巨龙的搏斗。经过一年多的艰苦奋战，十几万民工肩挑背扛，共完成土石方 250 万立方米，浇筑混凝土 40 万立方米，用自己的双肩移走黄土岭，填入滚滚汉江，斩断江流，筑起一道 1320 米长的围堰。1959 年 12 月 26 日下午 2 点 30 分，最后一车土石截断了江流，汉江丹江口水利枢纽截流工程胜利完工。

大江截流后，验收时发现浇筑施工中出现严重质量问题。1962 年 1 月，中共中央召开了著名的七千人大会，对"大跃进"期间发生的"左"的错误进行纠正，丹江口水利枢纽工程也被要求暂停。1964 年 12

月，随着机械化施工准备工作基本完成，国务院作出了《关于汉江丹江口水库续建工程规划的批复》，批准了丹江口工程复工。批复文件批准丹江口大坝坝顶为 162 米高程，主要功能为防洪、发电。从复工到完工，大部分时间处在"文化大革命"时期，虽然"怀疑一切"、"打倒一切"之风盛行，但对"质量第一"以及相应的规章制度却没有人敢于"破除"。丹江口水库建设在停工整顿以后，对每道工序、每个细部工程的质量要求都达到了较高标准。1971 年 2 月，总长 2.5 公里的丹江口水库坝体达到 162 米设计高程。1973 年 9 月，6 台 15 万千瓦水轮发电机投产发电，装机容量 90 万千瓦。1974 年，汉江丹江口水利枢纽一期工程全部完成。水库最多蓄水可达 209 亿立方米，年均发电 38 亿度。工程总投资 10 亿元，工程总造价 8.2 亿元。30 多年来，水库蓄水运行良好，经历过几次大洪水考验，大坝安如磐石。

进入 21 世纪，随着经济发展和人口增加，水资源供需矛盾日益突出，北方地区水危机日益加剧，严重的生态环境问题也随之产生，严重制约了经济社会发展，甚至影响到国家的可持续发展。实施跨流域调水，改善北方水资源和生态环境，成为一项十分紧迫的任务。作为南水北调中线工程的控制性工程，丹江口水利枢纽大坝加高工程受到党和国家的高度重视，受到社会各界的广泛关注。丹江口大坝加高工程，既要充分考虑实现水资源的"南北兼顾"，又要兼顾经济、社会、生态环境建设"南北两利"。因此，中央就大坝是否需要加高，怎样加高以及相关生态、经济、移民等问题，集思广益，广泛听取各方面专家意见，进行多方案筛选论证，最终确定丹江口水库大坝正常蓄水位由原来的 157 米提高到 170 米，汉江中下游防洪标准提高到百年一遇，同时满足南水北调后期每年 130 亿立方米调水需求。

由于初期工程地质勘查深度和评价及混凝土坝基础处理，都是按丹江口水库大坝坝高 175 米设计规划并建设，安全可靠，使得大坝加高工程只是在原有基础上的"穿衣戴帽"。后期的简单源于前期建设者们孜孜以求的精神。初期工程建设时不仅考虑到后期大坝加高的要求，还充分考虑了以后在旧坝体一侧培厚贴混凝土的问题。加高工程最大的难题是如何使新老混凝土紧密接合以联合受力。大坝初期工程的建设者们为后期建设做好了必要的铺垫：坝体表面留下一条条横截面为锯齿状的键槽，在许多接合面里预埋钢筋，以便新老混凝土能更好地接合。

2005年9月26日，丹江口大坝加高工程举行开工仪式。2013年8月29日加高工程顺利通过蓄水验收。丹江口水库大坝加高14.6米，蓄水由157米增至170米，库容可增加116亿立方米。丹江口水库初期工程不仅为南水北调的后期建设节省了大量财力物力，为日后攻克诸项世界性难题奠定了坚实的基础，而且它的经验教训也已成为宝贵的精神财富。从1958年丹江口大坝工程奠基，到2014年南水北调中线工程顺利通水，前后跨越了半个世纪。丹江口大坝雄峙汉江，锁住不羁的江水，累计创造防洪、发电、灌溉等综合效益已经超过500亿元，是工程造价的50多倍。在三峡工程之前，丹江口水库是长江流域防洪效果最好、综合效益最大、功能最齐全的水利枢纽工程。

三、一库清水的重要保障

水是生命之源。没有干净的水源，引水就失去了意义。水源地的移民和治污工作，是实现一库清水的重要保障。丹江口库区初建时的移民工作，基本上与工程建设同步进行。在20世纪五六十年代特殊历史背景下，丹江口水库工程提出"三年建成，两年扫尾"的施工计划。当时移民工作以"一切为水库按时蓄水让路"为指导思想。随着大坝加高工程的开展，移民工作再次摆在决策者面前。南水北调中线丹江口大坝因加高，水位提升，湖北省十堰市5个县市区18万多人口以及河南省淅川县16万多人口都处在水库淹没区域内，共有34.5万人必须搬迁。迁出地政府和安置地政府坚持以人为本，动用大量社会资源，对移民家庭给予了极大的精神关怀和物质补偿。各级移民干部从大局出发，以发展的眼光看待移民问题，耐心细致地做移民搬迁工作。移民不是简单的水源地居民迁徙、家园变换，而是一个经济重建、社会重构的历程。库区的老百姓为了国家利益，以调水大局为重，舍小家为大家，作出了巨大牺牲。他们告别故土时，依依不舍，不少移民离家登车前一排排跪倒，面向丹江口水库磕头，告别即将沉入水底的家乡。短短两年时间，34.5万移民大迁徙，实现了和谐搬迁、平安搬迁、文明搬迁，为丹江口水库一库清水提供了基础保障。

河南省南阳市是南水北调中线工程渠首所在地和核心水源地，在南水北调中线工程建设中具有重要的战略地位。早在20世纪90年代，南阳市就提出"服务南水北调，打造生态大市，建设绿色南阳"的战略。为加强生态环境保护，构建绿色安全生态体系，2005年该市再次明确"生态立市"战略，以伏牛山、桐柏山、南水北调中线工程渠首水源地及沿线生态走廊、鸭河口水库及白河流域为重点，强化生态功能，控制开发建设，构建以"两山两水"为框架的生态战略格局。湖北省十堰市也是南水北调中线工程的核心水源区，在2003年南水北调工程开工之初，该市就确定了先治污后调水的原则，并为此进行了大规模的产业调整。

为做好中线水源区及沿线水质保护工作，国务院于2006年1月批复了《丹江口库区及上游水污染防治和水土保持"十二五"规划》，主要通过建设污水处理厂、垃圾处理设施、工业点源治理、库周垃圾清理、生态农业示范区、小流域综合治理等措施，保证丹江口水库水质长期稳定，符合国家地表水环境质量标准Ⅱ类要求。水源区湖北、河南、陕西三省人民政府分别制定出台了水污染防治和水土保持实施方案，关闭污染严重的企业毫不手软，对于新开工项目，审批严格把关，生态环境建设力度不断加大。目前，丹江口水库水质总体优良，中线取水口陶岔渠首水质常年保持Ⅰ—Ⅱ类，完全满足国家对自来水水源水质的要求。

第二节 统筹协调各方力量

为保证南水北调工程顺利实施，党中央、国务院把握方向，统揽全局，统筹协调各方力量；各级党委、政府坚决贯彻中央指示精神，积极谋划，通力协作，协调一致，移民迁安有序进行，工程建设顺利开展；电力、交通、农林、文物、环保等各部门通力工作，全力配合。南水北调工程的规划、建设、管理，深刻体现了我们党总揽全局、协调各方的领导核心作用，充分显示出社会主义国家集中力量办大事的优越性。

一、统筹协调区域合作

南水北调工程是一项跨区域的战略性基础工程，涉及多个省级行政单位。目前来看，南水北调工程东、中、西三线涉及江苏、安徽、山东、湖北、陕西、河南、河北、北京、天津、四川、青海、甘肃、宁夏等省区市，几乎涵盖中国一半行政区域。南水北调工程涉及的工作千头万绪：既有库区居民异地安置，又有干线居民就地后靠；既有土地调整，又有城市拆迁；既需要水源保护，又需要经济发展；既需要破土动工，又需要保护文物。南水北调工程牵涉许多地方的实际利益，处理不好的话，势必影响工程建设进度和社会安定团结。

为了充分调动地方积极性，做好方方面面的工作，确保工程建设管理顺畅，确保社会安定和谐，党和政府精心统筹谋划，周密部署。一是建立各个层面的办事机构，积极沟通协调。为加强对南水北调工作的领导和统一管理，国务院成立了南水北调工程建设委员会，组建了南水北调办公室，各省市先后建立地方南水北调办及相关办事机构。国务院南水北调办以不同的工作形式，将中央有关方针、政策传达到地方，并通过省市（地方）南水北调办事机构，将中央决策落实到基层。二是出台系列文件，及时解决重大问题。从 2002 年工程开工建设至今，国务院南水北调办印发了大量《意见》、《办法》、《通知》等文件，就各个地区的工作作出部署，妥善解决各类问题，充分调动地方积极性。2003 年，国务院批转南水北调办等六部门《关于南水北调东线工程治污规划实施意见》，就南四湖、东平湖等湖泊的水污染问题作出安排。2008 年 11 月，财政部下发通知，下达了丹江口库区及上游 40 个县转移支付资金 14 亿多元，率先对南水北调中线水源区实施生态补偿。三是召开地方联席会议，协商解决问题。从 2010 年到 2012 年，国务院南水北调办先后召开工程沿线 7 省市南水北调办会议、南水北调工程建设进度协调会议，统筹协调各地工程进展。国务院南水北调办公室主任鄂竟平等领导同志先后多次到河南郑州、焦作、平顶山、南阳等地，就库区水质、工程进度、移民生产生活、工程质量等问题进行调研指导，统筹协调各项工作。

二、统筹协调部门联动

除主体工程建设之外，南水北调工程还涉及征地移民、环境保护、污染治理、电力供应、交通保障、文物保护、银行贷款、产业调整等方方面面的工作，事关水利、国土、建设、环保、铁路、电力、电讯、金融、文物、宣传、军事设施等众多部门的职责和利益关系。参与部门（行业）的广泛性，要求党和政府把各行各业拧成一股绳，共同发力，形成强大力量，确保南水北调工程建设管理顺利进行。

为了充分调动各方面积极性，形成部门联动，党中央、国务院及地方各级党委、政府统一谋划，精心部署，协同推进。国务院南水北调工程建设委员会通过与中央有关部门及其他相关单位的联系，加强沟通了解，争取工作支持，促进问题解决。国务院南水北调办与国家发改委、建设部、公安部、交通部、铁道部、环保部、文物局等部门建立双边或多边的工作协调机制，促进多方面工作。国务院南水北调办实行具体指导，统筹协调各个行业、领域的工作，督促相关部门分工负责，各司其职，共同为南水北调工程保驾护航。南阳市委、市政府积极督促工程运管单位完善工程防护网、电子监控网等防护设施，加强日常维护，确保全线覆盖、正常运行。明令公路、交通等部门制定出跨渠桥梁、干渠沿线县乡村道路车辆通行方案，严禁超载超限超高等车辆通行。新乡市委、市政府要求电业、网通、联通、铁通、移动、广电六大专业部门牢固树立大局意识，主动加强协调配合，紧紧围绕支援南水北调工程建设这个中心开展相关工作。南水北调工程施工管理过程中，征地移民、环境保护等工作涉及很多部门，有大量工作需要部门协同作战。作为南水北调工程中线的渠首所在地，南阳市淅川县移民工作规模大、时间长、任务重，全县公安、交通、卫生、电力、民政、教育等部门联合行动，各司其职，协同作战，凝聚起打赢移民迁安硬仗的强大合力。淅川县移民工作的圆满完成，是各级党委、政府统筹协调、分工合作，各部门、各行业合作联动的结果。

三、统筹协调移民迁安

移民是南水北调工程建设的重要组成部分，也是工程建设的重点和难点，事关工程建设的成败，事关移民群众的切身利益，事关社会和谐稳定。1959年，淅川县移民第一次外迁青海，由于国家经济困难、缺乏移民经验，加上政策和工作不到位等原因，移民初迁不顺利。党中央得知后，及时制定了相应的政策和措施，专门指示河南、湖北两省成立移民指挥部，确保丹江口水库移民工作顺利完成。淅川县数十万移民整体迁往湖北钟祥后，周恩来总理亲自过问，亲自安排，并亲自为移民迁入地取名大柴湖。针对荆门移民事件，国务院、中央军委于 1967 年 3 月下发《关于解决丹江口水库移民问题的通知》，要求有关领导立即主持召开会议，协助湖北、河南两省解决这个问题。1969 年 5 月，中央委托长江水利委员会组织河南、湖北两省代表在武昌举行丹江口水库移民联席会议，共同总结前几批移民安置工作的经验教训。1970 年，国务院、中央军委要求尽快落实移民方案，使库区移民按时迁出。

国务院南水北调工程建设委员会办公室自 2003 年 12 月成立以来，认真总结移民工作经验教训，多次召开会议，精心安排移民工作，要求始终把移民工作放到重中之重地位。2006 年 2 月，国务院南水北调办印发了《关于进一步做好南水北调工程征地移民工作的通知》，要求各地严格执行国家批准的移民安置概算，切实安置好移民的生产生活。2007 年 2 月，丹江口库区移民工作座谈会在郑州召开，研究移民工作中出现的新问题、新情况，部署下一步工作。2008 年 10 月 17 日，国务院南水北调办下发《关于开展丹江口库区移民安置试点工作的通知》，试点任务包括河南、湖北移民 2.3 万人。2008 年 11 月，国务院南水北调办会同水利部、国家林业局等组成督导组，赴湖北、河南两省就水库移民进行专题督察。国务院南水北调办的主要领导同志，多次深入地方，统筹各地移民事宜。2008 年 1 月，张野率建设管理司、综合司、环境与移民司等相关负责人到河南淅川调研移民试点工作并与干部群众交流。2011 年，鄂竟平等深入河南省中牟县和荥阳市移民安置点，看望慰问丹江口库区移民。在党中央、国务院的坚强领导和统筹谋划下，自 2005 年以来，湖北、河南两省丹江口库区移民工作进展顺利。2010 年 11 月，湖北圆满完成 18023 户、76652 人的外迁移民安置工作。同年 8 月 25 日，河南省淅川县张庄村 312 户 1192 名移民平安顺利入住许昌市襄城县王洛镇张庄移民新村。至此，河南省南水北调丹江口库区第二批移民集中搬迁任务基本完成，河南省委、省政府确定的"四年任务，两年完成"的移民搬迁目标如期实现。

第三节　创新推进大国工程

南水北调工程是一项复杂的系统工程，在技术领域和管理领域面临诸多挑战。战胜这些挑战，圆满完成大国工程建设，关键在创新。建设者们不畏艰险，迎难而上，以一项项技术创新勇克难关，保证了工程建设顺利推进。管理者们直面难题，创新思路，以持续不断的管理创新排除万难，确保工程进展按时有序。

一、技术创新确保工程质量

通过技术创新，确保丹江口大坝加高工程顺利实施。大坝加高，困难重重。丹江口水库是南水北调中线工程调水源头和核心水源区。丹江口大坝加高工程是南水北调中线工程的控制工程、关键工程。启动南水北调中线工程，缓解华北地区日益紧张的缺水局面，必须对丹江口大坝实施加高以提升水库正常蓄水位。丹江口大坝初期工程于 1973 年完工，大坝加高工程于 2005 年开工，30 多年的时间间隔，使得加高工程的工程材料、工程标准、施工技术都与初期工程存在较大差异。丹江口大坝加高工程遭遇的新老混凝土接合问题，技术难度在国内外均属罕见。新老两种混凝土弹性规模有着较大差异，再加上外界温度变化等因素存在，新老混凝土接合成功与否决定了中线工程调水目标能否顺利实现。除了工程技术上的困难，大坝加高施工工程与丹江口水利枢纽日常运行功能相并行，大坝加高工程施工期间必须保证丹江口水利枢纽作用正常发挥。国务院南水北调办组织水利专家成立"丹江口大坝加高关键技术研究"课题组，主要研究解决新老混凝土接合状态与安全评价、大坝抗震安全问题评价等技术难题。丹江口大坝工程在最初建设时，已经在下游坝面预留了施工键槽，目的就是方便后期开展加高工程。考虑到已有键槽，大坝加高工程采用"锯割静裂法"增补键槽，使新老混凝土的咬合达到最大化。在新老混凝土接合面预先埋设接缝灌浆系统，及时对预埋仪器观测到的接合面工作状态进行数据分析，适时对接合面进行灌浆处理。课题组充分考虑接合面可能发生的开裂状况，对开裂后灌浆可能性、灌浆对未裂部位的影响、开裂灌浆后接合面的稳定性进行假设分析，通过数值模拟、室内和现场实验、原型观测等方法，对灌浆时机、材料部位以及灌浆发生时水库水位指标提出明确标准。课题组的研究成果"重力坝加高后新老混凝土接合面防裂方法"、"嵌入式测缝计"分获国家发明专利和实用新型专利，不仅为大坝加高工程提供质量保障，同时也产生了较大的社会效益。

通过技术创新，顺利推进穿黄工程。穿黄工程，顾名思义，将南水北调中线工程所调之水从黄河南岸输送到黄河北岸。在深入分析黄河行洪、河势影响基础上，考虑到耐久性、抗震性、安全性，穿黄工程最终采用隧洞方案。工程所在的黄河河道较宽，需穿越淤积地层、黏土地层、沙砾地层，反复研究后决定采用世界先进的盾构技术，依靠旋转并推进全断面隧道掘进机上的刀盘，前进过程中利用盘形滚刀切碎岩石，从而一次性形成隧洞全断面。刀盘上的刀具是形成隧洞断面的主要工具，因此必须第一时间掌握刀具的磨损情况及时更换。为了了解刀具磨损情况，操作人员在刀具上安装了由探测器、接收器和发送器组成的检测装置，当刀具磨损达到一定程度，检测线圈的磁场将会发生改变，刀具的磨损情况将会通过传感系统显示到控制室的显示器上。假设发生异常情况，操作人员可立即带压进仓进行检查，以确保盾构机掘进能够正常运行。开展仿真实验，双层衬砌结构成型。盾构机挖掘的是隧洞内部空间，隧洞外部结构如何设计？隧洞从黄河底部穿过，外部结构必须保证外水不内渗、内水不外流。穿黄工程采用双层衬砌结构，由拼装式钢筋混凝土管片组成外衬，而内衬则采用后张法预应力钢筋混凝土结构，在内衬与外衬之间铺设弹性垫层。穿黄工程采用的复合双层衬砌结构，在工程界尚无先例，为验证其防渗效果，技术人员进行了 1∶1 仿真实验。在实验基坑内，隧洞仿真模型完成后，分期往基坑内回填沙土，灌入外水，模拟隧洞全天候外部环境。内水环境则通过水泵充水、高位水箱稳定压力来模拟。穿黄工程 1∶1 仿真实验，论证了双层衬砌结构创新性、安全性两全，明确了内衬混凝土配比形式，对穿黄工程质量的提升有重大意义。2010 年 6 月 22 日和 9 月 27 日，经过近 5 年时间的艰苦奋战，穿黄工程的两条隧洞相继贯通。

通过技术创新，攻克渡槽工程技术难题。U 型渡槽架起凌空飞渠。渡槽修建在中国有着悠久的历史。古人凿木为槽以此引水，郦道元在《水经注》中将其形容为"飞渠引水入城"。南水北调中线工程继承创新古人智慧，成功在沙河、将相河、大浪河的上空架起"空中立交"，这便是"世界第一渡槽"工程——沙河渡槽。沙河渡槽的施工难点在于无缝连接重达 1200 吨的 228 个 U 型槽片。大型提槽机虽能满足跨 4 片槽双线施工要求，但是自重 1800 吨的提槽机外加两台 650 吨门式起重机的操作方式不仅会拖慢施工速度，而且由于重量负荷极有可能造成大梁变形引发质量问题。技术人员与设备生产商反复商讨多方论证，最终决定给提槽机"减肥"：将跨 4 片槽双线施工改装成跨两片槽单线施工来铺设工程槽片。单线预制渡槽怎样实现双线存槽、双线架设的工程效果？以吨计数的庞然大物如何运输才能保证工期？技术人员大胆创新，提槽机重载转向、槽上运槽方案最终形成。提槽机采用重载转向方案，完成一次提槽过程耗费 15 分钟，而空载转向则需要 40 分钟左右，实践证明重载转向能节约大量时间。槽上运槽，简言之就是由提槽机整体转移运槽车和架槽机，这种施工技术，开创了水利工程建设的国际先例。

重达 300 吨的运槽车在槽片顶部架设的 4 条轨道上穿行，而承重的槽体最薄处为 35 厘米，在此种形势下 228 个槽片如期架设完工。槽上运槽可谓沙河渡槽工程中的一大创造。

二、管理创新推动工程进展

创新管理理念，工程建设管理工作有条不紊。南水北调作为规模宏大的世纪工程，具有工程多样、技术挑战、管理开放等特点。南水北调中线一期工程中单位工程达 1731 个之多，不仅包括一般的河渠交叉建筑、排水建筑，还有穿黄工程、沙河渡槽、湍河渡槽等难度较大的巨型建筑。根据工程量的需要，参与中线工程建设的单位总量超千家，成千上万的参建人员在为这项世纪工程挥洒汗水，增加了工程建设管理的难度。工程管理者创新管理理念，构建层级清晰的建管体制，主体工程管理模式多样化，严把工程质量关。针对南水北调中线工程的特点，创新工程管理方式。由国务院南水北调工程建设委员会决定工程建设的重大方针、政策、措施和相关重大问题；南水北调工程沿线省市的办事机构主要负责移民迁安、节水治污以及生态环境保护工作；项目法人是南水北调工程建设和运营的责任主体。主体工程建设采用项目法人直接管理、代建制、委托制相结合的管理模式。技术含量高、工期紧、大型枢纽建筑工程由项目法人直接管理，可减少建管环节。南水北调工程点多、线长，若全部由项目法人直接管理，大约需要投入建管人员 3 万余名，将给工程管理带来极大负担。因此，将部分工程项目委托给所在省市建设管理机构组织承担，既可以使沿线省市的管理优势得到充分发挥，又可以调动沿线省市参与工程建设的积极性，可谓一举两得。实行代建制和委托制的工程，项目法人委托项目管理单位对工程建设进行全过程或若干阶段的专业化管理。

创新管理方法，和谐有序推进移民工作。南水北调中线工程搬迁安置移民 40 万左右，水源地丹江口库区移民共 34.5 万人。移民迁安是否成功，是中线工程能否顺利开通的关键。河南省是南水北调中线工程移民迁安任务最重的省份，需搬迁安置 21.7 万人，其中丹江口库区所在地淅川县移民 16.5 万人。南阳市创新运行模式，分别开展移民区、迁入区的工作，按步骤推进。移民迁入区方面，前期专心研究做好选点对接工作，居住环境尽量接近移民原住地的生活环境。移民新村的建设是迁安工作的重中之重，关系移民迁入后能否安居乐业。移民接收区各市县从规划、建设开始，统一高标准要求，力争将移民新居建设成新农村示范标杆。移民迁出区方面，精确落实移民人口，杜绝少数人钻移民政策的空子。为加快移民迁出速度，开展创新竞赛活动和县包乡村活动。由 5 至 7 人组成的工作组，在有移民迁安任务的乡村镇驻村蹲点，在移民迁出工作中负责督促进度、检查工作、协调迁安各方面等工作。移民区平安稳定、和谐有序地迁出，迁入区负责任、高标准地接纳，实现了和谐迁安。南阳市戮力同心，移民迁安工作实现"四年任务，两年完成"的目标，"安全零事故"更是广受称赞，创造了移民迁安的南阳模式、淅川经验。创新宣传形式，构建系统宣传网络。南阳市借助省内外媒体的力量，先后在中央电视台新闻联播、《人民日报》、河南卫视、《中国南水北调》等新闻媒体发稿 11800 多篇（条）。一方面大力宣传移民政策和法规，使"移民为国家、搬迁有组织、迁后能得法"的观念深入民心；另一方面组织摄影大赛、录制移民歌曲、编排移民戏剧、摄制移民纪录片，形式多样的宣传活动充分调动民众积极性。画册《淅川大移民》、歌曲《我的移民老乡》、报告文学集《江河有源》、移民大戏《淅川移民颂》、电视纪录片《淅川大移民》在社会各界获得了一致好评。这些作品传递出淅川人民为世纪工程舍小家为国家的情怀，同时也激发了淅川移民的责任感。南阳总结出"四统一、五公开、六讲、八对比"的人性化宣传模式，适时向移民公开补偿的对象、内容、标准、金额等移民关注度高的问题。对搬迁前后的经济社会发展前景、移民政策、居住环境、土地等进行对比，通过深入宣传，把移民政策红利真正送到移民手中。加强对外宣传，英国媒体路透社、天空电视台前来采访移民情况，工作人员积极配合、有效沟通、恰当引导，牢牢掌握南阳移民工作对外宣传的主动权，把南水北调工程移民迁安真实地展示在世界人民面前，让世人对南水北调工程有了更多的正面认识。

第四节　千里长渠用地征迁

南水北调工程干渠建设，土地征迁是关键。土地是稀缺资源，征迁工作面临着很多困难和问题。南水北调干渠工程规划用地97.4万亩，需要征迁的土地分别属于8个省市，涉及150多个县的近3000个行政村或居委会。各地党和政府坚持依法征迁、阳光征迁、和谐征迁，收到了彰显正义、促进廉洁、凝聚民心的效果，确保了南水北调干渠建设的顺利进行。

一、依法征迁彰正义

土地是农民赖以生产生活的最基本生产资料，是农民的根本利益所在。马克思说："人们奋斗所争取的一切，都同他们的利益有关。"土地征迁问题，最核心的是利益问题。利益以应然的方式得以实现，这就是正义，反之则为非正义。法律是实现正义的社会公器。切实保障人民群众利益，归根结底要依靠法治来实现。在南水北调千里干渠的土地征迁过程中，党和政府坚持运用法治思维和法治方式来推动工作，解决问题，彰显了社会公平正义。

为了如期完成工程建设目标任务，国务院确立了"建委会领导、省级政府负责、县为基础、项目法人参与"的征地移民管理体制，要求严格遵守《国有土地上房屋征收与补偿条例》、《土地管理法》及其实施条例，做到有法必依。2006年3月，国务院颁布实施《大中型水利水电工程建设征地补偿和移民安置条例》，就征地补偿、移民安置、后期扶持等问题进行了具体规定。对于工程建设占用的农民群众的可耕地，国务院明确要求按照《中华人民共和国耕地占用税暂行条例》计列耕地占用税，为土地征迁工作提供了明确的法律遵循。为了有效地执行土地征迁相关法律法规，国务院南水北调工程建设委员会和南水北调办公室相继出台了一系列征迁政策，诸如《南水北调工程建设征地补偿和移民安置暂行办法》、《关于南水北调工程建设中城市征地拆迁补偿有关问题的通知》、《关于南水北调工程建设征地有关税费计列问题的通知》等。这些办法和通知，明确要求工程征迁安置必须坚持以人为本的原则，地方政府要采取有效措施确保被征地农民生活水平不因征地而降低。这些政策以及其上位法，为南水北调干渠流经地的征迁工作提供了法律和政策依据。

按照党中央、国务院的要求，各地坚持以法律为准绳推进干渠土地征迁工作。河南省高度重视南水北调中线工程建设，要求各地市土地征迁必须做到于法有据。中线总干渠安阳段工程于2006年9月在全省最早开工。安阳市大力开展干渠用地征迁的法律宣传工作，严格按照法律规定操办具体事宜，顺利征用干渠工程建设用地2.82万亩。由于按照法律规定征用土地，农民群众利益得到尊重和保护，安阳没有发生一起因土地征迁问题越级上访事件，没有出现阻挠施工的不良现象，所需土地按时移交给建设方，被誉为"安阳速度"。中线总干渠通水后，为了保障干渠不受污染，干渠两侧要建设宽100米到200米不等的绿化带，需要征迁大量的土地。焦作市是河南省内干渠流经城区的唯一一个地级市。城区土地征迁难度较大。焦作市认识到，集中征迁是一个与千家万户面对面的细致活，关系群众切身利益，必须依法征迁，才能依法服人，确保征迁顺利平稳进行。他们坚持依法依规推进征迁工作，严格按照国家、省、市相关规定，规范征迁行为。对于征迁对象，不仅不折不扣落实各种惠民政策，有效解决就学、就业、就医、社保等关系群众切身利益的问题，而且做到法律和政策面前人人平等，坚持"一碗水端平"、"一把尺子量到底"。这就使广大市民感受到了公平公正，为城区段绿化带用地征迁奠定了良好基础。

北京是共和国的首都，是祖国的心脏。这里土地资源奇缺，可谓寸土寸金，征迁难度之大，超乎常人的想象。为顺利推进南水北调工程征地拆迁工作，北京市确立了"以人为本，依法合规，扎实有效，保持稳定"的工作思路，坚持把普法宣传作为土地征迁工作中的关键内容。成立了南水北调拆迁办普法工作领导小组，紧密结合当地南水北调配套工程建设情况制定了普法宣传工作方案。通过法制教育和普法宣传，增强了各级领导干部、工作人员和征迁对象的遵纪守法意识。为了确保依法合规推进干渠用地征迁工作，编印了《北京市南水北调工程征地拆迁实务及法规汇编》，明确了征占地、专项设施迁建、林木伐移、房屋拆迁、文物保护等的工作流程，用以指导各级工作人员，促使他们依法开展征迁工作。为了确保征迁安置工作质量，维护被征迁群众切身利益，北京市学习借鉴河北等相关省市水利工程征迁工作的宝贵经验，编制《北京市南水北调工程征迁安置验收实施细则》、《北京市南水北调工程拆迁办公室专项设施迁建工程验收管理办法》、《南水北调干线北京段工程征迁安置验收工作大纲》、《北京市南水北调工程档案管理办法》等，切实推动了中线干渠北京段工程征迁安置验收工作，有力保障了征地拆迁的实施效率和工作进度。

二、阳光征迁促廉洁

多年来，工程建设是最容易出现腐败的领域，曾有一些工程项目出现了"工程竣工，领导落马"的现象。为防止在南水北调工程建设中出现此类腐败现象，2010年10月，时任中共中央政治局常委、国务院副总理、国务院南水北调工程建设委员会主任的李克强就提出了明确要求。他指出："南水北调工程投资很大，人民群众十分关心。要切实加强监督管理，合理控制建设成本，管好用好每笔资金，预防和惩治腐败，真正把工程建设成为阳光工程、廉洁工程。"①阳光是最好的防腐剂。为了确保有限的资金用到刀刃上，整个南水北调工程建设，包括工程项目、移民迁安、土地征用，每一次决策都坚持了公开透明原则。截至2014年11月底，也就是南水北调中线一期工程正式通水前，国务院南水北调办累计拨付东线、中线一期工程投资总额2541亿元。尽管南水北调工程迁安工作投入了巨额资金，却很少有人因违纪违法受到处罚，这完全得益于阳光操作。

土地征迁关涉千家万户的切身利益，能否做到公开公平公正是人民群众关注的焦点问题。为了确保干渠用地征迁工作顺利进行，国务院南水北调办分别与北京、天津、河北、河南、江苏、山东等地签订了《南水北调主体工程建设征地补偿和移民安置责任书》。沿线各地党委政府高度重视这项工作，把土地征迁作为重要的政治任务，要求组织好市、县、乡、村各级土地征迁动员大会，做到公开公正、阳光操作。阳光征迁，首先要满足移民群众的知情权。各地把南水北调移民政策和补偿标准编印成册，做到土地征迁对象人手一份。同时，利用报纸、电视等媒体进行广泛宣传，让人民群众了解征迁政策，熟悉补偿标准，为阳光征迁做好必要准备。

河南省把公开透明作为推进干渠用地征迁工作的有效途径，消除

---

① 李克强：《把事关发展全局和保障民生的重大工程建设好》，《人民日报》2010年10月10日。

群众普遍存在的"患不均"、"怕吃亏"心理顾虑。省政府移民办印发了《河南省南水北调中线工程总干渠征迁安置工作政策法规手册》，数量达20000份，达到户均一份，以便让被征地群众了解和掌握国家征迁安置政策，明白补偿标准。为了让土地征用权在阳光下运行，河南还实行了"五支笔"联审制度，推出了"三榜公示"工作法。所谓"五支笔"联审制度，是基于"一人为私，二人为公"的考虑，对于需要拨付的征地钱款，必须经由工程指挥、移民专干、乡镇财税会计、移民工作站长、乡长五人共同审核签字后才能生效。这样，"五支笔"就发挥了相互制约和监督的作用，对于管好用好征迁钱款具有不可或缺的积极意义。所谓"三榜公示"工作法，就是对移民身份认定、实物指标登记、补偿资金兑付等涉及群众切身利益的事宜，在规定的时间内连续三次张榜公示。公示的过程，就是接受群众监督、纠正具体错误的过程。

河南省焦作市在征迁中创立了"五公开"的工作思路，即"每家每户补偿款公开、人口与拆迁面积公开、安置房分配公开、特困对象照顾公开、提前搬迁奖励公开"。由于把群众最关心关注的问题全部予以公开，既保证了群众的知情权，又极大地降低了暗箱操作的可能性，所以群众对征迁工作比较满意，积极配合征迁工作。鹤壁市印制了征迁工作明白册，一户一册，家喻户晓。明白册上不仅印明本人应得的补偿款，也印明其他人应得的补偿款，接受群众的公开监督，避免了暗箱操作，规范了征迁行为。

河北省为了把南水北调工程建成经得起时间和人民检验的放心工程、廉洁工程、阳光工程，将保证群众的知情权、参与权、选择权、监督权贯穿到干渠用地征迁的全过程。保证知情权，就是向群众讲清楚征用土地的各个环节，让群众心知肚明，做到信息对等。保证参与权，就是让群众自始至终参与征用土地工作，听取群众意见，尊重群众意愿。保证选择权，就是采取产权调换补偿、货币补偿等多种补偿方式，让群众可以根据自身情况进行选择。保证监督权，就是公开涉及群众切实利益的事项，方便群众进行监督。同时，河北省还要求南水北调干渠土地征迁在全省范围内实行"移民政策、安置方案、实物指标、补偿标准、办事程序、办事结果"等"六公开"，确保补偿资金经过计算、核对、确认、签字等环节后准确无误、公正透明。在此基础上，运用会计电算化，建立网上银行支付系统，确保资金支付安全便捷。河北省保定市本着对党和人民负责的态度，坚持以人为本，坚持程序公开，专门召开征迁安置工作会议，要求规范开展公示环节，做到依法阳光操作，确保了工程安全、资金安全、干部安全。

三、和谐征迁聚民心

依法征迁、阳光征迁，目的在于实现和谐征迁，真正把群众的事情办好。南水北调工程建设的初衷，就是有效解决北方水资源匮乏问题，让受水区的人民群众用上南方缓缓流来的一渠清水。干渠用地征迁，是南水北调这一国家工程的基础性工作。为了确保这项工作和谐平稳推进，让民心工程更能凝聚民心，国务院南水北调工程建设委员会坚持实事求是、一切从实际出发，深入干渠流经地进行调查研究，制定了符合实际、能够切实保障被征迁群众利益的征迁政策，为实现和谐征迁提供了政策依据。比如，对于干渠沿线搬迁群众的住房建设，国家要求采取集中和分散相结合的办法，以就地就近为主，按自建和统建两种方式建设。这样，既满足了被征迁对象不愿迁居他乡的意愿，又解决了他们多样性的需求。可以说，这些举措是南水北调工程千里干渠最终能够实现和谐征迁的基本前提。

南水北调中线河南段总干渠全长 731 公里，配套工程线路长 1000 公里，是移民最多、占地最多的省份。为了实现和谐征迁，河南省移民办公室抽调专门人员，组织精干力量，组成了负责干线征地拆迁的工作组。工作组主要负责干渠用地征迁的领导、组织、协调和宣传工作。他们从思想领域抓起，首先对干渠用地负责征迁的人员进行教育培训，使这些工作者明白征迁群众为国家南水北调工程作出了巨大贡献，牺牲了自己的土地和家园，在推动征迁工作时必须把征迁群众的利益放在首位，多为征迁群众办实事。全省干渠用地征迁工作者都按照省里统一要求，深入征迁一线，了解征迁群众在想什么、干什么，了解群众的诉求，理解群众的难处，及时掌握征迁群众思想动态，切实解决征迁群众存在的困难和问题，确保了南水北调中线总干渠沿线的和谐稳定。

南水北调中线总干渠穿越焦作市中心城区 9.8 公里，加上马村区，城区长度达 20 多公里，拆迁房屋面积近 200 万平方米，搬迁人口 2.3 万人。为破解城区段征迁安置工作难题，焦作市明确提出了"以人为本、和谐征迁、规范运作、科学发展"的指导思想，采取单位包村、党员干部包户，实行"包签协议、包搬迁、包拆除、包过渡安置、包回访、包稳定、包搬进新房"责任制，广大党员干部深入征迁户家中，把群众当亲人，切实帮助征迁群众解决实际困难，涌现了认征迁户为干娘的崔爱梅、主动到征迁户经商的外地签征迁协议的孟国平等一批先进人物，带动了整个焦作城区的顺利拆迁，未发生一起强行拆迁，未发生一起行政诉讼，未发生一起群体性上访事件，实现了和谐征迁的目标。习近平同志对焦作市的做法作出肯定性批示："河南省焦作市在深入学习实践科学发展观活动中，坚持以人为本、和谐征迁，确保南水北调工程顺利实施的做法很有特点，很有成效。"

南水北调中线一期工程内丘段 23.6 公里，距离虽说不算长，但征迁面积占河北省邢台市全部征迁面积的 50%，因此被称为邢台最难工程。内丘县把征迁安置作为"一号工程"，从实物复核到征迁，始终坚持政策、程序、标准"三公开"。群众这样评价征迁工作："账目清清楚楚、补偿明明白白，咱打心眼里服气。"公开是基础，设身处地为群众着想，切实维护群众利益是关键。内丘县的大孟村是镇政府所在地，干渠从镇中心穿过，镇政府和 56 家商铺需要拆迁。由于地段繁华，这里的商铺租赁费每年都有三五万或几十万不等的租赁收入，商户对搬迁抵触情绪大。为了实现和谐征迁，县里积极协调，在与居民生活区相连的地段重新规划一条大道和商业街，用来解决商户经营场地问题。那些原本要同征迁工作组"对抗到底"的商户，看到可以搬到新的更好的商铺，没了后顾之忧，气也顺了，由最初的抵触到后来的积极配合。

第五节　生态优先绿色发展

为保证"碧水润京津"，在"先节水后调水，先治污后通水，先环保后用水"原则的指导下，鄂陕豫三省从根治水源污染、绿色长廊护水输送、产业升级、发展生态农业四方面入手，严守生态红线，激发生态红利，探索出生态优先、绿色发展的新模式。

一、排污整治除水源隐患

丹江口水库位于汉江中上游，汉江水流经陕西、湖北，在丹江口汇聚，最终造就"亚洲第一大人工淡水湖"的丹江口水库。为了保证南水北调中线工程水源地的水质安全，陕西省、湖北省、河南省全力以赴整顿污染，力保水质安全，实现一渠清水永续北上。

陕西省密植除污设施，着力提升水质。国家明确提出直接汇入丹江口水库的各主要支流水质不得低于Ⅲ类，从国家标准来看，在陕西省出省断面水质已为Ⅲ类的丹江是符合入库要求的。然而陕西商洛不满足于此，主动承诺将丹江出省断面水质提升至Ⅱ类。此诺一出，四下皆惊。要知道，汉江、丹江流经的汉中、安康、商洛三市在 2010 年时境内仅有 6 座污水处理设施。君子重诺惜如金。为实现庄重承诺，商洛市关停

49 家工业企业，保留下来的企业在环保要求上符合标准并不断加大投入；由河流流经辖区的官员担任河长，负责推进河道整治、生态修复以及水质改善等环保工程建设；率先建成污水、垃圾处理厂和覆盖全市水源区的生态环境动态监测系统。自南水北调中线工程上马以来，汉中、安康、商洛三市累计关停企业 400 家，其中污染企业 240 余家。截至 2014 年底，陕南三市 28 区县实现污水处理厂、生活垃圾无害化处理厂全域覆盖，日处理城镇污水 49.75 万立方米，日处理生活垃圾 3900 吨。污水处理厂、垃圾处理厂的建设，改善了县城污水排放的情况，大幅降低生活垃圾、生活废水直送汉江造成的直接污染。根据生态监测系统检测到的数据，污水处理设施出水水质达标率为 100%，汉江、丹江出陕断水面水质最终稳定在国家 II 类的标准。

湖北省重金整治污染，开展"清水行动"。素有"东方底特律"之称的十堰市，为保一库清水，投入 17 亿元资金，整治排污口 590 个，新建长达 1000 公里的污水收集、清污分流管网，河道清除淤泥 561.5 万吨，完成 130 公里的生态河道建设。南水北调中线工程建设之前，十堰市由于缺少地下涵管排污设施，工业废水、城镇区生活污水直接排入河道，致使流入丹江口水库的几大支流污染较为严重。十堰市针对饱受污染的神定河、泗河、犟河、剑河、官山河编制"一河一策"的治污方案，全面实施"截污、清污、减污、控污、治污、管污"六大工程。经过治理，在 109 项水质检测标准中，丹江口水源地达到国家一级水质标准的指标为 106 项，提供了当之无愧的"中国好水"。2013—2014 年间，十堰市共开展"清水行动"4 次，挂牌督办企业 10 家，纠正环境违法行为 200 起，累计罚款 500 余万元。"清水行动"旨在对十堰市内污水处理、垃圾填埋、河道垃圾治理、破坏生态环境的违法行为进行专项整治，责令 200 多家企业停产或整顿，共计 286 家畜禽养殖场被清除，22 家农家乐被取消营业资质。经过大力整治，十堰市全市污水收集率高达

95%，垃圾收集率为97%，十堰市从"汽车之城"摇身一变成为国家生态文明先行示范区。

二、生态廊道护丹水北送

河南省在《中原经济区规划》（2012—2020年）就明确要建立南水北调中线生态走廊。南水北调中线生态廊道指的是在河南段引水总干渠两侧各100米内种植生态绿化带，内侧30—40米距离范围内种植常绿树种，外侧60—70米范围内种植经济林木，充分保障南水北调中线工程水质安全。河南段生态廊道涉及南阳、平顶山、郑州在内的8个省辖市共35个县（市、区），林地面积为214万亩。生态廊道所在区域生态环境脆弱，森林资源匮乏，水质污染的潜在威胁大。为保护水源地水质安全，实现"一池碧水送京津"，中线工程沿线各城市纷纷开建生态廊道，在生态廊道的基础上扩展生态经济带，将生态效益、景观效益与经济效益融为一体。

从渠首到京津，调水成败关键在水质。南水北调中线干渠河南段基本为明渠，碧绿的丹江水在露天输水渠道奔流，直接与大气接触。为降低污染、保证水质必须竖起绿色保护网，河南沿线各地在干渠两侧建设生态保护带。2015年南阳境内干渠两侧生态廊道全部建成，造林面积逾2万亩。距离干渠40米的廊道内侧种植常绿乔木林带，落叶林带则种植在60米宽的廊道外侧，常绿林和落叶林之间的过渡地带铺设6米宽的自行车道路，供行人日常使用。渠首周边500米可视范围内种植生态景观林，渠首周边村庄外侧种植20米宽以上的生态防护林带，防护林带内部道路两侧栽植乔木，将乔灌比例控制在75%以上。南阳市安排财政资金3000万元作为专项资金对渠首干渠的绿化进行补贴，沿线生态廊道建设总投资高达1.46亿元。南阳市对生态廊道、生态林带的植物配置比例提出要求：速生树种、慢生树种的比例控制在6:4范围左右，以期在短时期内速生树种能起到净化污染的作用；常绿和落叶树种的比例为3∶7，充分保证视觉的时序景观效应；本土树种和外来树种的搭配比例控制在8∶2左右，发展优良乡土树种的同时，最大限度使当地农民受益。南阳渠首示范工程在干渠两侧营造防护林带和农田林网组成的高标准生态廊道，寓水质保护、经济发展、景观效应于一体，充分体现了"创新、协调、绿色、开放、共享"的发展理念，是实现区域经济可持续发展的有益尝试。

南水北调中线工程郑州段全长为129公里，郑州市在干渠两侧各200米范围内修建生态廊道，并以此为基础修建总面积近25平方公里的南水北调生态文化公园。在景观设计上，该生态文化公园采用"一水、两带、五段、多园"的功能性总体布局。中原区、二七区、管城区、高新区、航空港区5个主城区不同程度地承担了绿化建设任务。虽然同为绿化建设，几个城区的景观定位却各有特色：二七区以展示历史人物长河为本，主题为"朝圣"；中原区着重展示人、城、绿、商的和谐共处，主题为"福地"；航空港区立足于自身的发展优势，着眼于中原腾飞，主题为"科技"；高新区侧重于展示宜居的环境，主题为"家园"；管城区则化身为古老、传统的缩影。郑州南水北调生态文化公园全段展示了郑州历史文化、农耕文化、现代科技文化，同时集文化传承、生态涵养、休闲娱乐于一体，郑州市民可以在此健身、娱乐。南水北调生态文化公园设置了大面积的集水区，参照"海绵城市"的设计理念，雨水多的时候蓄水、净水，干旱的时候将存水释放。南水北调生态文化公园最大限度地实现了环境保护、公共服务的统一，使生态效益和社会效益达到最大化。

三、生态农业富民口袋

为保持"一渠清水润京津"，丹江口库区周边地区大力调整生产结构，坚持走绿色发展之路，走出了一条生态富民的环保之路。

淅川县毛堂乡素有"淅川后花园"之称。这个乡拥有板山沟、绿林、楚都、老沟、龙山、金戈利 6 座茶山。该乡充分利用自身的资源优势和淅川县出台的优惠政策，突出发展茶产业，建设茶叶之乡。这个乡打出茶业产业 + 乡村旅游的组合牌，为当地的农民开创劳动收入、生态旅游获利两条创收路径。毛堂乡的茶园采用"公司 + 基地 + 农户"发展模式，引进的 13 家客商在全乡 18 个茶叶基地中与茶农共同发展茶园，在茶园的基础上建设生态农庄、采摘园。目前，毛堂乡 2.8 万农民已经享受到茶叶种植带来的经济效益。

南水北调中线工程实施后，作为工程渠首所在地，淅川县九重镇大力调整农业种植结构，发展金银花种植业。淅川县委、县政府把金银花种植作为加快渠首高效生态经济示范区建设的主导产业进行大力扶持，县财政每亩地补贴 500 元，免费提供种苗。2012 年，九重镇又与淅川福森药业集团合作，利用北京对口支援协作项目资金，率先在唐王桥村建设了金银花产业基地，采取"公司 + 基地 + 农户"的订单农业模式运作。新鲜的金银花直接被送到配套的烘干加工厂，然后进入制药车间。原材料就地加工成为产品，省去了中间运输环节，为企业节省了费用。除了药用外，金银花根系极发达，细根丛生同时生根能力又强，茎蔓着地即能生根，因此具有很好的固土作用，有利于防治水土流失。广泛种植金银花使得"跑土、跑水、跑肥"的贫瘠土壤变成了"保土、保水、保肥"的万亩肥田。在金银花产业示范基地的带动下，九重镇 2016 年实现年综合产值 1.5 亿元，全镇金银花种植面积发展到 13500 亩。截至目前，淅川县连片种植 8 万亩金银花，年生产总值超 8 亿元，为淅川县农民增收 3 亿元以上。淅川县金银花基地在效益和规模上在国内首屈一指，一望无垠的金银花田更是将原本光秃的荒山点缀得绿意盎然、生机勃勃。

软籽石榴是我国从突尼斯引进的品种，这种石榴不同于一般石榴，不仅粒大、色红、味甜、汁多，而且还具有营养丰富、药用价值高、保健作用强的特点，尤其是在抗氧化、促消化、抗衰老、美容养颜等方面有明显功效。从 2013 年开始，淅川县财政投入石榴产业发展资金 2200 多万元，吸引企业投资 1.2 亿元，在全县范围内共种植软籽石榴 1.6 万亩，成立 3 个千亩规模以上的软籽石榴基地，辐射带动 12 个村每户年收入增加 5000 元以上，带动周边百姓脱贫。目前，软籽石榴产业已成为淅川县的支柱产业。2016 年在上海举办的 iFresh 亚洲果蔬产业博览会上，来自淅川县的软籽石榴，因汁多粒大、色泽鲜艳而广受追捧。

淅川县各乡镇立足于自身优势，逐步筛选出可规模化发展的特色农业，目前淅川县"一乡一品"的发展格局已经初具规模：大石桥的竹柳、九重镇的金银花、毛堂的茶叶、荆紫关的湖桑、西簧的核桃，各具风流，竞相争辉。

四、产业转型促经济发展

近年来，陕鄂豫核心水源地为确保南水北调的水质，坚持把"青山刻丰碑，碧水显政绩"当作座右铭，采取果断措施，强行关闭一批高污染企业。2017 年 3 月，湖北丹江口市启动"雷霆行动"，重点整治湖库非法养殖行为，确保 4 月底以前全市全面取缔库区网箱养殖，与之相邻的河南淅川县于 2014 年完成了网箱养鱼（包括喂食性投饵网箱和天然网箱）的取缔工作。黄姜有"药用黄金"之美誉。种植黄姜，不仅成了淅川 20 万群众的致富门路，更是一度成为十堰市的支柱产业。但是黄姜加工企业对环境的危害极大，鉴于此，淅川县和十堰市痛下决心，果断关停。淅川县坚持"生态立县"，坚决关闭 338 家造纸、冶炼企业，在已有生态建设的基础上发展生态旅游。陕西西乡县 2014 年建成国家级水土保持示范区；樱桃沟和丹凤县桃花谷水保示范区。陕南三市依托陕南山水资源，发展旅游业特色工艺品、民俗文化以及农家乐等生态旅游，既保护了生态资源，同时也促进了当地农民增收。安康市石泉县素称"秦巴水乡"，150多家农家乐解决了5000名村民的再就业问题，再加上风光秀丽的山林经济园区对游客的吸引，2012年石泉县后柳镇永红村村民人均年纯收入达到18000元，与2008年相比增加近5000元。十堰市主打武当山、丹江水两张"世界名片"，大力构建生态产业集群。武当山＋丹江口水库的生态招牌，吸引了全国各地的游客前去一探山水圣地：2016年，十堰市共接待游客4700万人次，旅游创收360亿元，一举夺得湖北省地区生产总值增速第一的桂冠。

丹江口库区水源地重视发展新兴产业，以新兴产业促进产业转型升级。淅川县上马投产一批LED高效节能灯、盐酸二甲双胍缓释片、钒电池等高新技术项目。与此同时，新能源、生物医药等一批新兴产业迅速崛起，成为淅川县工业主力。陕西安康市着力打造循环经济，加快装备制造、电子信息、现代物流等新兴产业的发展，并积极将新工艺、新技术运用到矿产行业中，促进加工产业转型升级。2014年落户安康的西北国际天贸城总建筑面积30万平方米，由互联网履约中心、线上交易中心、线下展贸中心、智能物流中心、网商园配套服务中心和客运枢纽中心六大中心组成，安康日渐成为秦巴地区商贸物流中心。水资源利用已经成为丹江口市支柱产业。十堰市以水为媒，建成农夫山泉、武当山泉、洋河酒业等10多项新型水经济项目，而且吸引了京津冀地区的资金、技术要素的集聚，成功创建国家知识产权示范城市和国家科技成果转化服务示范基地。2015年，十堰市高新技术企业总数上升至120家，贡献126.5亿元的产业增加值，其中生物医药、绿色能源、新材料等新兴产业功不可没。

第 三 章
大爱无疆的库区移民

南水北调中线工程库区移民规模浩大、任务艰巨、跨度较长、涉及面广，是整个中线工程的重点和难点，是南水北调工程"关键中的关键"。半个多世纪以来，湖北、河南 80 多万库区群众为了南水北调中线工程顺利推进，面临着人生一次又一次艰难的抉择。虽然满怀乡关难舍的故土情怀，但是为了南水北调中线工程大局，为了国家利益，为了一渠清水润京津，他们怀着无限眷恋辞别家园，移民他乡，向世人展示出为国奉献的高尚情怀和至真至诚的人间大爱。

第一节　感天动地的移民大县

地处河南省西南边陲的南阳市淅川县，是南水北调中线工程核心水源地和渠首工程所在地，也是闻名全国的第一移民大县。为了保障丹江口大坝加高工程安全蓄水，为了保障南水北调中线工程顺利通水，淅川县先后经历了三次大规模的移民搬迁，创造了多个前所未有的历史纪录，作出了巨大的贡献与牺牲。

淅川县地处豫鄂陕三省交界的黄金地带，是一个有两千多年历史的古县。相传淅川曾先后是尧帝之子丹朱和西周楚族熊绎的封地。春秋时为楚都丹阳所在地，秦始皇二十六年（前221年）在今淅川县寺湾镇设置丹水县，北魏时因淅水纵贯境内所形成的百里冲积平川而得名。西汉以后，这里的行政建制与辖境治所屡有变动，或属南阳郡、顺阳郡、析阳郡、析阳县、淅川县、淅州、邓州等地。淅川依山傍水，境内河流纵横，共有丹江、鹳河、滔河、淇河、刁河等467条大小河流，其中全长390公里、流域面积17300平方公里的丹江干流，在河南境内长达117.4公里、流域面积达7400平方公里，历史上曾在豫西南地区的水上运输中发挥过重要作用。千百年来，淅川的古圣先贤在丹水滋养下，树立起一座座感召后人的历史丰碑。悠久的丹江历史，灿烂的楚都文化，良好的生态环境，著名的人文景观，鲜活的历史人物，共同构成了淅川浓厚的人文氛围，滋养着淅川人民共同的精神家园，给古城淅川带来不一样的流韵遗风。

移民征迁素有"天下第一难"之称，是困扰世界水利工程建设的共同难题。20世纪50年代末开始兴建的丹江口水利枢纽工程，是新中国综合治理开发汉江的关键性工程，又是南水北调中线工程的控制性工程，在防洪、发电、灌溉、养殖、航运等方面能够发挥巨大的综合效益，周恩来总理将其誉为中国"五利俱全"的水利工程之一。随着丹江口水库的修建、水库大坝的加高和南水北调中线工程的开工建设，库区先后三次需要进行大规模移民迁安。丹江口水库运行初期，蓄水高程157米，淹没淅川县土地达362平方公里，占库区总淹没面积的48%。同时，被淹没的还有一座淅川老县城、16个大小集镇和一大批基础设施等。富饶的丹阳川、板桥川、顺阳川三川平原和楚都丹阳因此沉睡江底，各项淹没实物指标所造成的直接经济损失达到时值7.4亿元。原居住在这些地方的百姓成为淅川第一批移民，总数达20.2万人。

南水北调中线工程开工后，丹江口水库大坝由原来的162米增加到176.6米，水位也要由原来的157米升高到170米，34万多库区群众不得不离开他们的家园。其中，湖北需移民 18 万多人，河南需移民 16 万多人，而河南的移民全部集中在淅川县。淅川县新增淹没面积 144 平方公里，占新增淹没总面积的 47.6%，同时被淹的有 3 个集镇、36 家工矿企业及大批基础设施，各项淹没指标造成的静态损失约 90 亿元，淹没指标占库区两省六县市总淹没指标的 50%。随着丹江口水库建设和大坝加高，淅川县前后移民 36.6 万人。大坝加高前的库区移民，从 1959 年开始持续到 1978 年，前后历时 20 年，分别安置在青海、湖北以及河南本省的淅川县和邓州市。① 由于当时正处于国家经济困难时期，移民安置标准低，安置地生产、生活条件都很差，移民不要说发家致富，连生存都成了问题。所以，许多移民又返回原籍，在水库边上随便搭个窝棚作为栖身之处，后来则变成二次移民或三次移民。

大事难事看担当。在南水北调中线工程建设中，丹江口库区移民群体作出了巨大牺牲，用奉献牺牲、舍家为国的实际行动挺起铁的脊梁，成为保障这一跨流域、跨地区、跨时空的国家工程顺利推进的先行者。为了国家工程建设，作为移民大县的淅川作出了巨大牺牲，淅川人民的奉献和担当可昭日月：50 多年间先后动迁了 36.6 万人，2004 年以来先后关停了 127 家影响水源地水质的企业，炸毁了 100 余座小钒窑。这些真真切切的统计数据，体现出淅川人民为国分忧的大爱情怀、甘于奉献的高尚情操和勇于担当的精神境界。

舍家为国见精神。由于丹江口库区移民迁移、安置、重建、生存和发展历程都比较特殊，关系到社会、经济、资源、人口结构的调整等方方面面，表现出时间跨度较长、中间过程复杂、移民人数众多、社会影响深远等几大特点，在经济社会的重构和生态环境的重建等深层次问题上具有独特的历史意义。淅川是全国移民大县，也是河南最大的移民迁

① 张基尧：《南水北调的回顾与思考》，中共党史出版社 2016 年版，第 222 页。

出县和移民第三安置大县。为了国家利益，面对故土难离又不得不离的现实，移民群众毅然决然地选择了舍小家为大家，离开祖祖辈辈居住的热土，离开世世代代繁衍生息的家园。其中，有初次移民的，也有经历了第二次乃至第三次搬迁的老移民。他们抛家舍业，扶老携幼，义无反顾地迁移到一个完全陌生的地方，在那里安家，在那里重新创业。淅川广大干部群众用滚烫的汗水、难舍的泪水和沸腾的热血谱写了一曲感天动地的移民壮歌，用无声的誓言和坚定的行动铸就了"牺牲奉献、大爱报国"的淅川移民精神。

和谐迁安看担当。2009年7月24日，《河南省南水北调丹江口库区移民安置工作实施方案》（以下简称《实施方案》）正式印发，其中最核心的内容可以归纳为"四年任务，两年完成"八个字。《实施方案》明确提出了两年内所要完成的任务目标：南水北调丹江口库区涉及河南农村移民161310人，计划2011年底前完成搬迁安置任务。其中，试点移民10627人，要在2009年8月底前完成搬迁任务。库区大规模移民分两批完成：第一批移民61457人，2009年10月启动，2010年8月底前完成搬迁任务；第二批移民89226人，2010年5月启动，2011年4月底前完成搬迁任务。5天后，河南省南水北调丹江口库区移民安置大会在南阳市淅川县隆重举行，对丹江口库区的移民迁安工作进行了具体的分工部署，正式拉开了河南移民安置工作的序幕。国务院南水北调办公室的相关领导、河南省委省政府省政协的相关领导、河南省丹江口移民指挥部以及有关省辖市和县（市、区）的主要负责人等一起参加了会议。2009年8月3日，南水北调丹江口库区移民安置指挥部办公室在河南省、南阳市和淅川县分别成立，分级负责省内移民安置的指挥、协调和调度工作。从成立那一天起，河南省南水北调丹江口库区移民安置指挥部就进入了连续高速运转状态。从这里发出去的文件足足有几卡车，其间甚至连电子公章都"累瘫痪"过。移民搬迁没走弯路，移民迁安和谐顺利，就是对移民安置全体工作人员的最大褒奖。

移民迁安效果好。自 2009 年 8 月试点移民工作正式启动以来，淅川县坚持把移民迁安作为一项政治任务，顽强拼搏、克难攻坚，先后投入 110 多万人次、出动车辆 10 多万车次、架设供电线路 3753 公里、维修道路 284 公里、开展医疗服务 2.6 万人次，移民搬迁总行程 10 万公里，圆满完成了河南省委省政府提出的"四年任务，两年完成"目标任务，受到李克强总理等中央领导同志的充分肯定，国务院南水北调办先后三次致电表示祝贺。

第二节　乡关难舍的故土情怀

"穷家难舍，故土难离。"这是千百年来中原儿女在生产生活实践中形成的内化于心的乡愁情结。这种乡愁情结，无时无刻不在中原儿女心头萦绕，无时无刻不让他们深深牵挂。然而，为了让更多人能喝上甘甜的丹江水，丹江口库区近 40 万移民群众怀着朴素的爱国情怀，依依不舍地离开了曾经生活过的热土。

故土难离。古往今来，中华民族的灿烂文化和辉煌历史几乎都与江河水源地有着密不可分的联系。凡是临近江河的地方都有肥沃的土壤，能植能耕，人畜两旺，适宜人群生活繁衍。丹江两岸是名副其实的鱼米之乡，很多村民每年从水库获得的收入能达到三四万元。库区人民不愿意离开家乡，因为这里是他们祖祖辈辈生活的地方，这里有他们的根，有他们的魂；是因为这里有他们几代人置办下的家业，虽然可能并不那么丰厚，但那是自己劳动所得，是省吃俭用操办起来的；是因为这里有让全家人过上温饱生活的稳定收入，有栽种在青山绿水或房前屋后的各种果树，有养在水库网箱中的肥美鱼虾。库区的移民群众祖祖辈辈在这里守望相助，在这里安居乐业。他们恪守着"金窝银窝，不如自己的草窝"的祖训，舍不得离开生养和哺育他们成长的家乡。

故业难舍。中国人自古以来就有"守成尚文"的传统。朱熹在《漳州劝农文》中这样说："请诸父老，常为解说，使后生弟子，知所遵守，去恶从善，取是舍非，爱惜体肤，保守家业。"绵延在水库两旁的常住居民成为第一批移民的就有 10 个乡镇 57 个行政村，家家户户都不想搬迁，都想像以往一样守着自己熟悉的家园继续过着安稳的日子。淅川县香花镇曾经是全国著名小辣椒产地，每年出口的干辣椒一度占全国市场的 40％，有淅川县的"小香港"之美誉。刘楼村是淅川县最富裕的村庄，全村共有 6200 个网箱，近 900 艘渔船、游艇，数十家渔家饭店，已形成了较为稳定的养鱼、餐饮、旅游行业，家庭资产百万元以上的富裕户屡见不鲜。当时曾经有这样一个说法：河南移民看淅川，淅川成败看香花。其主要原因就在于香花镇居民比较富裕，乡亲们对于自己辛辛苦苦创下的丰厚家业更难以割舍，所以移民搬迁工作更难做通。淅川县香花镇刘楼村的移民赵福禄，是当地有名的富裕典型。他有自己投资经营了十多年的渔家饭店和宾馆，那是 2000 多平方米面积的房产、500多万元的资产、每年 80 多万元收入的摇钱树啊！任谁都难以舍弃，何况他家要搬迁的地方是个不临江不靠河的平原农业区。但思前想后，他做了整整一个星期的思想斗争，最终还是为了国家利益，放弃了自己红红火火的生意，说服自己在搬迁协议书上签字。为了南水北调工程，深明大义的香花镇居民毅然签订了搬迁协议，整村搬迁至不靠山不临水的邓州市裴营村，付出了巨大的代价和牺牲。淅川县马蹬镇高庄村的周长生，家里有两条渔船，每个月至少有 6000 多元的固定收入，最后还是带着不再有用武之地的渔船和渔网，举家迁往一百多公里外的社旗县。可以说，淅川移民为南水北调工程作出的牺牲，不仅有看得见、可计量的经济效益，更有难以用言语来表达的无形的精神因素。如今，渠首陶岔一片片的松树林，老城镇一片片的果木林，寺湾滔河一片片的桑树林，早已经绿树成行，但对那里曾经的居民来说，却慢慢变成一道道距离越来越远的风景，怎不令人眷恋。

亲情难分。人生自古伤离别。淅川移民数量多、规模大、覆盖面广，牵涉到千家万户。按照有关规定，住在 170 米蓄水线以上者不用搬迁，住在蓄水线以下的必须搬离，从而导致血浓于水的骨肉至亲被迫分离。有的移民要与年迈的父母分别，有的移民要与兄弟姐妹分别，有的移民要与乡邻乡亲分别，但无论哪种情况，都无疑会给人们留下无穷无尽的作为岁月印痕的伤感。但是，在国家利益面前，淅川移民群众经受住了考验，选择了大义担当。淅川县鱼关村 70 岁的吴姣娥老人，20 世纪 60 年代曾移民搬迁到湖北大柴湖，后来又辗转回流至淅川，她的 9 个孩子有 6 个要迁往 3 个安置地。老人深明大义地对家人说："北京能喝上咱家的水，也是咱的光荣，不要让国家作难了，走吧。"① 参加过对越自卫反击战的香花镇刘楼村村民曹龙训，一家人本来过着安稳舒适的日子，为了南水北调中线工程建设，带着全家搬迁到邓州。他情深义重地说："南水北调需要我们这个地方，没话说，搬吧。人心都是肉长的，得设身处地为国家想想。"但红红的眼圈，根本无法掩饰这位汉子内心难以割舍的情感："一辈子搬了多少次家，都不再是家，这里才是家的记忆。"② 家住盛湾镇周湾村的周成保是移民的后代，他的姑姑至今生活在湖北大柴湖。2009 年 8 月，两个姐姐又分别搬迁到南阳市新野县和新乡市延津县，一家人从此天各一方，留下数不清的叹息与惆怅。而中原经济网记者与盛湾镇姚营村 91 岁的盛大爷之间的对话同样让人动容："知道为什么让您搬家吗？""北京渴！南水北调！""您愿意搬吗？""开始谁说都不愿意搬，除非把我装进棺材里拉走。现在想想咱总不能渴北

① 张光辉等：《丹江千里润北国》，《河南日报》2014 年 12 月 11 日。
② 蒋巍：《惊涛有泪——南阳大移民的故事》，《人民日报》2010 年 12 月 1 日。

京人吧。我响应党的号召，搬！"一边是亲情难舍，一边是毅然搬家，一边挑着家庭，一边挑着责任，看似矛盾的话语满满的都是情谊。

乡情依依。"到处青山山有树，如何偏起故乡情。"移民搬迁前的各种祭祀仪式，饱含着浓浓的故乡情。一方水土养一方人。故乡的山山水水、一草一木和风俗人情，早已融入了移民的血液中。常年的生活劳作，使人们对故乡的自然气候、生活习惯早已有了深厚的感情。在为了国家利益而不得不离开故乡那片热土的时候，许多人依依不舍，离开故乡前那些感人的场面，即使是铁石心肠的人也会为之垂泪：长跪在祖坟前面不愿离去的身影，珍藏着一捧捧家乡的泥土，携带着一瓶瓶家乡的清水，带着老土的伏牛山的野柞树，还有那跟随着主人搬迁车队后久久不肯离去的小狗小猫，都在诉说着故土难舍的情愫。2011 年 6 月 6 日，适逢农历的五月端午，也是淅川县滔河乡文坑村 311 户移民即将搬迁到唐河县古城乡的日子。这天一大早，村里的渔民杨静就与全村村民一起，开着自家的渔船到江心祭拜屈原和河神为子孙后代祈福。祭祀完毕后，杨静郑重地对自己的孩子们说："娃，这水上就是咱的老家，咱们是干了几十年的渔民，就是走到天涯海角，都不要忘了生咱养咱的这一江水啊！"是啊，正如唐代诗人王建在《水夫谣》中所说："一间茅屋何所值？父母之乡去不得。"更何况这次搬迁要分散到全省多个地市，共饮一江水的父老乡亲们转眼间就要天各一方，再见不知是何年，怎不让人黯然神伤。

因南水北调中线工程而搬迁或后靠的移民千千万万，但是难舍故乡的心情与杨静又何其相似。66 岁的王廷颜要迁往位于黄河南岸的中牟县，临行前，一边对着车窗外的女儿拼命挥手，一边说着："平时，娃们做了好吃的，都忘不了给我端一碗。俺不想走啊，可咱总不能让国家调不成水吧。"68 岁的侯金花老人，把从老家院子里分枝的葡萄树和石榴树，带到了千里之外的原阳县，也把丹江口的根脉和希望带到了黄河岸边。滔河乡姬家营村的姬康，临行前装了满满一塑料壶丹江水带到搬迁地许昌，就是想让全家人想家的时候尝一口家乡水。老城镇狮子岗村的邓新杰夫妇，怕再回故乡时这里变成了汪洋大海，最后一次用袅袅纸烟祭奠逝去的祖先。类似的例子不胜枚举，这样的场景到处上演。中共河南省委原书记徐光春关于"移民群众搬迁过程中的故土难离不等于不爱国，不支持国家工程，而是故土难离"的一席话，引起了淅川县厚坡镇移民老乡赵志清的强烈共鸣，他流着热泪对记者说："这话说到了俺的心坎里了，移民都爱国得很呐，对工程也支持得很，就是搬家的时候舍不得祖祖辈辈生活的地儿啊！"[1]淅川县滔河乡有一口清朝末年打的老井，那爬满青苔的井壁，斑驳陆离的辘轳，甘甜可口的井水，日日使用的木桶，无不承载着老街老屋历经百年的沧桑岁月和乡亲们祖祖辈辈的美好回忆。搬迁在即，村民金建国看着趁空到井边洗菜洗衣的乡亲们，感慨地说："恐怕这辈子都吃不到这么好的井水了。"他最后一次来到古井旁边，向着古井深深地鞠了三个躬，也把几代人的记忆永远封存在这里。归根结底，因为故乡的山山水水令人留恋，故乡的一草一木令人惦念，故乡的骨肉亲情割舍不断，故乡的喜怒哀乐萦绕心间。

第三节　舍家为国的艰难抉择

国家工程离不开国家行动，国家行动离不开人民支持。如果说，南水北调中线渠水一路欢唱着缓解了京、津、冀、豫等地的焦渴，创造了一个"大江北去"的当代传奇，那么丹江口库区数十万移民群众舍家为国的伟大壮举，向世人展示出奉献牺牲的崇高精神，则是这个传奇中最

---

[1]　参见刘先琴、丁艳、董一鸣：《"移民精神"唱响渠首》，《光明日报》2015年7月11日。

跌宕起伏的情节。

南水北调工程是迄今为止世界上最大的调水工程，也是中华民族穿越半个世纪的伟大梦想。随着大坝加高工程的正式启动，大规模的集体移民搬迁已经刻不容缓，成为湖北、河南两省面临的首要问题。而30多万人要在规定时间内陆续迁出水源地，移民到底该何去何从？何处是我家？怎样再安家？怎样建新家？在进退去留之间，在远近得失之间，在愿望与诉求之间，这些矛盾与问题千头万绪，深深地困扰库区移民群众和与之相关的各级政府。家是最小国，国是最大家。深受中原文化和荆楚文化影响的库区老乡，心底都有着最朴素的家国观念。他们宁愿自己委屈也不愿让国家作难，用一腔爱国情怀作出了为大家舍小家的艰难抉择，深明大义的举动让人感动，与古人所倡导的"君得其志，民赖其德，苟利国家，不求富贵"的儒家精神惊人地一致。

自丹江口水库开始蓄水以来，淅川县共有54.3万亩良田沉入丹江口水库，一座被淹没的始建于明成化七年（1471年）的老县城、全县一半的耕地、14个大小不等的集镇、7.4亿元的损失淹没实物指标，只是淅川人民作出的看得见、摸得着的奉献和牺牲。如今，为了南水北调中线工程的顺利实施，淅川县的11个乡镇、185个行政村、1312个村民小组、16.5万名群众又要外迁了。与此同时，湖北省十堰市5个县（市区）、29个乡镇、257个村（居）委会、1096个村民小组、10.4万名群众也需要内迁安置，7.7万人需要外迁安置。那是由506平方公里土地、41.6万亩耕地、17个生活了无数代人的集镇、728公里公路、103.4亿元的实物构成的家园啊，胸怀再大都会眷恋，都不可能洒脱地"挥一挥衣袖，不带走一片云彩"。然而，为了建设南水北调中线工程，缓解北方大地日益严重的焦渴，实现跨流域水资源优化配置，丹江口库区移民在各种矛盾与问题、纠结与困惑、梦想与现实之间作出了艰难抉择，那就是为国家舍小家，为清水舍繁华，泪别故乡再安家。

　　淅川县马蹬镇曹湾村三面环水一面环山，是一个鱼米飘香的富裕村庄，年均家庭收入最高的达 10 万元，全村集体搬迁到社旗县之后，每年的收入至少要减少一半。村民杜志国没有抱怨，反而淡然地说："为了南水北调，我们应该舍小家顾大家为国家。"这不只是他一个人的想法，而是淅川众多移民群众的心声。淅川县金河镇姚湾村的移民王廷颜已经 66 岁了，因为搬迁要与女儿分别，心里不想走，却跟女儿说着"咱总不能让国家调不成水吧"，还是坐上了迁往中牟的大巴车。还有很多身强力壮的青年人，扶着白发苍苍的老人，抱着出生数日的婴孩，抛弃了自家蒸蒸日上的产业，纷纷作别挚爱的故乡。他们告诉自己，"房屋拆了还能再盖，果树砍了还能再栽，移民任务不能耽误"，安慰家人"哪方水土不养人"，只要不怕苦不怕累照样能再创一份家业，"为南水北调工程建设作贡献，值！"2011 年 9 月，时任中共中央政治局委员、北京市委书记刘淇在河南考察南水北调中线工程建设情况时，即兴赋诗一首，真情表达了对丹江口库区移民舍家为国精神的崇敬。他在诗中这样吟诵道："南水北送真辉煌，最动情是离故乡。清水滋润京城日，共赞豫宛好儿郎。"

　　在南水北调中线一期工程搬迁安置的 700 多个日日夜夜，丹江口库区的移民群众以国家为重，以大局为重，作出了揖别故土的艰难抉择。他们胸怀对祖国的深情大爱，眼含两行热泪，叩别长眠于地下的历代祖先，拆毁了祖居多年的老屋，离开了熟悉的渡船码头，与送行的亲朋好友挥手告别，踏上了迁往异乡的征程，生动地诠释了新时期广大移民群众顾全大局、为国分忧、牺牲奉献、大爱无声的崇高精神。在这些为服从国家发展大局而搬迁的移民群众中，"移民样本"何兆胜老人的搬迁经历最具代表性。何兆胜一生为丹江口水利枢纽工程和南水北调中线工程搬迁了 3 次。1959 年 3 月，为安置因修建丹江口水库房屋被淹的群众，国家鼓励一部分身强力壮的年轻人到青海支边，时年 23 岁的何兆胜是淅川县下寺公社何庄大队会计，决定用实际行动响应号召。他说："国家让俺们支边，中！"写下书面申请，带着二斤干粮和两件小农具，何兆胜夫妇与 3000 多位乡亲一起，乘坐着不透气的闷罐子车，昼夜兼程，踏上了西进青海支援边疆的迁徙之路。当时正赶上三年困难时期，举国上下生活都很困难。由于对当地气候环境和生产生活极不适应，一些支边青年不幸伤亡病故。淅川县委向上级发出紧急请示报告，逐级报送到首都北京。1961 年，党中央派出调查组到青海调查后，下令让淅川支边移民撤回原籍，何兆胜处理完返迁的最后事务后才返回淅川。1965 年，30 岁的何兆胜又与乡亲们一起迁入湖北荆门，这批移民因与荆门当地居民发生矛盾，大部分又返回了淅川。有 400 多户返迁人员住在没有村名、没有户口的水库边上，被人们称为"中国最后一个部落"。2008 年 6 月，得知要再次搬迁的消息，老人平静地说："我对搬迁可没什么顾虑。你舍不得可不行，就是金坑银坑，国家需要你搬，你的小利益还能不服从大利益？"所以，在第三次搬迁时，75 岁的何兆胜老人再次带着两个儿子，带着预备给自己做寿木的柏木，带着老家菜地里挖出的韭菜根，带着"还算为国家做了点贡献"的想法，北迁至新乡辉县市常村镇。他从血气方刚的棒小伙儿到白发苍苍的年迈人，52 年间辗转迁徙了三省四地。他说，"我们不指望北京人吃水的时候感谢我们"，"只要对国家利益大，再让我搬家，我也会继续搬的"。2012 年农历八月，这位一生都在为南水北调工程搬迁的老人告别了人世，最终长眠于豫北太行山脚下。他一生最大的遗憾，就是没有等到南水北调通水的那一刻。他生前留下的那句朴实的话至今让人热泪盈眶："再也不想搬家了。但是，国家要用这块土地，我们一定让国家满意。"① 正是无数个像何兆胜一样用大爱报国的人民群众，我们国家才能完成那么多举世瞩目的工

---

① 赵学儒：《圆梦南水北调》，作家出版社 2014 年版，第 272—288 页。

程，才能实现一个又一个宏大的奋斗目标。

水质的好坏决定南水北调工程的成败。为了落实"先节水后调水，先治污后通水，先环保后用水"的原则，确保丹江口库区的水质能够长期稳定达标，从而满足南水北调中线工程的调水要求，2006 年以来，《国务院关于丹江口库区及上游水污染防治和水土保持规划的批复》、《丹江口库区及上游水污染防治和水土保持"十二五"规划》等文件正式公布，从政策层面为水质保护提出了更加严格的要求。为实现水清民富的双赢目标，河南省积极贯彻实施国务院通过的水土保持规划，庄严地作出了确保一渠清水永续北送的承诺，建立了比较完善的省联席会议制度，采取了一系列行之有效的措施，每半个月督导一次水源区各县市的项目进展情况。一是先后关停并转水源保护区所及的南阳、洛阳、三门峡的 6 个市县 801 家企业，十年之间虽然累计损失达 70 多亿元，但是有效控制了点源污染。如南阳泰龙纸业曾经以每年纳税超千万元的效益成为淅川县的明星企业，但企业每天 1 万多吨的污水排放，让南阳市忍痛关停了泰龙公司的纸浆生产线，由此而引起上千名工人下岗。二是推广生态农业，推进农业大变革，力争将丹江口库区打造成全国有影响的生态示范区。如西峡县依托种植 30 万亩野生猕猴桃和 30 万亩中药材发展了 160 多个"果药菌"产业；淅川县则计划用 5 年左右的时间建设高标准种植基地，努力打造有机茶生产集散地和金银花产业基地。三是全面取缔网箱养鱼，通过以奖代补的办法补贴养鱼户，涉及 2.8 万名群众和 4 万多个网箱。四是抽调人员成立专门的护水队伍对城区河道和重点部位进行全天候保洁和经常性巡查，联合打击破坏生态和污染水质的行为。五是做好总干渠水源保护区范围涉及到的 8 个省辖市、35 个县（市、区）的防范工作，将存在污染隐患的 200 多家企业拒之门外。为了保证水质安全，1000 多万南阳人民精心呵护着丹江口水库的水质，规划涉及的 181 个项目中已有 163 个顺利完工，占全部项目的 90%，累计治理水土流失面积 2412 平方公里，森林覆盖率提高到 76%。淅川人民用不同寻常的努力持续改善着库区的生态环境。

"保护好水质"是淅川人民作出的郑重承诺。这一承诺掷地有声，既是责任，也是担当。为了让京津冀人民喝上优质的丹江水，淅川县把发展当作第一要务，把生态当成第一责任，积极倡导生产环保化、生活绿色化、生态人文化的"三生"理念，号召党员干部秉持"把政绩融在碧水里，把丰碑刻在青山上"的工作理念，号召群众实施"退耕还林，封山绿化"的绿色发展举措，引导企业既能给工程建设让路，又能在阵痛中逐渐转型，使很多污染大户变成了治污明星。泰龙纸业原董事长陈铁军感慨不已："公司原来年产值 2 亿元，上缴税金 3000 余万元，但为了大局，我们认为关得值。""十一五"以来，淅川县累计完成 60 多万亩人工造林，12 万亩封山育林，4 万多亩退耕还林，水土保持治理面积达 971 平方公里，年度减少水土流失量 200 多万吨，为南水北调中线工程渠首和核心水源区增添了一道生态屏障，取得了较好的社会效益。在南阳市高标准建设南水北调中线干渠生态廊道过程中，淅川县结合当地的实际情况，近年来在生态林业方面持续投入了 5.2 亿元资金，在环库周围第一山脊线以内区域营造了 18 万亩生态隔离带，分别种植上黄楝树、五角枫、竹柳等 500 多万株苗木，在南阳境内率先建成连南贯北的生态防护林带，为守护京津人民的"大水缸"挑起更重的担子。

第四节 壮别家园的迁安历程

丹江口库区的移民工作始于 20 世纪的"大跃进"年代，"文化大革命"期间时断时续，至 2012 年才画上圆满的句号。可以这样说，半个多世纪以来丹江口库区的移民迁安史，尤其是淅川县的移民迁安过程，见证着南水北调中线工程的发展历程，在南水北调中线工程这一重大国家行动中发挥着举足轻重的作用。

一、移民青海

第一次移民是因丹江口大坝工程的开工建设。1958 年 9 月 1 日，丹江口大坝工程建设的序幕正式拉开，库区移民工作的序幕也同时拉开。1959 年 10 月，为应对库区内水位将达到 97 米高程的水情预报，工程指挥部将湖北均县、郧县、郧西县和河南淅川县、邓县等地以及相关部门的负责人召集在一起，共同听取了工程副总指挥、襄阳地区行署专员夏克所作的关于移民搬迁工作的报告。据统计，当时各淹没县区内需要搬迁的移民农村人口占绝大多数，其中湖北均县的移民农村人口是 101107 人，郧县的移民农村人口是 55715 人，郧西县的移民农村人口是 218 人，而同为移民大县的河南淅川县移民农村人口 159363 人。[①]这次移民主要有两种类型：一种是就近安置到本地的移民；另一种是远迁青海的移民，后一种移民情况更具典型性。

伴随着丹江口一期工程陶岔渠首及其配套工程的开建，需要搬迁 38 万多人的消息由长江水利委员会初步调查统计后公布出来，其中淅川将要搬迁 22 万多人。南阳市各级政府面对上无指导政策、下无实践经验的困境，一时不知该如何安置这么多的移民。恰逢中央在北戴河召开会议，传来了动员平原地区的青年去支援边疆建设的消息，这似乎给陷入困境的人们带来了光明。1959 年 1 月，为解决 20 多万淅川移民问题，南阳市召开专题会议，动员淅川县、邓县鼓励青年人踊跃报名支边。淅川被列为支边重点县，县委决定由位于库区的三官殿、宋湾、滔河、埠口、老城这五个移民区中挑选审定支边人员，并成立了移民迁安

---

① 数据来自欧阳敏:《世纪大迁徙——南水北调中线工程丹江口库区移民纪实》,新华出版社 2013 年版,第 30—31 页。

委员会和近百人的宣传队，宣传引导青年人响应祖国号召，短短几天时间内就完成了 8000 人的分配指标。虽然当时移民的补偿标准非常低，但是可爱的淅川人民仍然带着满腔的革命豪情，踏上了移民搬迁青海的漫漫征途。从 1959 年初至 1961 年，2.2 万多淅川人分两批先后到海拔 3000 米左右的青海省支边。由于青海移民迁入地的自然条件过于恶劣，加上三年困难时期的影响，一些人不幸伤亡病故。1961 年 8 月，党中央下达"淅川支边移民撤回原籍"的命令，剩余的淅川支边移民才踏上了返乡的路程，重新回到了故乡。

二、搬迁湖北

1961 年至 1964 年，因为丹江口大坝围堰壅水的水位上涨太快，面对"水涨人退，水撵人走"的现实，库区 124 米高程以下的 2.6 万居民随着大坝的停建、复工而多次返迁、再迁，反复折腾了很多次都没法解决。为了妥善解决库区移民问题，1965 年 4 月，中共河南省委书记刘建勋和省长文敏生在参加中南局书记会议期间，与湖北省省长张体学进行了意见交流和深入协商，最终成功商定出"河南包迁，湖北管安，标准一致，财务公开"的十六字移民安置方针，并获得国务院批准。经过协商，豫鄂两省双方约定，1966 年至 1968 年 3 年时间内将淅川县 147 米高程以下的 9 个公社、462 个村庄、1.5 万户、7.4 万名群众移至湖北安置，后因近 5000 人投亲靠友，实际安置到湖北的库区移民有 7 万人左右，其中荆门县约 2.6 万人，钟祥县大柴湖约 4.4 万人。1965 年 9 月初，豫鄂两省代表再次在古城荆州召开会议，具体磋商这次移民安置的实施办法，制定出淅川淹没区 6.5 万移民迁往荆门和钟祥的时间表，商定由荆门和钟祥各安置一半淅川移民，并就移民搬迁过程中涉及的各种问题，以及启动实施大柴湖围垦工程等内容提出有针对性的要求。荆门决议，终于暂时解决了困扰当时淅川库区移民的去留难题，开启了淅川二次移民历程。

　　搬迁湖北，总体上说，是特殊时期一次不成功的移民。1966 年至 1968 年，在丹江口大坝工程艰难推进的同时，近 7 万淅川人怀着响应国家号召的最质朴情感，在曲曲折折过程中分 3 批迁移到湖北的荆门、钟祥大柴湖等地。1966 年 4 月中旬至 6 月 10 日，第一批移民工作基本结束。其中，淅川三官殿公社的 3895 人迁入钟祥县，桑树庙、埠口和仓房 3 个公社的 10408 人迁入荆门县。1967 年 4 月 20 日至 6 月 5 日，在国务院、中央军委《关于解决丹江口水库移民问题的通知》精神指导下，按照水电部《关于丹江口水库移民问题的报告》的基本要求，豫鄂两省分别成立了相关的移民搬迁机构，顺利完成了第二批移民动迁工作。其中，三官殿和桑树庙 2 个公社的 8831 人迁入钟祥县，桑树庙、埠口和仓房 3 个公社的 14694 人迁入荆门县。为保证丹江口大坝在当年 10 月底下闸发电，1967 年 7 月至中秋节前后，三官殿、埠口、仓房、上湾、马蹬、宋湾等 6 个公社的 31539 人迁入大柴湖，圆满完成第三批淅川移民动迁任务。

　　移民刚迁入湖北时，生产生活条件非常艰苦。据原淅川埠口区移民、钟祥县政协原副主席杨俊道介绍：迁往钟祥县大柴湖的淅川移民是分 3 批整体迁入的，第一批搬迁由淅川县人民检察院原副检察长李继奎带队，第二批和第三批搬迁均由原淅川县委常委、县委宣传部长、农工部部长吴丰瑞（后任钟祥县委副书记、县政协主席）带队，先从老家淅川坐着驳船到达丹江口，再换船到达襄樊，先后历时三天三夜，最后才到达目的地钟祥县大柴湖，按照早已确定的编号寻找各自矮小又潮湿的家。由于当时国家的整体经济水平较低，移民们的生产生活条件非常艰苦。一是地理环境恶劣。移民安置地曾经是处于海拔 42 米以下的荒湖泽国，当时仍属于汉江蓄洪区，海拔 38 米以下的土地有 2.2 万亩，却需要承受 229.7 平方公里的降水量，1980 年至 1984 年粮食年平均单产最高仅有 244 公斤，人均年收益分配仅有 97 元。二是住房条件艰苦。移民们住的是"兵营式"住房，乡亲们将当时的艰苦条件编成了顺口溜，"芦苇墙，泥巴糊，四根砖柱一间屋"，"芦苇房，泥巴墙，玉米棒子红薯汤，酸菜面糊锅照相，老母猪拴在床腿上，鸡窝安在灶台旁，家家没有隔夜粮，人人穿着烂衣裳"。房屋在风吹雨打中飘摇，条件非常简陋。三是移民负债特重。据当地移民干部朱学忠统计：从 1981 年至 1984 年，大柴湖移民每人年平均口粮只有 243 公斤（杂谷），人均年吃国家救济供应粮只有 93 公斤，到 1984 年有 11114 户大柴湖移民欠有贷款，占移民总户数的 82.7%，欠贷款总数是 187.2 万元，生产队超支 220 万元，户平均欠债 306 元，贫困问题相当突出。后来，因与当地居民矛盾和纠纷不断，双方群众之间的积怨越来越深，有 1/10 的淅川移民从湖北返迁回河南淅川沿江蜗居，其中有近 10 万人成为没有耕地、没有户口、没有住房的"三无人口"，返迁后的生活也十分艰难。直到最近 10 多年，湖北省举全省之力改变大柴湖等移民区面貌，迁往湖北的淅川移民才逐步过上了幸福安定的生活。

三、新世纪移民

与以往两次移民不同的是，新时期开始的南水北调中线工程库区移民安置工作，始终坚持以人为本、人民至上的规划理念，认真贯彻开发性移民的工作方针，充分尊重移民群众的主观意愿和合理利益诉求，把前期的补偿、补助与后期的扶持有机地结合起来，把移民安置计划和社会主义新农村建设有机地结合起来，把保护水源地生态环境和地方长远发展有机地结合起来，尽量让移民搬迁后的生活水平达到或超过原有标准，不折不扣地落实执行移民补偿补助政策，使移民群众既是南水北调工程建设的奉献者，又是南水北调工程建设的受益者，从而最大限度地调动移民群众的积极性。

2009 年 6 月，新时期的库区移民搬迁工作正式开始，16 万多河南淅川县库区移民与 18 万多湖北十堰市库区移民一起，走上新的移民之路。这次移民安置也分为三个阶段：从 2008 年底到 2009 年，丹江口库区完成了 2.1 万人的移民试点搬迁工作，为大规模搬迁积累了丰富的实践经验；2010 年，第一批大规模移民搬迁工作顺利完成，河南淅川迁出 6.2 万人、湖北迁出 6.6 万人。2011 年，第二批大规模移民搬迁工作也基本完成，河南淅川 8.9 万移民、湖北省 9.2 万内安移民顺利完成。截至 2011 年底，豫鄂两省累计完成 33 万人的搬迁任务。在搬迁过程中，南阳市淅川县在实践中实现了"五个创新"，即创新领导体系、创新宣传形式、创新稳定机制、创新运行模式、创新考评方法，基本实现了"四年任务，两年完成"的搬迁目标和"不伤，不亡，不漏，不掉，安全无事故"的移民工作目标，创造了水利移民史上的伟大奇迹，当地的做法也被誉为"淅川模式"。

在南水北调中线工程建设过程中，湖北省需要动迁的丹江口库区移民共有 18 万多人，其中丹江口市有 10 万移民，均县镇因有 1.8 万外迁移民而被确定为外迁移民试点。虽然没有现成的移民例子可供借鉴，丹江口市各个部门通力协作，在"摸着石头过河"的过程中摸爬滚打，于 2012 年 9 月 18 日圆满完成动迁任务。

前两次移民搬迁的经历，使很多库区移民曾经抱有"宁恋故乡一捻土，不爱他乡万两金"的心态，不愿意再次搬迁。而他们一旦解开心中的困惑，认识到搬迁的意义和价值，便毅然决然地踏上搬迁的征程。"端一碗丹江水，送你去远方。掬一捧祖坟的土，装在你身上。不管你走多远，家乡不能忘。这里有你走过的路，这里有你碾过的场；这里有你的亲姐妹，这里有你的祖辈和亲娘！擦干眼中的泪花花儿，手拉手儿话衷肠。千斤重担一肩扛，老乡呀老乡，送你去远方。……"伴随着这首耳熟能详的歌曲《我的移民老乡》，河南省南阳市分 193 批次将 16.5 万库区群众送至河南平顶山、漯河、许昌、郑州、新乡，以及南阳市淅川县、邓州、新野县、唐河县、社旗县、卧龙区、宛城区等地安家落户，顺利完成了"安全迁出移民 16.5 万人，市内安置 9.9 万人"的移民任务。其中：2009 年 9 月，2606 户 1.11 万名试点移民分 22 批次顺利完成搬迁任务；2010 年 9 月，6.49 万名第一批移民分 76 批次顺利完成搬迁任务；2011 年 8 月，8.61 万名第二批移民分 98 批次完成搬迁任务。① 淅川县移民干部裴建军统计的淅川县第一批移民搬迁计划的一组数据，能够更加清晰地勾勒出淅川县高强度的移民搬迁情况：这次搬迁从 2010 年 6 月 19 日至 8 月 27 日，共持续 69 天，搬迁 100 个批次，平均每天搬迁 1352 人，每个批次搬迁 649 人；共动用各种车辆 23746 辆次，其中客车 4125 辆次，货车 15383 辆次，工作用车 1238 辆次；平均每天搬迁的村子多少不等，其中 7 月 1 日、7 月 7 日、7 月 9 日和 8 月 18 日每天搬迁 5 个村，6 月 27 日、8 月 10 日和 8 月 15 日每天搬迁 4 个村，6 月 21 日、6 月 23 日、6 月 29 日、7 月 2 日、7 月 5 日、7 月 11 日和 8 月 2 日每天搬迁 3 个村，而 7 月 3 日最为壮观，共动用客车 152 辆、货车 562 辆、工作用车 94 辆，搬迁了 6 个村、866 户、3812 人；香花镇、盛湾镇和滔河乡是搬迁天数较长的几个乡镇，分别用了 25 天、17 天和 11 天。② 透过这些时间和数据，我们看到的是一个个红旗猎猎移民村搬迁场景，看到的是千百辆浩浩荡荡的移民车队，看到的是万众一心、众志成城的强国铁流。每一个移民村只是南水北调移民搬迁工作中的一个片段或一朵浪花，更多相似的场景和感人细节则数不胜数。而人称"移民标本"的何兆胜老人，又成为这次丹江口库区移民搬迁的亲历者和见证者，他的经历在南水北调移民壮别家园的迁安历程中最具代表性，这次

① 参见淅川县南水北调精神展览馆图片资料《16.5 万移民搬迁时间》。
② 裴建军：《世纪大移民——南水北调丹江口库区淅川移民纪实》，作家出版社 2011 年版，第 205 页。

高高兴兴的搬迁折射出时代的巨大进步。

湖北移民迁安一个个相似的场景，也在演绎着同一首移民赞歌。一辆辆移民专车整装待发，一首首送别之歌响在耳边，一张张熟悉的面容泪眼婆娑，一个个深情的拥抱难分难舍。两年之间，无数个相似的场景不断在河南、湖北两地上演。湖北省移民迁安的工作开始比河南早，结束也比河南早。从 2009 年 2 月至 2010 年 11 月底，湖北省用一年多的时间，先后完成了十堰市移民外迁和内安任务。其中，外迁移民分别安置在湖北武汉、襄阳、荆门、荆州、黄冈、天门、潜江、仙桃和随州等21 个县（市区）的 194 个安置点，内安移民涉及丹江口市、郧县、郧西县、张湾区和武当山特区等 5 个县（市区）249 个安置点。① 以湖北郧县为例：2011 年 8 月，随着 1.5 万吨钢筋、20 万吨水泥、近 2 亿块青砖、60 万立方米河沙等建筑材料投入工地，一幢幢移民新村的高楼拔地而起，湖北郧县的移民搬迁工作也在有序进行着。8 月 11 日，郧县内安移民第一批大规模搬迁开始，8 户 31 位移民迁入青曲镇安沟村范家园安置点；8 月 29 日，16 户 81 位移民迁入梅铺镇安置点；8 月 30 日，6 户 32 位移民迁入五峰乡西峰村安置点。看着宽敞明亮、崭新的房屋，迁入新居的移民脸上笑容绽放，他们用实际行动谱写了一部感人肺腑的移民迁徙史诗。

南水济北国，汉水映丹心。无论是河南开创的和谐迁安的"南阳样本"，还是湖北出现的移民迁安的"湖北模式"，都谱写出一曲曲壮美的奉献之歌，向党和人民交出了一份完美的答卷，为南水北调工程的顺利实施奠定了坚实的基础。

---

① 《南水北调中线移民搬迁综述系列报道》，《湖北日报》2011 年 12 月 22 日。

第五节　融入他乡的幸福生活

南水北调是大局，移民迁安是基础，融入他乡是关键，幸福生活是目标。为了推进移民群众尽快融入新家园，河南、湖北两省坚持以人为本的工作理念，从规划和实践两个层面认真做好相关工作，制定了合理惠民的移民补偿补助政策，分别投入资金 50 亿元和 20 亿元，用于支持移民新村建设，将前期安置准备和后期扶持、生产发展相结合，努力把移民搬迁工作当成最大的惠民工程和民生工程来抓，取得了显著成效。

一、安居是基础

土地和住房是农民群众的命根子，安居是移民工作的基础。南水北调工程采取的是有土安置的形式，住房和土地落实之后，移民才对移民新区的生活充满希望，慢慢把这里当成自己的家。为了让移民群众得到切实的好处，自 2005 年起，国务院、南水北调工程建设委员会先后下发了《关于南水北调工程建设征地有关税费计列的通知》、《南水北调征地移民资金管理办法（试行）》、《南水北调工程移民安置监测评估暂行办法》、《南水北调干线工程征迁安置办法》、《南水北调丹江口库区大坝加高工程征地补偿和移民安置验收办法（试行）》、《关于做好南水北调工程移民工作的通知》、《大中型水利水电工程建设征地补偿和移民安置条例》等一系列配套的政策法规和标准，为南水北调征地移民创造了有法可依、有规可循的良好制度环境。与此同时，多项惠民新政不断推出，把工程征地补偿和移民安置补助标准提高到被征用前三年平均产值的 16 倍，最大限度地保护多次移民群众的利益问题，规范了移民安置的方式，最大程度地解决了移民群众生产生活中存在的重大难题和突出问题，使移民安居问题全面得到保障。

基层部门的执行力直接关系着政策的落实情况，移民住房问题是移民搬迁安置的前提。为了让移民群众不为住房发愁，在哪里建房子，建什么样的房子，怎样保证建房质量等问题，成为移民迁安工作的重头戏。河南省淅川县在试点安置工作中所做的有益探索，具有典型意义：一是迁出地与安置地无缝对接，把四个环节作为编制安置实施方案的重要依据；二是按照"前瞻时尚、经济实用、美观大方"的原则，设计出16套科学实用的住房图集供移民选择，充分留有选择余地，尽量把移民新村建设成社会主义新农村；三是集中建房实行双向委托，使移民住房和新村环境管理得到极大的加强，为后来丹江口大坝加高库区移民"四年任务，两年完成"提供了成功经验；四是移民新村建设规范严谨保证质量，保证移民入住时各项配套设施同时投入使用。移民内心最关心、最看重的问题解决了，没有了后顾之忧，搬迁的积极性和主动性高涨了很多。

如果说淅川县是河南省最大的移民迁出县，那么邓州市就是河南省最大的移民安置地。当年，为了丹江口水库建设，与淅川县毗邻的邓县在陶岔渠首的建设过程中除了出人出钱出力，还接收了来自于淅川县的第一批移民。1969年当丹江口水库的蓄水位提高至155米高程时，邓县又接收了一部分淅川县第四批移民，并无偿划拨出土地3.78万亩。21世纪初，为了安置南水北调中线工程淅川移民，按照移民安置方案，邓州市再次接纳安置淅川移民30345人，永久划拨土地42483亩。在丹江口水库和南水北调工程建设中，邓州市涌现出一大批参与工程建设的先进人物，如带着一家三代住到工地上的技术员（后任邓州市副市长）欧阳斌、带病参加工作累倒在工地上的副指挥长杨全胜、为工作"三过家门而不入"的穰东营后勤干部周守斌、战斗在工地上的张村乡冠军村农民杜泽斌祖孙三代、被誉为"独臂英雄"的白牛营爆破连一排排长秦永顺、工地塌方时舍己救人的英雄李显勇，以及擦干眼泪再次将李显勇的哥哥李显堂送上工地的伟大母亲等，还陆陆续续接纳了5大批次、累计达 6 万多人的库区移民，成为河南第一移民安置大县和新中国成立以来安置接收移民最多的县市。邓州人民以顾全大局、勇于担当的精神风貌，与河南其他 20 多个移民接收市县一起，保障了南水北调中线工程的顺利进行。

移民落地容易生根难。湖北省钟祥县委书记戴士毅对移民迁居之后的生活体会很深："落地生根，不仅仅是几粒种子、几斤粮食，还有广大移民群众和干部顾全大局、无私奉献、自力更生、艰苦创业的精神。"① 这话一点不错。按照《南水北调中线工程移民安置实施规划工作大纲》的指导思想和相关规定，湖北省提出了较为详细的实施目标，即"三个统筹"、"两个结合"、"六个一"。其中，"三个统筹"包括：一要统筹移民新村长期发展和近期建设，二要统筹移民生活和生产安置，三要统筹移民的物质和文化需求。"两个结合"是指：一要把移民新村与安置区社会经济发展规划相结合，合理控制规模，科学安排移民安置点布局；二要把移民新村与社会主义新农村建设结合起来。"六个一"的要求则关系到每家每户，确保做到"每人有一份稳产高效的口粮田、每户有一个良好的居住环境、每户建一口沼气池、每人享受一份国家后期扶持补助、每个符合条件的移民优先办理一份新型农村社会养老保险、每户培训转移一个劳动力"②。除此之外，湖北省委、省政府还协调各部门，拿出近 10 亿元资金支持移民新村建设，对 16 周岁至 50 周岁的南水北调移民劳动力进行多行业、全覆盖的技术技能培训，为移民群众融入他乡的幸福生活创造了良好的条件，奠定了坚实的基础。2011年 1 月，武汉市汉南区湘口街汉江村村委会门口贴着一副崭新的对联："猛虎啸辞旧岁去笑舍故里为中华大家，玉兔欢闹新春来喜建家园谋新

① 全淅林：《移民大柴湖》，湖北人民出版社 2014 年版，第 53 页。
② 《打造南水北调移民迁安示范工程——写在湖北试点移民完成搬迁之际》，《湖北日报》2010 年 6 月 23 日。

村发展。"①这副具有时代气息的移民新村对联，与当地新颖美观的联排小楼、纵横交错的水泥大路、宽敞豁亮的综合广场、配套齐全的基础设施相互辉映，表现出移民群众主动融入他乡的信心与决心。

二、乐业是关键

就业乃民生之本。为让移民安居乐业，获得更多的发展空间，学会更多发家致富的技术手段，使移民能够融入当地社会，河南省把中央提出的"搬得出、稳得住、能发展、可致富"十二字方针作为丹江口库区移民工作的基本原则，同时还提出了"和谐搬迁"、"幸福移民"的工作目标，拟定了《关于加强南水北调丹江口库区移民后期帮扶工作的意见》，坚持"输血"与"造血"并重、当前与长远结合、发展移民经济与农业产业化结合、对口协作与对外开放结合等举措，力争通过三年有针对性的后期帮扶，大幅提高移民新区的产业发展水平，早日形成一村一品的产业发展格局，并通过产业项目带动经济发展水平，使移民人均纯收入能达到当地居民的平均收入水平，移民新村文明户达到30%以上、"五好家庭户"达到60%以上，为新时期的党建工作提供了活生生的实践教材。②

河南辉县安置的移民，来源于淅川县仓房镇王井、磊山、党子口、沿江、仓房、刘裴、马沟、侯家坡、胡坡等9个行政村。移民稳定下来后，面临的首要问题就是发展，集中在移民的就业安置上。辉县市充分发挥产业集聚区和专业园区的产业优势和区位优势，将劳动密集型企业向移民区倾斜。为了实现移民区群众"家门口就业"，辉县在移民区发展丹江鱼特色餐饮21家；发展中小型农家超市14家；发展电子元件加

---

① 黄俊华：《移民新村笑声扬》，《湖北日报》2011年1月27日。
② 赵学儒：《向人民报告：中国南水北调大移民》，江苏文艺出版社2012年版，第167页。

工厂 7 个，饰品加工厂 11 个。侯家坡村是第二批搬迁至辉县的丹江口库区移民村，是个拥有 237 户、998 人的大移民村，2011 年 6 月 20 日整村入住常村镇阳春社区。辉县引导移民村因地制宜，积极招商引资，调整农业结构，发展特色种养业。村子附近出现了引资 1000 万元的河南众兴食品有限公司，投资 105 万元日产 20 吨的面粉加工厂，投资 145 万元日产 10000 个纸箱的包装箱厂，投资 900 万元建成的大型肉牛养殖小区。在当地政府的支持下，侯家坡村建成蔬菜种植基地 200 亩，蔬菜温室大棚 200 座，实现年亩均收入 2 万元。2015 年，该村人均收入达到了 15000 元。

湖北黄冈坚持"移民未到，就业先行"的理念，他们把移民接到团风县进行培训，首批安置了 862 人到团风县的工业园区就业。黄冈还给每位移民划分一亩半耕地，派农技人员去指导，请人代耕土地，种好了蔬菜、水稻。当移民迁来，全部移交给他们，让他们有菜有粮吃。从实际效果看，黄冈围绕移民收入稳定增长，进行产业谋划，大力发展现代农业和工业，实现了让移民稳得住，能致富的目标。来自郧县安阳镇青龙村的移民李昌荣，移民前丈夫是泥瓦匠，常年外出打工，她没有工作，主要在家里带孩子。移民黄冈后，除了经营好自家的田地以外，丈夫骑摩托车十分钟就来到团风县城，和工友们一起装修房子，每天固定收入 160 元，每月可赚近 5000 元；她步行到新区里的电池厂上班，工资计件，多劳多得，每月收入 2000 元；7 岁的儿子则到社区的黄湖小学读书；公公婆婆在家里做饭料理家务。一家人其乐融融。

钟祥大柴湖移民的生产生活，也一直牵动着党中央和湖北省委省政府的心。时任湖北省委书记的俞正声，曾先后多次主持召开湖北省委省政府柴湖镇扶贫工作现场办公会、到大柴湖看望慰问老移民、调研移民工作。2004 年 1 月 9 日，俞正声在大柴湖召开的扶贫现场会上动情地说："如果没有柴湖移民的搬迁，也就没有汉江下游数百万人民的安居乐业。……不把这些移民的工作做好，我们受益地区对不起他们；不把他们从贫困的状态中解脱出来，我们党和政府欠了他们的情。我们要带着感情看待柴湖的问题！"① 此后 4 年间，湖北省先后筹资 5700 万元，积极推进实施 14 个民生项目，逐渐把 1 万多移民从人多地少的大柴湖迁移至钟祥市环境相对较好的其他乡镇，为钟祥移民甩掉贫困帽子开出一剂良药。2013 年"两会"期间，中共中央政治局常委、全国政协主席俞正声在参加湖北代表团审议时仍然非常关注大柴湖的发展状况，特别叮嘱湖北代表：不要忘记柴湖移民为国家建设作出的巨大牺牲和奉献，要把柴湖移民问题作为一个影响地区人民生活和长远发展的问题来抓。同年 6 月份，他还专门指示国务院相关部门就支持柴湖振兴发展事宜到湖北开展专题调研，用实际行动支持柴湖的长远发展。在党中央和湖北省委省政府等各级部门的大力支持下，2013 年湖北省先后出台了一系列关于支持柴湖发展的文件和规划：由湖北省发展和改革委员会、武汉大学与钟祥市委市政府共同制定了《钟祥市柴湖镇振兴发展总体规划（2013—2020 年）》，描绘出柴湖未来发展的美好蓝图，成为柴湖振兴的纲领性文件；湖北省委办公厅、省政府办公厅出台了《关于支持柴湖加快经济社会发展的指导意见》，强调"钟祥市柴湖镇是全国最大的移民集中安置区，也是全省最为特殊的插花贫困乡镇。柴湖移民为支援国家重点水利工程建设作出了巨大贡献。支持柴湖加快经济社会发展，是历史之责、中央之托、人民之盼"，积极探索新时期的移民扶持路径，围绕主要工作任务，认真贯彻落实《关于省委群众路线教育实践活动柴湖现场办公会议纪要》精神，有针对性地加大政策扶持力度，力争到 2020 年使当地的"主要经济指标达到或超过钟祥市平均水平，与全省基本同步建成全面小康社会"。如今，淅川群众用"一个扁担两个

---

① 《荆门日报》2013 年 12 月 24 日。

筐"挑起的迁移之路，已经随着南水北调中线工程的顺利通水而载入史册，曾经让人望而生畏的沼泽地已经发展成生机勃勃的柴湖镇，柴湖工业园区、柴湖蔬菜基地、柴湖花卉园、柴湖中牧肉联厂、同仁医院和养老区建设等项目紧锣密鼓地建设着，大柴湖正在朝着"大财湖"的方向迈进。大柴湖移民精神也成为一种内涵丰富的特殊文化现象。

三、融入是根本

移民能否融入迁入地的生活，能否逐渐适应当地的风俗习惯和文化氛围，能否实现与当地人的心灵认同，最终把移居地作为又一个家乡，是南水北调中线移民工作的根本目标。在融入当地居民生活的过程中，衣食住行都是人们必须重点考虑的内容，丰衣足食和成家立业更是非常重要的考量因素。中牟县姚湾村是河南省首批试点的移民新村，村里的 256 户 1094 位移民来自淅川县金河镇。在一系列惠民政策的帮扶下，经过几年的资源整合和摸索实践，姚湾村南边有 30 个连片鱼塘，北边是几个养殖场，村子周围有几十座蔬菜大棚，村里还成立了两个水产养殖、蔬菜种植合作社，基本形成了"以劳务输出为途径，以水产养殖为平台，以高效种植为基础，以特色加工为辅助"的特色发展之路，生活条件也从平房变成了两层楼，柴火灶换成了天然气灶，公交车开到了家门口，小日子一年胜一年，新村变成了"小江南"，大大提高了移民群众的生活水平。辉县常村镇沿江村有一家"吴家丹江鱼宴"饭店，店主吴建海也是从淅川搬迁过来的移民。他拿出国家补助的几万元移民安置费，在辉县相关部门的大力支持下，在新家院里摆上几张饭桌，打出亚洲第一大水库南水北调水源地丹江野生鱼的牌子，老家淅川丰富的渔业资源成了他们建设美好新家园的坚强后盾。移民黄国庆在淅川时是香菇种植大户，搬迁到辉县市常村镇仓房村后，在政府支持下带着乡亲们走规模化发展之路，建造的香菇大棚由最初的 16 座发展到 100 多座，人均收入也从以前的 3600 元增长到 2.5 万多元，他们的干劲也越来越足了。唐河县毕店镇也是南阳市南水北调第一批移民安置地。2010 年 5 月 4 日，南阳市移民局局长王玉献来到唐河县毕店镇移民新村，主持了一场以"迁安两地结同心，情系移民红线牵"为主题的"百对移民新人集体婚礼"，见证了移民群众融入安置地的重要时刻，也带去了党和政府对移民群众过上幸福生活的美好祝愿。几年来，毕店镇凌岗村紧紧围绕"宜居、宜业、秀美"的建设规划，不断完善村里的基础设施建设，整齐划一的庭院式民居，宽敞整洁的崭新村道，统一规划的太阳能路灯，热热闹闹的文化广场，构成了日新月异的村容村貌，2014 年还被评为南阳市"美丽乡村示范村"。① 新郑市薛店镇观沟移民新村悬挂在村口的那副长联，说出了全省 200 多个移民新村群众的心声："舍小家顾大家为万家同分国忧泽后世，别旧居建新居迁福居共颂党恩唱和谐。"②

　　德国著名社会学家马克斯·韦伯说过："任何一项伟大事业的背后，都存在着一种支撑这一事业并维系这一事业成败的无形的文化精神。"③这种"无形的文化精神"，与中国人"天行健，君子以自强不息；地势坤，君子以厚德载物"的古训相仿，既是一种非常强大的精神力量，更是一种相当宝贵的责任担当，滋养着一代代中华儿女的心灵，引领着一代代中华儿女为理想而奋斗。水利移民精神是经济社会发展的产物，不同历史时期的水利移民面对不同的生存状况和现实矛盾，表现出来的精神面貌也各不相同。但无论是当年移民青海和湖北的乡亲们，还是新时

① 吴曼迪、张朝甫、瞿凯月：《移民新村变身美丽乡村》，《河南日报》2015 年 12 月 24 日。
② 中共南阳市委组织部、中共南阳市委南水北调精神教育基地编：《历史的见证》，中央文献出版社 2015 年版，第 353 页。
③ ［德］马克斯·韦伯：《新教伦理与资本主义精神》，于晓等译，生活·读书·新知三联书店 1987 年版，第 15—16 页。

期的移民群众，都是为了国家工程而远离故土，迁徙他乡。正是一代代移民群众有着"芦苇荡里摆战场，钢镰铁锹当刀枪，誓把柴湖变粮仓"、"天寒地冻雪在飘，我们决心不动摇，定把新家建美好"的决心和信心①，有着在任何艰苦的环境中都能坚韧不拔的毅力，有着依靠政府和个人的努力大展宏图创造美好生活的愿景，才有了我们更加壮丽美好繁荣昌盛的国家。

---

① 全淅林:《移民大柴湖》，湖北人民出版社 2014 年版，第 54 页。

第 四 章
任劳任怨的移民干部

毛泽东同志曾经说过："政治路线确定之后，干部就是决定的因素。"[①] 做好南水北调移民工作，打赢移民攻坚战，关键要靠勇于担当、无私奉献的移民干部。建设南水北调中线一期工程，湖北、河南两省需要动迁安置移民群众共计34万多人，而且时间要求非常紧，工作强度非常大。广大移民干部充分发扬"顾大局、讲奉献、肯吃苦、能战斗"的优良作风，以"关心移民、支持移民、帮助移民"的实际行动，生动诠释了"不怕困难、勇于担当、鞠躬尽瘁、无怨无悔"移民干部精神的深刻内涵，营造出"积极搬迁、主动搬迁、要求搬迁"的良好氛围，圆满地完成了党和国家交给的艰巨而光荣的任务。

第一节　知难而上敢于担当

2009年7月29日，河南省南水北调丹江口库区移民安置动员大会在淅川隆重举行，标志着南水北调中线河南移民搬迁战役正式打响。中共河南省委副书记、省移民安置指挥部政委陈全国在大会上强调，要全

---

① 《毛泽东选集》第2卷，人民出版社1991年版，第526页。

面贯彻落实省委常委会和省政府常务会议关于移民工作的意见和要求，围绕"四年任务，两年完成"的总体目标，做到决心下定，措施过硬，责任到位，方法科学，坚决打赢南水北调移民迁安工作的攻坚战，向党中央、国务院交上一份满意的答卷。他明确提出："省移民安置指挥部要在省委、省政府的统一领导下，尽职尽责地做好组织工作；库区和安置地各级党委、政府要高度重视、靠前指挥；省直各有关部门要各司其职、通力合作；各级派驻移民工作组的同志要扑下身子、真抓实干；基层党组织和广大党员要充分发挥战斗堡垒作用和先锋模范作用。"①

为贯彻落实省委提出的要求，坚决打赢南水北调移民迁安工作的攻坚战，中共南阳市委、市政府迅速作出部署，强调：做好库区移民安置工作，服务好中线工程建设，是党中央、国务院和省委、省政府交给我们的一项重要政治任务，能不能完成这一任务，是对我们执政能力的检验，是对我们政治意识的检验。并要求各部门特别是移民工作干部，一定要站在讲政治的高度，统一思想，充分认识承担的神圣职责和光荣使命，切实把行动统一到省委、省政府的要求上来，统一到"四年任务，两年完成"的目标任务上来，坚定信心，切实担负起"特殊时期要承担特殊之责"，全力以赴打赢移民安置这场硬仗。

敢于担当是对党员干部的基本要求，能够体现出一个党员干部的胸怀、勇气和格调，也决定着一个人或一个群体能否在大浪淘沙的过程中走向成功。移民干部的工作伴随着移民迁安的全过程。在"移民为国作贡献，我为移民作贡献"的精神感召下，广大移民干部夜以继日地奋战在南水北调移民搬迁第一线，宣讲政策、落实政策、执行政策、维护政策，身先士卒、带头搬迁、直面矛盾、攻坚克难，先后打赢了移民搬迁

---

① 刘亚辉、谭勇：《河南省南水北调丹江口库区移民安置动员大会召开》，《河南日报》2009 年 7 月 31 日。

的三大战役，即"探索移民工作方法和规律的试点战役、组织第一批移民规模搬迁的重点战役和组织第二批移民搬迁并全面完成整个移民搬迁任务的决胜战役"，为移民迁安工作的顺利实施洒下了汗水、泪水和血水，展现了移民干部群体的担当精神。①

移民工作素有"天下第一难事"之说，而丹江口库区的移民搬迁是非自愿性移民，而且是让他们中的大多数人迁移到既遥远又陌生的地方。与此同时，这些库区移民中的许多人又是老移民，他们有的甚至经历了三四次搬迁。这些移民群众长期处于等待搬迁的不安定状态之中，内心深处既有对故土人情难以割舍的眷恋，又有对未来生活的期盼与顾虑，种种复杂的感情纠结在一起，更加剧了移民搬迁工作的难度和复杂程度。

敢于担当就是不怕事、不怕难，勇于承担重任。"把政绩融在碧水里，把丰碑刻在青山上"，是南阳市委、市政府向广大移民干部提出的工作理念，更是广大移民干部在移民工作实践中始终严格遵循的工作准则。淅川县委常委、政法委书记、副县长王培理，一直奔波在各个移民安置点之间，嘴皮磨破，腿脚发酸，足迹遍布渠首每个移民村组，一年在家时间不超过15天，被人称为"难找县长"。他却说，参与这个国家行动是他一生的最大幸事！梦里梦外，他想的都是移民事，常在梦中茅塞顿开，一骨碌坐起来记下服务移民的又一个细节。因到现场解决一个移民上访问题，他在混乱中挨了几记重拳；在盛湾镇马山根移民村查看搬迁准备工作时，超负荷工作的他突然大汗淋漓，晕倒在地。袁坪服务区书记、优秀共产党员李群保已年逾六旬，因患中风半身不灵便，按规定早该退居二线了，但他主动向党委请战，经常身上揣着药坚持进

---

① 裴建军：《世纪大移民——南水北调丹江口库区淅川移民纪实》，作家出版社2011年版，第223—228页。

村入户。他所分包的 4 个移民村共 621 户 2905 人的搬迁工作和谐有序，但繁重的工作使他的病情加重，口眼歪斜，说话含糊不清。

对南水北调中线移民迁安工作，不少人都有这个说法：河南移民看淅川，淅川成败看香花。淅川县香花镇位于南水北调中线工程的核心水源地。香花镇移民搬迁之难，难就难在这里是富庶之地，当地老百姓说什么也不愿意离开他们的这个金窝窝。而要让该镇刘楼村的村民们移民搬迁，则更是难上加难。村里的香花码头是丹江风景名胜的核心区，相当于香花镇里的"小香港"，所属的刘楼村尽显繁华。全村 3057 人，627 户。村里光是 20 万元以上的私家车就 80 多部，运输车辆 200 多部。富足的村民说：我生是香花人，死是香花鬼，坚决不离开香花！时任香花镇党委书记的徐虎清楚地记得：第一次他带着村干部到安置地裴营，当地政府很热情，要留大伙吃饭，结果人跑得一个不剩。一回来，刘楼村村支书就找到徐虎，交了一份辞职报告：我不干了，从我内心深处都不愿意往这个地方搬，我咋去做老百姓的工作？做不成！老百姓更是群情激愤：400 多人围了镇政府。眼见要出事，徐虎撂下一句承诺：大伙先回去，香花的党委政府绝对把你们安置好。安置不好你们，我这个党委书记引咎辞职！村里，江边，研究咋做群众工作的会开了整整一夜。到东方天际刚泛鱼肚白，分层面摸排、逐个突破的工作方案酝酿形成了。村干部都不同意，怎么去做老百姓工作？怎么办？一对一做工作：镇党委书记包做村支部书记的思想工作，镇长、人大主席包做村主任、文书的工作。以此类推。镇党委书记徐虎天天拉着村支书，不厌其烦地给他们讲国家南水北调的重要性，讲国家的移民政策。徐虎嘴上不停地说着，但内心里却如针刺般地疼痛，因为他清楚移民乡亲们心里的委屈，可让乡亲们搬迁又是国家大局。他能做的，是通过自己的努力，尽量让移民搬得有尊严些。"移民不易，要离开祖祖辈辈的家，我们不能让这 28000 个移民乡亲带着失望、带着遗憾，甚至带着对我们这一级党委政府的刻骨仇恨离开这个地方",徐虎跟干部们说。说这话的时候,他的老母亲和两个弟弟也走在搬迁大军的队伍里。镇干部们和徐虎一样,也是苦口婆心、软磨硬泡,天天赖在村干部家里讲政策,到点儿跟着一块蹭饭,然后付10元饭钱。功夫不负有心人。整整7天后,两委班子15个人,在确认书上把字签了。村干部们的工作做通后,他们接着又去做村干部亲属、在家族中最有威望的人、经商成功人士等方面的思想工作。村里有个富豪赵福禄,投了600多万在景区开宾馆餐饮,生意火爆。一年挣个一两千万元不成问题。不愿搬:搬走了,这个已经小有名气的宾馆怎么办?徐虎跑到邓州市,跟分管市长、移民局长、裴营乡的党委书记,4个人坐下来"谈判":我们香花的赵福禄,搬到你这个地方,除了"普惠制"外,还要给他"最惠国"待遇,让他享受你邓州市招商引资的优惠政策,让他能把渔家复制到邓州,拉动你们经济增长啊!谈判成功后,他又带着赵福禄到了郑州,找了一家设计院,来给他做了一个重建规划。资金不足,又催着邓州农村信用社表态,协调解决发展资金。后顾之忧解除之后,赵福禄签了字。他一签字是个啥概念?家里兄弟姊妹加起来总共27户,全部签字。部分观望的老百姓说,赵福禄这么富的人都签了、走了,咱还说啥?最后,全体村民都在确认书上签了字。

敢于担当就是为群众办事无怨无悔。在淅川县,像王培理、李群保、徐虎这样的移民干部不胜枚举,他们像一排排参差错落的梁柱,支撑起淅川的移民工作。他们的事迹虽然称不上惊天动地,却感人肺腑。为了征地给移民建房,淅川县九重镇周岗村党支部书记周克让冒雨踩着泥泞挨家挨户作解释,连续工作多天后,终于使移民新村建设用地砸桩定标。长期的高强度、快节奏工作,严重透支了他的健康。2011年3月20日,他在移民新村建设工地上因疲劳过度引发脑血管崩裂,紧急抢救两个多月才清醒过来,但从此瘫痪在床。淅川县滔河乡周湾村党支部书记周振光，因过度劳累突发脑溢血倒在工作岗位上。淅川县大石桥乡党委书记罗建伟，为了安抚情绪激动的移民群众，硬是在瓢泼大雨中站立了11个小时，其间没吃饭、没喝水、没上厕所，而是始终把持续的微笑僵硬在脸上，把满腹的委屈吞进肚子里，把疲惫的身躯挺立成青松。淅川县老城镇副镇长陈铁奎、陈岭服务区主任杨根平和副主任安建成，在安洼村引领推土机整修疏通货车进户道路时，铲车不小心铲掉了一户移民祖坟的一个角，遭到那户人家的围堵阻拦和谩骂，导致整个接迁的车队无法进村。经过几个小时的协调劝说，那户移民提出三个很不合情理的条件，坚持让移民干部们买纸买炮祭祖坟，让安建成给其祖先磕头道歉，并亲自动手添坟头，才肯给车队放行。为了不影响搬迁大局，曾经在老山前线立过三等功的转业干部安建成，含着眼泪跪倒在地，朝其祖坟磕了三个响头，用铁锹小心地往那不太显眼的坟头上添土，让围观的群众也为之动容，最终搬迁工作得以顺利进行。

敢于担当就是勇于负责、主动负责。湖北省丹江口市化学医药行业投资服务促进中心主任周晓英已年届半百，却报名要求担任巾帼移民工作突击队队长，并以"让旗帜在库区中飘扬，党徽在移民中闪光"的誓言来激励自己；丹江口市均县镇80后女干部潘洪莉，"用生命来点燃奉献的激情，用责任来诠释人生的价值"，在均县镇莲花池村做试点移民工作时，不顾环境恶劣背着自己的小洗漱包挨家挨户走访，被恶狗咬伤后仍然硬撑着工作，甚至因工作压力大导致流产后也没有退缩，就连最疼爱自己的爸爸去世时也不在身边，在移民工作的磨砺中很快成长起来；丹江口市习家店镇丁家院村干部陈自国，因为做事坚持原则、办事公道被乡亲们推举为村移民理事会会长，他严格遵循"所有环节工作必须经过移民代表层次"的工作原则，切实负起"既然大家选我当会长，我就要敢说敢当为移民百姓服务"的责任，把自己多年当民办教师和村干部时积累的工作经验灵活地运用于移民工作中，主动在荆门市屈家岭安置点监督建房的施工标准，及时将相关信息准确无误地传达给移民建房指挥部，向全村 64 户 270 名移民解释移民政策，随时化解村民们心中的疑难疙瘩，引导村民变被动拆迁为主动拆迁，为移民搬迁的顺利进行发挥了积极作用，也赢得了乡亲们的信任和拥护；湖北省团风县黄湖新区的村支书赵久富，平时做事雷厉风行，言谈举止中仍然保留着当年的军人风范，凭着"宣传政策做到家喻户晓；深入农户走访调查倾注真情；服从大局，早移民，早发展，众望所归"这三件法宝，成为当地推进移民搬迁工作的先进典范。

第二节　坚持原则以理服人

坚持正确的基本原则，是一切工作顺利开展的前提条件。在这场史无前例的移民搬迁战役中，无论是丹江口库区迁出地的移民干部，还是移民迁入地的移民干部，都在探索中前进，在实践中总结，在把握原则的前提下坚持以理服人，说服移民群众，创造出短时期内顺利完成大规模移民搬迁的伟大奇迹。

没有规矩，不成方圆。制定和执行相对完善的规章制度，是移民搬迁工作得以顺利进行的有力保障。面对艰巨的搬迁任务，淅川县根据实际情况制定出"五大工作体系"、"五个工作阶段"、"三十一个工作环节"的规章制度。"五大工作体系"是指：构建高效运转的指挥体系、排查化解矛盾的稳定体系、立体网络式的宣传体系、移民工作方法的创新体系、科学全面的考评体系。这五项内容各有侧重，互为补充，涵盖了移民工作的方方面面，在整个移民搬迁过程中起到纲举目张的作用。其中，构建高效运转的指挥体系，是搞好移民搬迁的有效组织保障，也是决定移民搬迁成功与否的关键因素，重点工作是建立县、乡、村三级指挥机构；构建排查化解矛盾的稳定体系，主要是按照纵向到底、横向到边的方法，建立起上下贯通、纵横交错的矛盾排查化解的稳定工作网络，实行公安战线的重点排查和乡村开展的全面普查相结合的排查方法，落实矛盾排查化解"两定两包"责任制，建立工作台账，实行定期和不定期的跟踪督察，并建立严格的考绩档案，这是确保整个搬迁过程库区社会大局稳定的客观要求；构建立体网络式的宣传体系，旨在整合县内各种宣传资源，建立六位一体的宣传运行机制，把握正确的宣传舆论导向，加强与上级新闻媒体的深度联系，阶梯上楼以提升宣传档次，营造出大移民、大搬迁的浓厚氛围；构建移民工作方法的创新体系，重在对组织方式、工作内容和工作措施等方面进行全方位多角度创新，以增强移民工作的活力；构建科学全面的考评体系，旨在对各个阶段的移民工作进行细化、归类，加强对阶段性重点工作的督促和全程性工作的有效监控，建立起公开曝光和以奖代补的激励机制，使各项工作逐渐步入比学赶超的良性发展轨道。"五个工作阶段"包括移民村的确定、宣传动员及相关事宜、新村建设、搬迁运输、库底清理等 5 个阶段，其对应的具体工作环节分别有 5 个、11 个、7 个、3 个、5 个，共计 31 个工作环节，为大规模移民工作的顺利实施提供了重要保障。

移民干部在实际工作中总结的工作方法体现出高度的责任心和灵活机动的应变能力。古人云："其身正，不令而行；其身不正，虽令不行。"移民群众不愿意离开故土，内心很煎熬；很多移民干部的亲人也是移民，身心更加煎熬，却无条件、无代价、无声无息地承担起这项沉甸甸的历史责任。他们将日常的工作办法戏称为"白加黑"和"五加二"，即白天黑夜连着干，五天工作日和两天双休日连着干。他们用一副对联概括移民工作，上联是：为你苦，为你累，为你受尽所有罪；下联是：为你跑，为你忙，为你急得想撞墙；横批：移民迁安。他们还将日常的搬迁工作总结成顺口溜，如："不求领导表扬多少，但愿群众少骂爹娘"、"一百次千辛万苦成功，一不小心失误，统统清归为零"。他们用自己拟定的加减乘除法来严苛地考核政绩:"一次成功加一次成功等于一次成功,应该成功;十次成功减一次不成功等于不成功,启动问责;一百次成功乘以一次失误等于零,就要追责;一万次成功除以一次错误等于一万次错误,那就追究法律责任,该掉帽子、戴铐子了。"这些规定充分说明基层移民干部的辛劳、苦衷与压力。①

扎实有效的移民安保工作是淅川移民的重要保障。安保工作比一般工作要求更高、任务更重,体现出的是一个单位或部门的综合能力。为实现移民迁安"不伤,不亡,不漏,不掉,安全无事故"的目标,广大淅川干警早就做好了扎扎实实打一场硬仗的心理准备。南阳市公安局党委委员、淅川县公安局局长畅建辉,经常实地勘察移民路线,科学规划停车区域,全面增设警示标牌,合理部署全县警力,在搬迁过程中跑遍了淅川县环丹江口水库涉及到的移民村,创造性地提出大规模移民搬迁中安保工作的十大经验,探索建立了《淅川县移民搬迁批次安保工作流程》和《淅川县移民安保工作规范》,有力地保证了三次搬迁工作的安全进行。他们常常冲进库区为移民群众遮风挡雨,枕戈待旦做移民群众开路先锋,在危险的第一线最先出现,在群众需要的地方随处可见,在搬迁中经受住使命的考验,在实践中淬炼出"实干、创新、拼搏、争先"的淅川公安精神。

淅川县公安干警在移民搬迁过程中总结归纳出颇具典型意义的移民安保十大成功经验。一是充分做好战前动员工作,积极营造决战决胜移民搬迁安保工作的浓厚氛围。通过层层召开会议,统一工作思想,以"绝对安全,万无一失,不伤不亡"为工作目标,在全县公安队伍中唱响"上为党委政府分忧,下为移民群众解难,保安全、保稳定、保有

---

① 裴建军:《世纪大移民——南水北调丹江口库区淅川移民纪实》,作家出版社 2011 年版,第 197 页。

序"的主旋律。二是建立起统一高效、责任明晰的移民安保指挥体系，做到纲举目张和灵活机动相统一。首先，成立了由公安局长、政委任正副总指挥长的移民搬迁安保指挥部，下设道路交通安保指挥部和10个移民乡镇安保指挥部，一线指挥长由局党委成员担任。其次，从县直各单位抽调150人，组成10支每队15人的应急小分队，迅速充实到一线工作中，由县移民指挥部统一协调，以弥补警力不足问题。最后，各移民乡镇安保指挥部下设6个行动小组，分别是现场指挥组、警车开道组、现场搬迁交通指挥组、沿途交通保卫组、巡逻防控及案事件处置组和后勤保障组等，分工负责，互相配合。三是周密细化安保预案，尽量防患于未然，把复杂的工作程序化、简单化。首先，制定一批相关的工作预案，如《第一批移民搬迁安全保卫工作方案》、《移民搬迁道路交通安全保卫方案》、《移民搬迁突发性事件处置方案》等，由各一线分指挥部根据各地的实际情况，逐村逐批次制定安保实施方案，力争做到"一批次一保卫方案"。其次，通过周密细化每一批次保卫预案，可以使警力的部署更加科学合理，责任分工更加明确细化，工作过程简单明了、井然有序，最大限度地发挥出全县警力的潜能。四是凡事做在前面，充分吃透移民村情况，准确掌握移民村的社情民意、地理环境、各个批次的搬迁情况等，有针对性地做好每一次安保行动。五是善用活用调解手段，快速果断地处置各种现场突发事件。移民搬迁过程中，各类矛盾先后凸显。面对现场出现的突发事件，如果不迅速作出正确的判断，进而果断地加以处置，一旦事态被肆意扩大，势必会影响整个搬迁进度。所以，必须综合运用各种调节手段，确保在第一时间内处理好问题。六是分清主次轻重，始终把交通管理和车辆管理作为安保工作的重中之重。首先，合理安排科学错峰、维护搬迁交通秩序、指挥车辆有序停放，以确保车辆进出村庄顺畅，确保现场搬运秩序良好。其次，在每次搬迁安保行动过程中，都要求所有参战民警临时充当交警角色，迅速准确地指挥车辆行进、停放，保证了整体搬迁工作的顺利进行。七是坚持领导靠前指挥，有效提升现场处置能力。领导干部带头坚持在一线指挥，可以随时掌握工作动态，及时处理突发状况，准确下达各项指令，大大提升了搬迁现场处置能力。八是及时总结经验，指导下一步工作开展。每次搬迁工作结束时，都会总结经验，查摆不足，并针对工作中出现的实际问题，及时召开各指挥长点评会，进行查缺补漏，同时向县委县政府报告进展情况，提出合理化建议。九是建立完善移民搬迁安保工作机制，规范移民搬迁安保程序。通过建立完善"县局移民安保指挥部统一领导，各乡镇移民安保指挥部全面负责、一包到底，各专门保卫工作组各司其职、各负其责，各单位、各警种、全体民警积极参与"的移民安保工作机制，建立"以辖区派出所、局机关分包警力、应急分队、交警为固定警力，巡特警、武警、消防为应急警力"的警力配置模式，建立"全程督察、跟踪宣传报道"的工作机制，建立完善移民搬迁"一日工作流程"，从工作目标、工作原则、工作机构、工作职责、工作流程、激励措施、纪律要求等多个方面予以规范，有序开展每一批次的搬迁安保工作。十是出台激励措施，强化后勤保障。第一，在移民搬迁前出台了火线入党、通令嘉奖、度假旅游三项激励措施，对移民搬迁工作中涌现的一大批优秀民警加以物质奖励和政治奖励，并组织优秀民警及其家属外出度假旅游。第二，用到位的技术和资金强化后勤保障。主要做法是：为防止参战民警劳累中暑，由后勤科坚持每天为一线民警熬制中药下火茶；为改善道路交警执勤条件，在搬迁道路沿线为交警设置遮阳伞；该花费的地方绝不节省，对各单位、各警种在移民搬迁过程中产生的安保经费实报实销；从技术层面进行支持，40辆搬迁护送引导车全部安装了全球卫星定位系统。充分的准备必将带来高效的行动。他们统一了思想，规范了行动，坚定了意志，确保了安全，在实践中铸就了警魂丰碑。

　　科学严密的组织协调是移民迁安的重要保障。湖北省委、省政府把移民工作作为头等大事来抓，丹江口市由四大班子领导亲自挂帅，成立了由市委书记、市长分别担任市移民工作指挥部政委和指挥长的移民工作指挥部，担任市移民工作指挥部副指挥长的是 11 名县级领导，另有 40 名县级领导负责包点联系 91 个移民内安村，500 余名市直单位及非库区移民乡镇干部驻村包点，积极配合各库区重点乡镇，严格落实"八包"（包思想动员、包政策宣传、包身份认定、包实物指标核查、包矛盾化解、包补偿兑现、包建房协调、包土地分配）责任制，形成了较为完备的县级领导包乡镇、市直单位包村组、移民干部包农户的包保责任体系，起到了现场办公、合力攻坚的良好效果。郧县移民干部在搬迁工作中，组建了一支队伍庞大、组织严密、配合默契的移民搬迁队伍，分成 10 个专班，有的负责搬迁组织，有的负责安全维稳，有的负责医疗服务，有的负责后勤保障，在高强度搬迁战役中先后奋战了两年时间。库区的交通环境非常恶劣，他们却累计转运、装载货物 1.2 万立方米，在超过 10 万公里的转运里程中创造了"不掉、不损、不错一件"的奇迹；涉及搬迁的移民群众数以万计，他们却争先恐后、不辞劳苦，参与护送移民搬迁的人员多达 3.1 万人次，动用各类车辆累计达到 6082 车次，护送老弱病残孕等有特殊需要的移民 3685 名，实现了"不伤、不亡、不掉一人，无一例安全责任事故"的目标。①

　　决定问题，需要智慧，贯彻执行时则需要耐心。移民工作牵涉千家万户，可谓一步一个困难，一步一道门槛。难在故土难离，难在亲情难舍，难在安置对接，难在搬迁组织，那些参加过这次移民搬迁工作的人

----

① 陈华平、时红：《和谐大移民——丹江口市南水北调移民搬迁综述》，《十堰日报》2011 年 12 月 19 日。

们无不深有此感，打过那场硬仗的人们定然终生难忘。南水北调移民搬迁的实践经验告诉我们，如果没有科学严密的制度保障，如果没有蚂蚁啃骨头的坚韧精神和踏实苦干的拼搏劲头，如果不能把基层工作做到灵活机动接地气，任何工作都不能有效地开展起来，更无法收到事半功倍的效果。

第三节　细致入微以情动人

在南水北调中线移民搬迁过程中，近 10 万名移民干部凭着求真务实的作风和以人为本的情怀，表现出强烈的政治责任感和历史使命感。他们时刻牢记全心全意为人民服务的根本宗旨，坚决贯彻"一切为了群众、一切依靠群众，从群众中来、到群众中去"的根本工作路线，想移民之所想，忧移民之所忧，办移民之所盼，把移民迁安"工作抓实、过程抓细、细节抓严"，赢得了广大移民群众的衷心拥护，圆满实现了和谐搬迁、和谐移民的目标。

想移民之所想，不给历史留遗憾。河南省委、省政府、省人大、省政协领导多次到移民群众中深入开展调查研究，主持召开不同阶段移民工作的专题会议，研究部署移民迁安的相关事宜，检查指导全省移民迁安工作，整体推进移民迁安的工作进度。河南省直 10 多个部门抽调得力干部 30 多名，积极配合省移民安置指挥部办公室做好相关工作。省、市、县、乡建立起逐级分包制度，由省直 25 个厅局组成移民迁安包县工作组，其他如市包县、县包乡、县乡干部包村包户，为共同完成搬迁工作尽心尽力、献计献策。淅川县委、县政府把移民搬迁视作为国家做贡献的政治行动，认为这是淅川县实现跨越发展和淅川移民走向新生活的历史性机遇。他们严格按照党的政策抓移民工作，做事前先想想怎样做才能对得起移民群众，怎样做才能确保搬迁工作不走弯路。这是淅川县委、县政府经常思考的问题，也是他们在移民工作中一直坚持的原则，更是他们赢得广大移民群众良好口碑的重要原因。在实际工作中，南阳有关市县认真执行市委、市政府提出的"五个坚决"，从制度层面保证搬迁计划的有序进行、保证移民验房看房分房工作的有序进行、保证合理合法拆迁工作的有序进行、保证外迁安置工作的有序组织、保证搬迁程序和搬迁纪律的贯彻执行。如果说严明的纪律、严格的要求、严密的流程是有序搬迁的基本遵循，那么近乎完美的细节安排则是顺利搬迁的有力保障。无论是搬迁车队的有序进出和停放、搬迁途中的速度控制、搬迁货物的合理装卸，还是对特殊人口的排查护送、搬迁中途在哪里解决"三急"问题、部分老年移民的备用棺材如何组织运输等内容都提前考虑在内。为了让移民群众感到放心、贴心和暖心，每次移民搬迁都有警车前面开道，干部随车护送，保证万无一失，创造了卓有成效的"淅川经验"和"淅川模式"。

身先士卒，带头搬迁。赵久富曾在部队服过 7 年役，从部队复员回到湖北省十堰市郧县安阳镇余咀村后不久，就被推举为村党支部书记。2010 年，南水北调中线一期工程移民工作启动，郧县安阳镇余咀村被定为首批搬迁试点村，县里希望余咀村能为全县 3 万余移民外迁开个好头。于是，赵久富被推到了移民工作的风口浪尖上。赵久富和妻子杨秀华都是本地人，各自有兄弟姊妹 6 个，亲人世代都生活在这里。按照政策，赵久富一家可以不用外迁。"村看村，户看户，群众看干部。我不带头，说不过去，我不搬，其他人怎么会搬呢？"赵久富苦口婆心地做妻子的工作。可妻子说破天也不愿意搬，她说："爹娘年纪这么大了，这一去上千里，以后见一面都难。要搬你搬，我守着爹娘替你尽孝。"老赵说："我也不是很愿意搬，我都五十六七岁的人了，家里有上十亩稻田、几十亩河滩地和山场，一年有大几万元的收入。搬到外地后，一切都要从零开始，但我是村支书，我都不搬，别人咋办？"好说歹说，他终于做通了妻子的工作。在一一做通家里人的工作后，他马上召开全村群众动员大会，并在大会上立下誓言："我是党员，坚决响应国家的号召，我第一个搬！"此后，他又深入农户交心谈心，化解移民顾虑，化解群众纠纷。多少个白天黑夜，在余咀村的村道中他往返穿梭，磨破了口舌，挥洒着汗水。正是由于他的带头和艰辛付出，余咀村移民全都同意搬迁。2010 年 4 月 30 日，61 户村民在赵久富的率领下，浩浩荡荡地向他们的安置地——黄冈市团风县团风镇黄湖移民新村进发。赵久富以大局为重，主动放弃留下来的名额，带头第一个搬迁，并带领外迁村民走上致富路的事迹，感动了千百万中国人。2015 年 2 月 27 日，他被评为感动中国 2014 年度人物。颁奖晚会上，主持人敬一丹问："赵书记，这次你来北京喝的水，感觉是家乡水的味道吗？"赵久富笑答："应该是的。"当大屏幕上播放移民短片时，赵久富泪水再也忍不住，坐在台下的妻子也泣不成声，现场许多观众都在悄悄抹泪。"感动中国"组委员会这样评价赵久富：量与江海宽。赵久富在颁奖现场表示，自己父母也曾经历过一次移民，我们是二次移民。南水北调 40 多万移民付出的太多、太多。但看到这么大的工程，我们国家能做，很震撼。

办移民之所盼，不给移民留遗憾。为了不给移民留遗憾，许多移民干部想移民所想，办移民所盼，真心实意与移民交朋友。吴丰瑞（1929—1999 年）就是老一辈移民干部的杰出代表。他生于河南淅川，去世于湖北钟祥。因工作能力出众，20 世纪 60 年代末，吴丰瑞以淅川县委宣传部长的身份跟随移民调任大柴湖区第一任区委书记兼革命委员会主任，生前历任河南省淅川县农工部部长、宣传部长、钟祥县委副书记、钟祥县政协主席等职。在移民搬迁安置过程中，吴丰瑞为大柴湖的长期稳定和生产建设就就业业，呕心沥血，作出了常人难以想象的贡献。他身先士卒、背井离乡，带领淅川库区群众为国家工程建设而移民；他顾全大局、甘于奉献，带领移民群众扎根大柴湖、重建家园，用"我们面临的形势是破釜沉舟、背水一战，绝处逢生、没有退路。困难面前逃跑，不是淅川人的性格，是英雄是狗熊，决战大柴湖的战场上试一试"这种最朴素的豪言壮语给移民群众鼓劲，为稳定移民情绪、推动大柴湖发展作出了卓越的贡献；他廉洁奉公、不徇私情，把全家 6 口人都搬到大柴湖，把毛主席语录"下定决心，不怕牺牲，排除万难，去争取胜利"写在红瓦覆盖的连排房坡上，把"这个军队具有一往无前的精神，它要压倒一切敌人，而决不被敌人所屈服。不论在任何艰难困苦的场合，只要还有一个人，这个人就要继续战斗下去"的标语牌，竖立在去往大柴湖的路口上。他是移民干部的好榜样，他是移民群众的主心骨，他是移民群众的铁脊梁，凭着指掌如铁的双手、坚韧不拔的毅力和"敢教日月换新天"的大无畏精神，带领数万名移民群众砍出了几万亩良田，为建设新柴湖贡献出自己的一生。

把移民工作做实做细，让移民满意。细节决定成败，铁汉也有柔肠。南阳有很多移民干部，本身就是移民后代，有的甚至曾经就是移民，深深懂得移民群众内心的苦楚和委屈，他们只想通过一点一滴的工作和耐心细致的协调，让移民老乡搬迁得有尊严，安置得能妥帖，生活得能幸福。而基层的移民干部因为没日没夜地工作，顾不上家里、顾不上自身，经常口干舌燥、身心疲惫，有时候甚至累得对面说不出话，靠手机打字交流工作。香花镇的搬迁工作顺利完成后，徐虎从香花镇调到九重镇工作，60 多个搬迁安置过的香花镇移民，带着自家种的小粮食去新单位看他。2010 年新年，移民群众寄给徐虎的 186 张贺年卡，再次击中了外号"老虎"的他内心深处最柔软的地方。徐虎在基层工作了很多年，对老百姓非常了解，常说"不在基层，你就不知道老百姓有多好"，认为老百姓是最知道感恩的一个群体，也是最容易满足的一个群体，只要给他们滴水之恩，他们必定会涌泉相报。① 所以，无论走到哪里，徐虎总把"做百姓贴心儿女，当移民孝子贤孙"当成自己的工作信条，无论做什么都是把老百姓的事情放到心上，只有这样才对得起这么好的老百姓。

上下联动，确保移民迁得出、住得安。湖北省委、省政府对水源地搬迁任务较重的十堰充满期待，认为南水北调工程对十堰来说是一次非常重大的历史性机遇，十堰一定要主动打好水源牌、亲缘牌，争取抓住机遇、保住清水、促进跨越发展。为解决 18 万多移民的搬迁安置问题，湖北省组织发动了库区近万名移民干部，分工协作，共同推进搬迁安置工作进度。为了说服移民群众早日在协议书上签字，移民干部"走尽千家万户，想尽千方百计，说尽千言万语，吃尽千辛万苦"；为了尽快建成 10 万移民的新村住房，完成建造 400 万平方米房屋的任务，湖北移民干部"雨天当晴天，一天当三天"，分头赶赴四川、襄阳等地招聘建筑工人，以缓解当地建筑劳务市场的压力；为了抓质量，赶进度，郧县移民安置点灯光彻夜不熄，甚至一度叫停城区内的一般性建设工程，集中更多人力物力援建移民住房；为了支持移民搬迁工程，移民干部发动社会各界的力量，将"谷城的黄沙竹山的瓦，房县的红砖顶呱呱"等建筑材料纷纷运往需要的地方，群众开玩笑说"简直就像是联合国盖房子"。同时，湖北省委、省政府组织 31 个省直部门，负责对口帮扶 29 个移民内安乡镇，集中办理农村安全饮水、农网改造、搬迁道路交通、低丘岗地改造、环保水保设施、以工代赈等项目。郧县移民局局长邓兴忠对基层移民干部的难处深有同感，感慨地说："这是拆人祖屋、挖人祖坟的事，没做过的人是无法体会的。除了靠公平透明的移民政策、实

① 张然、王海欣：《南水北调移民大搬迁：10 名干部搬迁一线殉职》，《京华时报》2014 年 11 月 3 日。

惠合理的移民补偿资金之外，还要靠移民干部做大量细致入微的疏导工作。很多事情，说在嘴上容易，一旦进入操作层面，往往困难重重。"①无论是能拍板做决定的各级领导干部，还是战斗在一线的普通党员干部，都在夜以继日地办实事、解难事、做好事，用心倾听移民群众的呼声，慎重对待移民群众的需求，把移民群众是否满意作为衡量自己工作的第一标准，用自己的真心真意真情真爱去抚慰为国家无私奉献的移民群众，圆满实现了顺利搬迁、和谐移民的既定目标。

南水北调中线工程沿线的移民干部和征迁干部，为工程顺利推进付出了大量心血与汗水。南水北调中线调水总干渠全长 1432 公里，跨越河南、河北、北京、天津 4 个省市。其中，中线总干渠在河南省境内长达 731 公里，从南阳市淅川县的陶岔村出发，纵跨南阳、平顶山、许昌、郑州、焦作、新乡、鹤壁、安阳 8 个市 41 个县（市、区），相继开工了穿黄工程、安阳段、新乡潞王坟试验段、黄羑段、南阳试验段、穿漳工程、郑州二段、陶岔渠首等 8 个渠段，黄河两岸先后呈现出连线建设的局面。工程建设需要用地 36.58 万亩，220.8 万平方米的房屋和 5.5 万人口面临拆迁或搬迁，占压单位、工矿企业、农副业分别达到 122 家、198 家、643 家，占压影响输电线路、通信线路、广播电视线路、各类管道分别是 314 公里（953 条）、615 公里（1453 条）、54 公里（169 条）、33 公里 [129 条（处）]。这样浩大的工程，对沿线群众的生活有着不同程度的影响，需要方方面面的协调与配合才能有序展开。南水北调中线工程焦作中心城区段的征迁干部，以踏踏实实的工作作风和任劳任怨的工作态度，为和谐征迁作出了特殊贡献。焦作市是南水北调中线工程中唯一一个穿越中心城区的城市。焦作城区段工程全长 8.82 公里，

① 李东晖、王清等：《南水北调中线：18.2 万人大迁徙创造移民史上奇迹》，《十堰日报》2013 年 11 月 5 日。

建设跨度 100 米，自 2008 年开工至 2013 年 11 月完工，经过整整 5 年的时间才完成。南水北调中线焦作段的渠道全部是位于市中心的新开挖河道，因为其中涉及到解放区和山阳区的 3 个办事处、13 个村、上万人口，搬迁面积大、涉及人员广，所以拆迁的难度远远超过了克服工程技术的难度。焦作市充分发挥"顾全大局、无私奉献"的精神，按照就近安置、最大限度满足征迁群众的原则，在临近中线工程河道的地方选取了 21 处安置点，为征迁居民盖起了设施齐全、造型现代的回迁房，规划建设了一条宽约 100 米的城市绿化带，配套建设了 7 座风格各异的跨渠桥梁，成为了焦作新的"城市名片"。截至 2014 年 9 月，焦作段一期工程共完成征迁 3890 户、15532 人，先后拆迁房屋 93.6 万平方米，迁建企事业单位 37 家，开展专项设施 660 项，建成安置房 72.87 万平方米。在签订协议、搬离旧居、拆除房屋、做好回访等关键环节，焦作市抽调的一大批移民干部投入了大量的精力，为群众排忧解难、提供帮助，扎实有效地推动了征迁工作，保证了城区段总干渠整体工作进度的顺利推进。

移民安置地干部坚持以人为本促和谐迁安。南水北调中线工程，河南省新增农村移民 16 万多人，除淅川县内安置的 2 万多人外，县外迁安的 14 万余人，安置地点涉及全省 6 个省辖市的 25 个县（市、区），规划建设移民集中安置点 241 个，需要建设用地、生产用地、移民人均土地的指标数分别为 1.87 万亩、19.06 万亩、1.27 亩。为了让移民群众一到新的安置点就有"回到家看到亲人"的感觉，移民安置地干部本着工作抓实是基础、过程抓细是关键、细节抓严是保证、生活抓好是目的的原则，加班加点，群策群力，设身处地为移民考虑，精心安排移民的生产生活。封丘县县长李晖带队到镇平服务区迎接第一批移民封丘的群众，看到车上一位老大爷正在啃方便面，马上召集干部开会，保证群众抵达新家后能立即吃上热腾腾的饭菜。辉县移民安置点不仅给移民们盖起了一排排欧式别墅、徽派小楼，居民区周边配套的公共设施一应俱全，各项建设水平比当地农村至少超前了 10 多年；荥阳市把移民安置点建设在紧邻郑州的地方，还从 8 个村中匀出 1500 亩肥沃良田给了移民兄弟；新郑市及时为 400 多名 60 岁以上老人办理老年优待证，积极与当地的企业协商优先录用移民女工，短时间内就安排了 100 多名薛店镇观沟村妇女在工厂上了班；平顶山不仅在移民新村建起了二层小楼，还按城市社区的标准配套了比较完善的基础设施和公益设施，组织 400 多名干部包户到人，主动帮助移民群众解决生活中的具体问题。荥阳市委书记多次到丹阳移民新村慰问，详细了解移民户家中的水电气暖供应是否正常，有没有水土不服症状，有没有不好解决的实际困难。淅川县白石崖村村民杨变娜正好赶在搬迁当天临产，荥阳市卫生局专门抽调出经验丰富的医护人员进行陪护和检查，真正把移民的事情当成自己的事情，把移民当成自家人，也赢得群众的交口称赞。如今，移民迁安工作能够顺利完成，移民安置地不时传出欢歌笑语，背后站立的，就是安置地那一批批务实高效、忠诚担当的干部群体。

湖北移民安置地的干部队伍积极推进移民搬迁工作。为了推动丹江口库区的乡亲们早日搬迁，郧县县委书记胡玖明在内安移民工作推进会上，号召全体干部"迎难而上，大干快上，坚决按照时间节点要求完成全县移民建房和搬迁任务"。县长孙道军说话更是直截了当："我们集多方之智、倾全县之力、尽满腔热情推进移民内安工程，就是为了让移民满意！"郧县 128 个县直单位和 10 个移民乡镇的 2000 多名党员干部，"不讲条件，不讲代价，尽心尽力为父老乡亲服务，争当移民内安攻坚先锋"，争先恐后与县里签订《移民内安工作任务责任书》，以确保全县能按规定的时间节点完成 7229 户、28817 人的移民内安任务。舒家沟卧龙岗社区是郧县最大的移民安置点，建造有 200 多栋崭新的小洋楼、千亩蔬菜大棚和宽阔洁净的公路。为了解决建筑材料紧缺的难题，郧县移民工作指挥部迅速成立了建筑材料市场管理领导小组，由安监、物价、工商、建材等15个相关部门协调组成，专门负责移民内安房屋建设所需的大宗建筑材料的统一调度采购，基本解决了约1.5万吨钢筋、20万吨水泥、近2亿块砖、60万立方米河沙的重大缺口。为了解决乡村劳动力紧缺的难题，郧县采取多种措施吸纳人力，组织500多名施工技术人员和县内7家建筑企业，到柳陂镇、新集镇、舒家沟、刘家桥等安置点进行对口援建，全县63个安置点平均每天有近万人（次）的劳动力，有力地保证了移民建房的进程。为了保证多个施工项目同步推进，郧县组建了与项目对应的工作专班，对每个项目的整体规划、土地征用、地质勘查、地灾评估和施工图设计等方面进行规范评审，大大降低了工作难度，提高了工作强度，千方百计地加快工作进度，完成了超乎想象的工作数量。如今，柳陂镇、舒家沟184户850名内安移民、谭家湾镇东茶亭梁子安置点的244户809名移民、青曲镇安沟村范家园移民安置点的8户31名移民、梅铺镇的16户81名移民、五峰乡西峰村的6户32名移民生活在"不是江南，胜似江南"的移民新村，参加了政府组织的各项专业技能培训，在移民新村真正稳了心、安了身、落了地、生了根。

2012年8月25日，南阳市淅川县张庄村的312户1192名移民顺利搬迁到位于许昌市襄城县王洛镇的张庄移民新村，标志着河南省南水北调丹江口库区移民集中搬迁工作基本完成。2012年9月18日，湖北省最后一批南水北调丹江口库区移民乔迁新居，标志着湖北省以及全国南水北调丹江口库区移民搬迁工作全部结束。这场史无前例的惊世壮举，饱含着30多万移民群众的深情厚谊，浓缩着10万移民干部的顽强拼搏，承载着全国人民的殷切希望，诉说着对国家工程的使命担当，也永远鼓舞着全国人民为实现中华民族伟大复兴的中国梦继续努力奋斗。

第四节　无怨无悔鞠躬尽瘁

　　滔滔丹江水养育了无数的丹江儿女，丹江儿女也以满腔的赤诚回报这条母亲河。在长达两年多的搬迁过程中，广大移民干部以"掉皮掉肉不掉队，流血流汗不流泪"、"敢涉深水，敢破坚冰，敢啃硬骨头"的精神，用生命和汗水谱写了一曲曲感人至深的移民干部之歌，也像一座座丰碑永远屹立在丹江口库区移民群众的心中。

　　为移民迁安，移民干部无怨无悔，鞠躬尽瘁，树立起一座座无言丰碑。为保证南水北调中线工程顺利实施，按时通水，移民干部任劳任怨，无怨无悔，付出了巨大的牺牲。在整个移民搬迁过程中，河南省没有发生一起移民重大伤亡事件，却有300多名党员干部晕倒在搬迁现场，100多名党员干部因公负伤，10多名党员干部献出了生命，留下数不清的感动与感慨。让我们记住这些为移民迁安而牺牲的基层移民干部：淅川县香花镇土门村村民组长马保庆，土门村移民迁安代表，到邓州市监督移民新村建设时，突发脑溢血倒在工地上；淅川县香花镇白龙沟村乌龙泉组组长陈新杰，不顾身体年迈帮助移民搬东西，因过度操劳在搬迁后的第二天病逝；淅川县上集镇韦岭村一组组长韦华峰，患有严重的肝腹水，因做移民思想工作委屈得哭晕过去，入院20多天后抢救无效死亡；淅川县香花镇柴沟村党支部书记武胜才，因在全村移民户中做矛盾排查工作过于劳累，在凌晨去世；淅川县九重镇桦栎扒村年近七旬的老支书范恒雨，为解决移民新村房屋建设中出现的问题和矛盾，晕倒在现场雪地里；淅川县上集镇政府干部李春英，在回村做群众搬迁思想工作的路上，因过于疲劳被迎面而来的农用车撞倒身亡；淅川县上集镇黄龙服务区干部刘伍洲，在帮助移民搬迁过程中因过度劳累而去世；淅川县滔河乡政府干部金存泽，在帮助移民迁安过程中因过度劳累而去世；南阳市宛城区高庙乡东湾村党支部书记赵竹林，在移民迁安过程中因过度劳累而去世，年仅 38 岁；南阳市电视台外宣部主任郭宝庚，在移民迁安过程中因过度劳累而去世。而时任淅川县委机关党委副书记马有志和淅川县上集镇司法所原副所长王玉敏的事迹最有代表性。

每一位优秀的移民干部，都有一颗爱党爱国爱民拳拳之心。马有志生于 1958 年，从小就因哥哥姐姐众多而被送给本村一户没有子女的乡亲，是吃着百家饭长大的贫家子弟。10 岁那年，他的舅爷李六林跟乡亲们一起搬迁到湖北钟祥县大柴湖地区，临行前抱着马有志哭得像个孩子，给少年马有志留下了移民生活非常艰难的最初印象，也在他心里埋下不让移民再流泪的种子。也许是冥冥之中自有天意，马有志的妻子杜丽曼是一个移民孤儿，由乡亲们抚养长大成人，后来成了一名光荣的人民教师。1977 年马有志参加工作之后，从一名普通的人民教师成长为县委机关党委副书记，踏踏实实做过很多工作。他常常说："乡亲们把我养大，我是移民的儿子。"他非常热爱淅川这片土地，把库区看作自己"永远走不出的心灵家园"，把"库区如何发展，移民怎样增收"当作自己的使命，并把"一生无意求功名，惟尽百年赤子情"作为自己的座右铭。2009 年 11 月，马有志主动请缨，担任县委办驻马蹬镇向阳村移民工作队队长，主要负责做通全村 455 户 1800 多位乡亲的移民工作。他吃住在村里，工作讲原则，动员讲策略，沟通有耐心，为做好移民动员曾一天召开了 8 次党员小组会，为做通 1 户移民的思想工作一天去移民家走了七八趟亲戚，最终使向阳村成为全镇第一批递交搬迁申请的村庄。2010 年 4 月 16 日，马有志 52 岁的生命，永远定格在赶往移民村的路上，用生命诠释了"平凡之中的伟大追求、平静之中的满腔热血、平常之中的极强烈责任感"，只留下"出师未捷身先死，长使英雄泪满襟"的遗憾。马有志留下了 6 大本工作生活遗稿，每一本封面上都书写着"赤子之心"4 个大字，每一本扉页上都抄录着现代诗人艾青那两句脍炙人口的诗句："为什么我的眼里常含泪水？因为我对这土地爱得深沉……"这 6 本工作笔记既是马有志工作 33 年的真实记录，又是一个真正的共产党员对乡亲们最长情的告白。噩耗传来，大批移民群众和党员干部纷纷赶来，用如潮的挽联和洁白的鲜花送他最后一程。[①]

每一位优秀的移民干部，都有坚定执着的理想信念。淅川县上集镇司法所原副所长王玉敏的不幸去世更让人难过：他是个好男人，为了给患肺癌晚期的妻子治病而债台高筑，却因为解决上集镇魏营村的移民纠纷而错过送亡妻最后一程；他是个好干部，生活虽然艰难，本身又患有严重的肺气肿，但他从来没有向组织伸过手，还不顾医生的反复叮嘱，帮助移民群众扛粮食、搬木头、抬家具、运行李；他是个好搭档，从来没有向领导诉过一句苦，骑着一辆破自行车到 13 个移民村宣传移民政策，化解矛盾纠纷，送走移民后累倒在自己家里。一直与他并肩战斗在移民搬迁一线的同事王智红所长心疼他，吵着让他在家里好好休息，他却用一句憨憨的"没事"，作为自己对亲友的最后告别。他留给这个世界的是一张并不清晰的证件照、一摞荣誉证书和党员证、几本字迹工整隽秀的《民情接访日记》、《司法文体纪实》、保全申请书、执行申请书等，以及令人心酸的 10 万元债务。

每一位优秀的移民干部，都有崇高的精神追求。湖北省丹江口市流传着一首《移民工作队员之歌》，其中有几句话，客观地反映了移民干部们良好的精神风貌："工作队，士气高，下定决心完成好"，"时间紧，定户包，坚定信心不动摇"，"排值日，把勤考，纪律严明要求高"，"工作难，靠领导，情系移民是法宝"，"政策明，宣传到，讲究方法更重要"，"干部移民心连心，众志成城基础牢；一江清水送北京，移民队员

---

① 贾林伟、冷新星等：《丹江之恋——追寻移民干部楷模马有志的生命足迹》，《南阳日报》2010 年 5 月 13 日。

真自豪"。^① 在两年多的移民迁安过程中，湖北省也先后有 10 位干部因过度劳累而牺牲在工作岗位上，他们分别是：湖北省丹江口市均县镇党委副书记刘峙清，丹江口市均县镇党委委员、副镇长谭波，丹江口市均县镇怀家沟村党支部书记程时华，丹江口市六里坪镇移民工作站干部陈平成，丹江口市六里坪镇马家岗村会计马里学，丹江口市水利电力物资站经营部经理刘小平，郧县城关镇马场关村党支部书记张士林，郧县青山镇琵琶滩村党支部书记赵守学，丹江口市凉水河镇惠滩河村党支部书记张永超，丹江口浪河镇浪河村党支部书记吴家宝。其中，刘峙清和陈平成堪称新时期湖北移民干部的楷模。

　　每一位优秀的移民干部，都是有家国情怀的人。湖北省丹江口市均县镇是全市唯一一个整体迁建的乡镇，移民内迁安置任务最重。身为镇党委副书记的刘峙清，自 1987 年 9 月参加工作起，一直没离开过均县镇。2009 年起，他主要负责均县镇移民安置、安全维稳、信访综治、后勤保障等工作，与同事们一起长期奔波在移民内安的道路上。2011 年 4 月 1 日，他像往常一样 5 点左右起床，7 点钟正准备到镇政府食堂吃早饭，就被等在镇政府的移民老乡围住了。他顾不上吃饭，也忘记了一定要按时吃降压药的事情。从上午 9 点钟到下午 12 点 30 分，他带上图纸先后到二房院村的移民安置点袁家店、马槽沟、闵家沟、王家垭处理完相关事情，才与同事刘清凤一起空着肚子赶回镇政府。13 点 40 分，他匆匆在镇政府食堂扒了几口饭，把几天来了解到的移民安置情况整理一下，又赶往丹江口市，打算与均县镇移民站站长李元波、市移民局纪委书记程培强、市经管局局长赵大林、市经管局副书记尚富才、市城乡规划设计院陈工等人商谈移民安置和线上资源利用的事情。21 点 20 分

① 欧阳敏：《世纪大迁徙——南水北调中线工程丹江口库区移民纪实》，新华出版社 2013 年版，第 230—231 页。

左右，刘峙清突然觉得头疼难忍，脑门上汗珠直流，在衣兜里没找到降压药，没等帮忙去买药的同事回来，他已经瘫倒在座椅上。4月6日，因突发脑溢血，刘峙清经丹江口市人民医院抢救无效而去世，年仅42岁。英年早逝的刘峙清，为移民迁安燃烧了自己的生命，却给亲朋好友留下了不尽的遗憾和悲伤。

每一位优秀的移民干部，都是有原则有担当的人。陈平成是丹江口市移民局六里坪移民工作站干部，2011年12月19日，他在官山镇检查移民后期扶持工作途中遭遇车祸，不幸以身殉职，享年58岁。他生前没有给亲朋好友说过豪言壮语，去世后也没有给亲人们留下什么财富，却以满腔真诚温暖着移民群众的心。陈平成出生在距离丹江口水库不远的六里坪镇后湾村，10岁那年因水库建设举家搬迁至六里坪镇双龙堰村，22岁当上一名普通的移民干部，34岁加入中国共产党，从此，"当一名合格的移民工作者，做一个优秀的共产党员"就成为他最朴实的誓言。2009年春，湖北省正式启动南水北调中线工程外迁移民试点工作，六里坪镇的试点正好选在后湾村，陈平成主动请缨去那里开展移民工作。看到村民们不愿意搬迁，不理睬移民干部，不配合拆迁工作，陈平成不断调整自己的工作思路，采取主动帮助乡亲们解决困难、主动到乡亲们家中干脏活累活、主动向乡亲们宣传移民政策的策略，逐渐取得乡亲们的信任、理解和支持，先后担负起六里坪、官山两个镇34个村的移民后期扶持工作，上门为两个镇2815名移民发放帮扶资金953.83万元，审核落实移民后期扶持项目54个，项目完成率达100%。他分管移民项目多年，对移民群众总是慷慨相助，曾拿出500元帮助移民蒲国刚的妻子治疗乳腺癌，掏出1000元钱给移民吴春华的女儿到医院接受治疗，却从未破例给亲戚朋友多分一点好处，从不舍得给自己买一件像样的衣服，对人慷慨与对己吝啬的背后，体现出一个普通的共产党员对党的忠诚，反映出一名优秀移民干部对事业的担当，移民群众为他敬献的挽联上所书写的"半世勤勉照丹心功垂青史，一身汗水为移民精神永存"，就是对他最高的赞誉与崇敬。

榜样的力量是无穷的，精神的力量是永恒的。那些为南水北调移民迁安工作而牺牲的党员干部，再也不能跟自己的亲朋好友一起感受生活的酸甜苦辣，再也不能和并肩奋战的战友一起分享工程通水的喜悦，但是他们对党的事业的忠诚、对移民工作的担当、对南水北调工程的贡献、对移民群众的大爱，必将在楚山汉水之间永远流传，必将伴随着南水北调工程而千古流芳。

第 五 章
创新求精的建设者

马克思认为，唯有能够创造属于人自己的物质生活条件的劳动或者社会实践，才是人的本质。他说，人既是历史的剧作者，又是历史的剧中人。马克思深刻阐明了人民群众作为人类社会发展历史创造者的重要作用。南水北调工程建设的历史实践，再次有力地印证了马克思的观点。南水北调工程的宏伟构想，只有通过数十万建设者的辛勤劳动才能变为光辉现实。为了使南水北调更好更快地梦想成真，这些建设者以高度的责任感和使命感，披星戴月、日夜兼程，精益求精、一丝不苟，攻坚克难、默默奉献，书写了一部感人至深、催人泪下的奋斗诗史。

第一节　为国圆梦的崇高境界

南水北调工程建设者们不畏艰辛，精益求精，为国圆梦，确保南水北调中线工程按时通水。在早期对调水线路艰苦卓绝的调研查勘中，在丹江口大坝和渠首主体工程、主干渠输水工程、供水配套工程、水源地保护工程等建设过程中，建设者们挥洒热血和汗水，点燃激情，积极拼搏，攻坚克难，在为实现修筑华夏水网中国梦而奋斗的伟大实践中表现出为国奉献的崇高精神境界。

一、艰苦卓绝的调研勘探

1952年10月下旬，毛泽东亲临黄河视察，听取治黄工作汇报。此前几个月，黄委会主任王化云已经选派了一支黄河河源踏勘队，翻过巴颜喀拉山，深入到长江的上游通天河一带，对大江大河的水源情况进行一次深入的摸底考察。

第一次黄河河源的踏勘考察，是专业的水利工程人员首次踏上人迹罕至的雪域高原，考察进行得非常艰难。参加这次考察的一位叫史宗浚的测绘员，在60多年后还对当年踏勘时的艰难情境记忆犹新。他回忆道，踏勘时气温很低，风一吹，老羊皮上长长的毛都冻在了脸上。队员上山时行动艰难，拽着马尾巴向前行进，马在前面走，人在后面跟。行走到陡峭的山路，人困马乏到了极限，用来代步负重的马都累死了好几匹。从那之后，为了从长江上游调水这个设想的实施，几代水利工程技术人员，在接下来的半个多世纪，先后30多次深入这片不毛之地，进行了详细的踏勘工作，获得了水文、地形、气象等基础资料。踏勘工作条件恶劣，有的人甚至将生命永远留在了那片崇山峻岭之间。

1958年4月，黄委会派出以郝步荣为队长的18人引江济黄查勘队，从郑州出发到成都，然后从康定开始查勘，在交通条件极差的情况下，克服困难，到8月完成金沙江调水的查勘任务返回成都。然而刚到成都，接到王化云电示提出的调水千亿立方米以上任务，查勘队又从成都返回雅砻江、大渡河继续进行查勘。前后历时5个月，行程1600公里。

1958年至1961年，黄委会先后又组织了7个勘测设计队，对南水北调西线、中线及黄河中下游地区进行查勘，共计400余人参加。3年之中共进行地质测绘44814平方公里，地形测绘47425平方公里，查勘路线长62888公里，勘查大型建筑物地址405处，搜集了大量的资料。1960年3月，黄委会勘测设计工作队420余人进行野外查勘，先后进行三条线路的查勘：一是通柴引水线，二是积柴、积洮输水线，三是翁定线、怒洮线、怒定线等。仅半年时间，工作队就完成地形测量 17500 平方公里，地质测绘 6000 平方公里，线路查勘 5800 公里。

1959 年至 1961 年，中科院、水电部牵头成立中国西部南水北调引水地区综合考察队（简称综考队），进行野外考察和室内分析研究工作，由科研部门、生产部门、教学部门等 20 多个单位组成，设有 9 个学科组。在总队长郭敬辉带领下，1959 年组织 220 人工作队，对引水区内自然条件、自然资源、经济状况进行了概括性调查和对第三引水线路的工程地质条件进行了初步勘测。1960 年，综考队又组织了 480 余人的工作队，继续进行考察，进行地质、地貌、气候、水文、地震、昆虫等情况的概括性调查和勘测。

1978 年，黄委会根据水电部指示，又一次组织南水北调查勘队，总结经验，重点对通天河、雅砻江、大渡河部分地区进行查勘。整个查勘队 25 人，历时 4 个月。由于交通不便，很多路段需要骑马甚至步行前进，除了汽车行驶的 8040 公里外，这次查勘的骑马行程是 1154 公里，步行 100 余公里。查勘了由通天河至黄河源地区的三条引水线路（由曲蔴莱县的色吾曲口附近引水到玛曲的色玛线，由色吾曲口附近引水到卡日曲入黄河的色卡线，由通天河下段的德曲口附近引水至多曲入黄河的德多线），同时还对扎陵、鄂陵两湖进行水下地形测量，提出利用两湖水资源的设想。1980 年黄委会再次组织队伍查勘，研究通天河、雅砻江、大渡河单独引水和联合引水的方案选择。

南水北调工程的查勘工作进行的艰苦卓绝，查勘地处野外，人迹罕至，地形复杂，交通条件落后，气候环境恶劣。工作队常常数十数百人，动辄工作数月，饮食睡眠条件极差，医疗没有保障。工作队员的衣服常常数日不能更换，生病了也只能以随身携带的药物稍作治疗。他们为了工程的顺利实施，跋山涉水，将热血和汗水，挥洒在这片崇山峻岭之间。

二、顽强拼搏奠定宏伟工程基础

南水北调中线工程的总体勘测和规划设计工作，主要由长江水利委员会负责。被称为"长江设计院"的长江勘测规划设计研究院，是长江治江事业的重要技术支撑，自从 1952 年林一山向毛泽东建议把向北方输水点选在汉江丹江口开始，长江设计院就一直关注、跟踪进行南水北调中线工程的勘测、研发设计工作。一代又一代长江设计院工作人员坚持不懈、克难攻坚，先后完成了南水北调中线工程规划、项目建议、可行性研究等工作，并直接承担了南水北调中线一期工程丹江口水利枢纽大坝加高总体可行性研究及施工设计、移民安置规划设计、陶岔渠首至沙河段、穿黄工程、穿漳工程等重大工程的规划设计和施工设计，还承担了中线总干渠供水调度系统的设计，为保证南水北调中线工程技术可靠作出了突出贡献。

丹江口大坝初期工程和加高工程、陶岔渠首枢纽工程、丹江口库区移民安置工程等水源工程，是南水北调中线工程的基础性工程。建设者们为了实现南水北调的世纪梦想，在这些前期工程中付出了巨大的努力，尤其是丹江口大坝的初期工程，由于生产力水平低下，在设备技术落后的条件下，完全是靠建设者们执着的追求、澎湃的激情、顽强的拼搏和坚韧的毅力完成的。

丹江口大坝工程和陶岔渠首枢纽工程是南水北调中线工程的主体。1958 年至 1974 年，丹江口大坝完成初期工程，坝高 162 米，总长 2500 米，正常蓄水位是 157 米。当时生产力水平低下，工具简陋，科技水平落后，10 万民工硬是靠着一腔热血，昼夜轮班施工，"腰斩汉江"，完成围堰合龙，实现丹江口水库发电、防洪、供水、灌溉等功能，为后来的南水北调工程奠定了基础。陶岔渠首枢纽工程位于南阳市淅川县陶岔村，初期工程建设于 1969 年至 1974 年，包括引水渠、渠首闸、输水总干渠、下洼枢纽和清泉沟泵站 5 部分。当时参与建设的 10 万民工靠肩扛手提的原始方式施工，加班加点，大干快上，有 2880 名干部民工在工地受伤致残，仅邓县就有 141 人牺牲。这种苦干实干、顽强拼搏、艰苦奋斗的创业精神被时人称为"引丹精神"。10 余万民工用最原始的工具，付出巨大的代价和牺牲，苦干 6 个春秋，终于筑成了闸顶高 162 米、最大开口宽度 470 米、最大下挖深度 49 米、全长 4400 米的初期渠首工程。

为了南水北调中线工程的顺利实施，利用南北高程自然落差，把一渠清水送往京津，2005 年 4 月国务院批准实施丹江口大坝加高工程，并改建新渠首工程。丹江口大坝加高工程主要包括混凝土坝培厚加高，左岸土石坝培厚加高及延长，新建右岸土石坝、左坝头副坝和董营副坝，改扩建升船机，金属结构、机电设备更新改造等。丹江口水库坝顶高度由此前的 162 米加高到 176.6 米，正常蓄水位由 157 米升高到 170 米，相应库容由 174.5 亿立方米增加到 290.5 亿立方米。2005 年 9 月 26 日，大坝加高工程开工。2005 年 11 月 25 日第一仓主体混凝土开始浇筑，创造了前期准备工程和主体工程同年开工建设的佳绩。2007 年 3 月 7 日，第一仓大坝加高混凝土开始浇筑。2007 年 6 月 23 日，大坝加高贴坡混凝土全线达到原坝顶高程。2008 年 12 月 28 日，右岸土石坝填筑到 176.6 米设计高程。2009 年 6 月 20 日，混凝土坝坝顶全线贯通。2013 年 5 月 27 日凌晨，随着葛洲坝集团丹江口大坝项目部施工人员在丹江口大坝 14 坝段（大坝堰孔溢流面）金属模板内浇筑最后一仓混凝土，丹江口大坝主体坝混凝土浇筑全部完工。至此，大坝加高工程共浇筑混凝土 125.45 万立方米。丹江口大坝加高工程建设创下的这一个又一个奇迹，不仅凝结着建设者们聪明才智和辛勤汗水，更彰显出他们不畏艰难、勇于进取的拼搏精神。

陶岔新渠首在老渠首闸下游 80 米处重建，主要包括引水渠、重力坝、引水闸、消力池、电站厂房和管理用房等。新渠首于 2009 年 12 月 28 日开工建设，2012 年 9 月主体工程坝顶全线贯通。完工后的坝顶高程与丹江口大坝加高后的坝顶高程相同，高 176.6 米。新渠首的上游是老渠首闸，下游是交通桥，左岸是复建的提灌站，施工场地狭窄，而且渠首地质不好，施工难度较大，不易爆破，又容易渗水。渠首建设中，开挖基坑及时排水成为工程关键点，尤其是在汛期渗水量大，加大了排水难度。根据要求，陶岔渠首枢纽工程施工期间要保证下游灌溉用水需要。工程建设者们为提前创造下游灌溉导流条件，以血肉之躯加班加点赶进度，换来下游干旱麦田的旱情缓解。整个渠首工程建设中，参建单位齐心协力，攻坚克难，开展劳动竞赛，明确奖罚措施，细化工作任务，责任落实到人，提前 3 个月完成渠首大坝全线贯通。

三、保护环境落实绿色发展

水源地的生态保护，是南水北调工程的重中之重。早在南水北调工程规划阶段，就十分重视水源地的治理和保护。在水资源保护、生态环境保护、水土保持等方面制定相关规划，明确加大生态建设力度的措施，确保水源核心区的水质安全。加强水源地保护，营造良好的生态环境，是落实绿色发展理念，构筑新时期中华水网的关键。其中，最重要的是南水北调东线的水源治污工程和中线丹江口库区及上游的水源保护工程。

为保持调水的水质，南水北调东线工程采取了一系列强力治污措施。监测数据表明，在南水北调工程总体规划论证的 2000 年，东线一期工程苏鲁两省化学需氧量（COD）入河总量为 35.3 万吨，氨氮入河总量为 3.3 万吨，分别超出化学需氧量、氨氮入河控制量 6.3 万吨和 0.53 万吨的 4.6 倍和 5.2 倍；黄河以南 36 个控制断面中，仅 1 个断面水质达到规划目标要求，达标率为3%，山东全段水质总体为V类和劣V类。[①]
位于山东省西南部的南四湖，每年都要承接苏、鲁、豫、皖4省32县
53条河的来水，治污难度非常大。由于东线水污染严重，天津、河北
曾一度明确表示，不接受东线水。党中央国务院高度重视水源区水质保
护工作，2003年批转《南水北调东线工程治污规划实施意见》，要求在
通水之前，必须将沿线污染治理好，使东线工程输水干线水质达到国家
地表水环境质量Ⅲ类标准，并明确江苏、山东两省人民政府为治污责任
主体，对本辖区内的治污工作负总责。沿线各级政府对辖区内控制单元
治污目标负责，要求其以控制单元为基础，确定输水干线水质目标与治
理措施，落实地方行政首长负责制。

　　江苏、山东两省科学制定规划，有力组织实施，完善治污策略，推
动治污工作取得显著成效。一是优化产业结构，以科学方法治污，关停
一批小规模高排放企业，推进技术工艺升级。作为造纸大省，山东在结
构调整中完成了对造纸业脱胎换骨的改造，造纸企业数量从最多时的
500多家下降到2012年的10家，但产业规模却是原来的3.5倍，利税
是原来的4倍。[②]山东煤城济宁，经过产业转型升级，先进制造业超过
传统的煤电产业，高新技术产业发展势头强劲，占工业比重高达33%
以上。山东省还在水源地实施"两减三保"（减少农药、减少化肥，保
产量、保质量、保环境）计划，大力发展绿色农业。二是采取有力措
施，高标准推进治污工作。江苏、山东两省分别颁布实施《江苏省长江
水污染防治条例》、《山东省南水北调沿线地区水污染防治条例》等一
系列文件，颁布造纸工业、纺织印染工业、畜禽养殖业、垃圾填埋渗滤

---

① 王菡娟：《一江清泉向北流——南水北调东线工程治污纪实》，《人民政协报》2012
　年7月26日。

② 王菡娟：《一江清泉向北流——南水北调东线工程治污纪实》，《人民政协报》2012
　年7月26日。

液等水污染物的排放标准，制定比国家标准更严格的水污染物排放标准，制定建设项目环境准入条件，并且启动水源区生态补偿机制。山东省在南四湖地区大力开展退耕还湿、退渔还湖，依托人工湿地水质净化工程，建设环湖沿河大生态带。三是完善治污策略，加强责任追究。山东省总结治污经验，创造性地提出"治、保、用"并举的治污策略，即狠抓治理不放松、中水回用节资源、保护生态促和谐。苏、鲁两省省政府与南水北调沿线 14 个地市签订目标责任书，出台领导干部环保工作考核办法和责任追究办法。经过艰苦努力，至 2012 年 11 月底，南水北调东线治污工作取得显著成效，36 个监测面水质全部达到标准，南四湖水质达到Ⅲ类标准。2012 年，在南四湖支流白马河大量出现桃花水母，被看成是入湖水质改善的标志。

中线核心水源地丹江口水库，地处湖北、河南、陕西三省交界处，水质优良，为Ⅰ—Ⅱ类水。为保护中线水源水质不受污染，2006 年和 2012 年，国务院两次批复《丹江口库区及上游水污染防治和水土保持规划》，投巨资建设一大批污水处理和垃圾处理设施，严控污染物排放，建设了一批水土保持项目。河南、湖北、陕西共关停造纸、化工、制药、电镀、矿产加工等 1000 多家注册的污染企业，从源头上减少了污染排放。从 2003 年起，南阳市淅川县不仅停批制药、印染、电镀等排污量大的企业项目，而且还对现有污染企业进行拆除。在县域经济发展中，淅川县落实绿色发展理念，出台文件制定一系列优惠政策，发放补助补贴和贷款，帮助农民重点发展生态农业，引导农民栽种金银花、茶叶、竹柳等既无污染又能固土的环保植物，以环保绿色产业发家致富。该县还大力加强植树造林，大幅提高库区的森林覆盖率。截至 2015 年，淅川县连续 8 年营造林合格面积位居河南省县级单位第一，森林覆盖率从几年前的 37.9% 提高到 45.3%。随着全县森林覆盖率不断提升，该县的生态环境越来越好。

四、挥洒热血铸就中华水网

南水北调中线工程输水总干渠全长 1432 公里，以开挖明渠输水为主。由于地理状况的第二阶梯优势，丹江口水库到北京团城湖的水位差，全线基本自流，与现有河流、公路、铁路、灌溉渠道交叉工程全部立交，封闭管理，以保证工程输水水质。这条输水总干渠是中线工程的大动脉，工程建设尤其不易。面对施工工期短、任务重、难度大、技术新等重重困难与压力，建设者们以为国圆梦的崇高境界，克服了一个又一个前所未有的困难，创造了一个又一个世界奇迹，打破了一项又一项世界纪录。他们凭借着自己无穷的智慧和力量，团结合作，众志成城，挥洒热血，点燃激情，终于如期高标准完成了这项世纪工程，实现了中国新世纪跨流域调水的伟大梦想。

中线输水总干渠工程有很多可圈可点的控制性工程，比如湍河渡槽工程、沙河渡槽工程、穿黄工程、京石段工程、北京团城湖调节池工程等等，从规划到施工遇到种种意想不到的困难。湍河渡槽是国内同类工程中跨度最大、单跨过水断面最大、单跨重量最大的输水工程，在国内首次引入造槽机原位现浇技术，结构设计新颖；沙河渡槽综合流量、跨度、重量、总长度，规模排名世界第一，建设时采用槽上运槽的创新方法；穿黄工程更是整个南水北调工程中施工难度最大的工程，采用世界先进的盾构技术实现江河立交；此外还有北汝河倒虹吸工程、北京穿隧道工程；等等。建设者们克服了很多困难，谱写了南水北调中线工程建设的不朽传奇。

第二节　精益求精的职业态度

南水北调工程规模宏大，施工难度高，有很多史无前例的技术难题。从工程规划到建设管理，再到施工作业，建设者们精益求精，注重每一个细节，追求完美的工程质量。工程规划科学合理，建设管理严格有序，施工作业精雕细琢。建设者们为工程殚精竭虑，夙夜劳苦，体现了精益求精的职业态度。

一、在规划南水北调工程中精益求精

建设者们精益求精的职业态度，首先体现在对南水北调工程的科学规划上。南水北调工程总规划，经历了长达半个世纪的科学论证，各级人大代表、政协委员提出大量建议，专家学者经过了层层审查论证，举办90多次专家会议，与会专家6000多人次。可以说，南水北调工程规划凝聚了中华民族的智慧。

为科学规划南水北调工程，建设者们首先对黄淮海流域严重的资源性缺水情况进行调查分析，确定供水目标主要是解决城市用水，同时兼顾生态和农业用水，预测受水区的缺水量，确定一期工程调水规模以节水为先、适度从紧、责权挂钩、生态环境保护为四原则。在深入研究论证的基础上，规划了东线、中线、西线三条调水线路，联系长江、黄河、淮河和海河四大江河，形成巨大水网，实现水资源南北调配和东西互济的合理格局。南水北调工程还对生态环境保护和东线治污进行了总体规划，分析工程对长江口海水入侵的影响，中线工程对汉江中下游生态环境的影响，提出东线工程治污规划和中线工程水源地保护规划。此外，总规划还提出了工程资金筹措、建设运营管理体制等方案。南水北调工程的总规划可以说是在大量调查研究基础上，经过科学分析论证而提出的实用高效的合理方案。

南水北调工程涉及数千个小工程，每个具体工程规划也是非常严谨精细的。比如，北京段PCCP管道工程便是合理规划的典型。南水北调工程取水丹江口，经河南、穿黄河、过河北，到达北京。北京段工程南起北拒马河，经房山区、穿永定河、过丰台，沿西四环路北上，到达颐和园的团城湖，全长 80 公里，分北拒马河暗渠、惠南庄泵站、PCCP 管道等 10 个单项工程。其中建设难度最大、最复杂的就是北京段 PCCP 管道工程。北京段 PCCP 管道工程从输水方式的选择、PCCP 管道的制造到 PCCP 管道的安装，无不体现了规划设计的精心科学。

南水北调北京段工程施工区域环境复杂，人口众多，建筑物密度大，工程穿越城区，既不能影响人们的生产生活，还要兼顾节约用地、文物保护、安全环保各方面因素。北京市水利规划设计研究院（以下简称水研院）的科研人员经过调查研究，讨论采用抗压抗渗、容易密封耐腐蚀、运输费用低、使用寿命长的 PCCP 管道方式输水。PCCP 管道技术虽然在中国已经使用 20 余年，但是内径 4 米的大口径管道却是首例，研制生产、运输安装遍搜国内外都无据可依。由于管道的工压、钢圈的刚度圆度、胶圈的质量要求严格，北京地区的沙石料具有碱活性，这种沙石料制成的混凝土较易膨胀开裂，给管道的制造增加了不少困难。水研院设计人员经过多次试验，在沙石料中加入一定量的粉煤灰，降低碱活性，保障了 PCCP 管道的质量。他们还在管道上下方铺设平行镁锌金属条增强管道的防腐性能，研发了无溶剂环氧煤沥青材料，采用自动化喷涂工艺，提高管道抗腐性能，且安全无害，节约时间。

PCCP 管道的制造完成后，运输安装的难题随之而来。PCCP 管道单节管道重达 78 吨，外径 4.8 米，每节管长 5 米，要穿过桥涵、电缆等障碍物到达施工现场，周围还有高压塔、高压线，无法采用原定设计的履带吊车安装。水研院的技术人员经反复研究，最终研制出大型专用驮管运输车，他们将车身钻入管子中间，驮起管道运输。采用大小龙门吊组合使用，实施管道的沟槽安装。在穿越西甘池和崇青隧洞时，管道与洞壁只有 0.3 米的距离，施工空间如此狭小，安装难度可想而知。PCCP 管道安装成功后，管道特殊的监测系统也具有示范意义。水研院设计人员编制了一套综合监测系统，对管道水力特性、结构安全、镇墩稳定、管道位移及不均匀沉降等进行监测，并首次设计采用氢气示踪法，精准检测管道渗漏情况。北京段 PCCP 管道工程的规划设计和建造安装，凝聚了技术人员的心血和汗水，混凝土沙石料的碱性抑制、管道防腐材料研制与防腐喷涂工艺改进、管道运输安装对接技术，累累硕果的背后是艰辛的付出。水研院的设计人员以精益求精的职业态度，把自己的聪明才智与现代科技熔铸于工程建设项目之中，让智慧之花结出累累硕果。

再如，南水北调重要的控制性建筑——渡槽的规划设计。平顶山鲁山县的沙河渡槽横跨沙河、大浪河两条相邻河流，采用梁式渡槽、箱基渡槽和落地槽三种结构形式，其中梁式渡槽采用 U 型双线架设，预制槽片采用提槽机以"槽上运槽"的方式施工。梁式渡槽槽身采用预应力钢筋混凝土 U 型槽结构，并排布置 4 槽，单槽重 1200 吨，过水断面直径 8 米，U 型槽宽 9.2 米、高 9.4 米，槽壁厚 0.35 米，槽底局部加厚至 0.9 米。槽身纵向为简支梁形式，跨径 30 米。大跨度薄壁双向预应力结构的槽身空间受力复杂，架设难度极大，因多项工程指标排名世界第一而被誉为"世界第一渡槽"。如何保证这一重达 1200 吨而槽壁厚度只有 0.35 米的混凝土预制件，在安装过程中不产生裂缝，过水时做到滴水不漏，是摆在承建该工程的中国水利水电第四工程局面前的一个技术难题。混凝土产生裂缝的关键是混凝土温度控制和养护方式。在混凝土温度控制方面，水利水电四局的建设者们夏日让它"吃冰棍"，冬日让它"穿棉袄"。夏日在混凝土拌合时，在拌合水加入冰块，降低拌合水温，保证拌合完成的混凝土温度满足设计、规范要求。冬日里通过锅炉，采用热水拌合，提高混凝土温度，采用覆盖棉被等一系列保温措施，并在渡槽混凝土内部埋设仪器，监测温度、应力变化等，以保证工程质量。正是靠着对技术的精益求精、对质量的孜孜追求、对责任的固执坚守，该工程局的建设者们高质量地完成了全部 228 榀渡槽的架设施工，创造了又一个奇迹。

二、在强化工程质量管理中精益求精

质量是南水北调工程的生命。"千里之堤，以蝼蚁之穴溃；百尺之室，以突隙之烟焚。"作为优化水资源空间配置的一项国家重大战略性基础设施工程，南水北调工程对工程质量有着特殊的要求。切实加强对工程质量的管理和控制，才能确保该项工程建设取得成功。同时，南水北调还具有工程线长、点多、任务重，并在许多方面或环节涉及社会层面等特点，因而在工程管理上也呈现出多样性、区域差异性、技术挑战性等特点。这就要求南水北调在工程管理方面实行三位一体的体制，即政府行政监管、工程建设管理和决策咨询三个层面共同对工程质量进行管理与控制。在政府行政监管层面，国务院南水北调办是南水北调工程建设的最高决策机构，具有协调、指导和监督、检查南水北调工程建设工作的职能，负责主体工程建设质量监督管理；在工程建设管理层面，南水北调工程项目法人是工程建设和运营的责任主体，在建设期间对主体工程的质量、安全、进度、筹资和资金使用负总责；在决策咨询层面，南水北调工程建设委员会专家委员会，对工程建设中的重大技术、管理及质量等问题进行咨询，并对南水北调工程建设质量进行检查、评价和指导。

为确保把南水北调工程建设成为经得起实践和历史检验的优质放心工程，国务院南水北调办除了实行常规的工程质量管理措施以外，还采取了定期不定期的专家稽查、质量巡查，并制定了工程质量问题责任追究管理办法。2011 年 8 月，国务院南水北调办正式推出"飞检"制度，以不定期、不定点、不通知的突击方式检查施工现场，对发现的质量问题限期整改，并对施工单位实行严厉处罚。同时，开展工程项目稽查工作，稽查组直接向国务院南水北调办提交稽查报告。

　　作为工程建设和运营的责任主体，各工程项目法人深知建设南水北调工程的重大意义，把工程质量作为工程建设的关键，以高度的责任感和使命感，认真贯彻落实质量管理责任制，全面加强质量管理，绝不给工程留隐患，不给子孙后代留遗憾，努力把工程建设成为一流工程、精品工程、人民群众放心的工程。宝丰县石桥镇大边庄与郏县渣园乡朱庄村之间的北汝河倒虹吸工程，是南水北调中线一期工程沙河南至黄河南段的一项重大工程。由于该工程位于地质条件较为复杂的河道上，空隙裂隙承压水水头较高，且不连通，容易造成基础破坏。在52＃、53＃管身基础垫层浇筑完成后，曾出现管身垫层裂缝涌水现象。承建北汝河倒虹吸工程的中国水利水电第七工程局，是一支对工程质量要求极为严格、常抓不懈的建设施工队伍。2010年4月北汝河倒虹吸工程开工伊始，该工程局就反复向员工灌输质量至上理念，增强大家"质量是南水北调工程生命线"的意识。通常情况下，开建一项工程，该工程局对员工只有技术交底这一项，而这次开建北汝河倒虹吸工程，他们首次增加了质量交底这道程序。技术交底前，把班组长和作业工人专门召集在一起，就施工关键环节如何控制好质量要点，一一告知。与此同时，这个工程局把国务院南水北调办组织进行的每次"飞检"，都看成对自身施工质量管理的一次绝佳的改进和学习机会。对"飞检"出来的问题，他们从不辩解，而是立刻着手整改，认真排查所有成型的混凝土质量，针对质量缺陷逐一登记，及时进行缺陷处理及备案，并重新编制合同，与作业队重新签订质量责任书，保证施工更加规范，为创造精品工程打下坚实基础。由于该工程局在工程质量管理上过得硬，做得到位，从2010年4月开始施工至2013年6月充水试验，经过3个汛期，工程施工没有出现任何安全事故。在充水试验时，全段77节管身1428米管道，没有发现一个明显渗水点。

千秋伟业，质量为天。为加强工程质量管理，河北省南水北调办结合本省实际，对南水北调中线的邯石段工程提出了"三整顿一提高"，即"整顿思想、整顿队伍、整顿作风、提高质量管理水平"的要求。邯石段在石家庄、邢台、邯郸分设三个项目部，监理单位、设计单位的驻地都安排在施工现场附近，以便于随时解决施工过程中出现的问题。邯石段工程 SG3 标段推行质量管理责任制，每一道工序开工前都要对全体作业工人进行质量培训，详细进行技术交底，对各个环节实行严格控制，施工进程有记录，验收交工有资料。2012 年的数九寒天，为了保证混凝土衬砌的质量，邯石段工程 SG8 标项目负责人在夜间温度过低的情况下，要求安排专职质量监控人员，24 小时观测气温变化，详细记录每块混凝土浇筑时间，给不到龄期的混凝土衬砌渠道覆盖草帘或塑料布保暖，避免混凝土因冷冻而开裂。在南水北调中线工程建设中，河北省南水北调办注重打造五位一体的政府质量监督体系、建管单位的质量管理体系、监理单位的质量监督体系、设计单位的技术服务体系和施工单位的质量保证体系，确保工程建设质量。

质量监管没商量。沙河渡槽是施工难度极高的南水北调工程项目之一，施工前期遇到预应力、止水等许多技术难题，施工方案一直到 2011 年才最终确定，影响了整个施工进度。由于施工质量要求严格，进度一直很慢。2012 年以前，甚至有 3 个月才浇筑 1 榀槽的情况，建管单位和施工单位都很着急，计件拿工资的工人更是焦躁，加上农忙时工人流动性加大，施工人员的情绪变得有些浮躁。2011 年秋天，在国务院南水北调办稽查大队对工程质量进行的"飞检"中，沙河渡槽被连续查出问题——之前的浇筑方法，容易造成混凝土不同部位石子和泥浆的配比差异，产生蜂窝甚至裂缝。质量是高压线，质量是证明书。52 岁的沙河渡槽 I 标监理站站长胡修明说，这可能是他退休之前的收官之作了，希望把它做成"最棒的工程"，"敢有一点儿马虎？长江水会检验一切的"。为改进浇筑方法，沙河渡槽工程建设监理部总监王真民和同事们可谓是"尽了最大的努力，尽了最大的心"，他们经过研究和探索，提出了分层浇筑、改变浇筑模板等建议，成功地解决了技术难题。在沙河渡槽监理部和项目部全体人员的共同努力下，一系列技术革新成果接连问世，一系列世界级难题陆续被攻克，一个让人民放心满意的精品工程终于建成了。

三、施工作业精雕细琢

科学的规划、严格的管理，最终都要落实到施工作业上来。丹江口大坝加高工程是南水北调中线的控制性工程，这项工程能否顺利推进和高质量完成，事关整个南水北调中线工程的成败。在一座正在运行的水利枢纽上进行加高培厚的施工，既要保证其原有的防洪防汛需求，又要保证工程安全施工，每年5月20日至10月20日的汛期无法施工，工程的实际工期又被大大缩短，真可谓时间紧、任务重。更要命的是，一个技术性难题横亘在工程技术人员面前：在一座运行数十年的大坝上加高加宽坝体，怎样才能使新老坝体混凝土接合？这是世界级的技术难题，对工程质量的要求也非常高。为攻克这一技术难题，承担丹江口大坝加高工程60%左右建设任务的中国葛洲坝集团公司早在工程开工几年前，就着手研究解决大坝加高工程新老混凝土粘接技术难题，并把它列入葛洲坝集团博士后科研流动站与清华大学博士后流动站的主攻重点，取得了一系列重大技术攻关成果。工程开工建设后，该集团公司成立了由10多名专家组成的大坝加高专家技术委员会，继续开展技术攻关，指导大坝施工。他们编制了严格的技术规范、施工标准，并着手培训员工，明确各个岗位职责，进行科学、规范施工。在施工过程中，葛洲坝集团公司始终高度重视工程质量，以一丝不苟的工作作风，铸就精品工程；始终高度重视工程进度，以一流的管理和一流的信誉，创造一流的速度；始终高度重视施工安全，以如履薄冰、如临深渊的工作态度，确保安全生产，创造安全工程；始终高度重视环保，以赤子对母亲的情怀，呵护丹江的碧水蓝天，创造环保工程。硬是靠着这种精益求精的职业态度，工程建设者们终于攻克了技术难题，高质量地完成了丹江口大坝加高工程。

南水北调中线总干渠禹州长葛段工程，全长53.7公里。该段工程须穿过新峰、郭村、梁北工贸和福利4个煤矿采空区。由于采空区原来充填灌浆的处理工程没有相关技术规范，采空区钻孔深度大，矿区开采资料缺乏，对煤矿采空区的综合处理几乎可以说是一个世界级的难题。禹长段采空区的施工，首先面临的是采空区的基础处理。基础处理好了，才能进行渠道开挖及衬砌，然后才能进行桥梁、倒虹吸等工程建设。许昌建管处把4个煤矿采空区分为两个标段，引进竞争机制加快施工进度。采空区施工最关键的是对空洞进行填充，确保凝固强度，保持地层稳定。由于采空区的充填没有技术规范，施工之前需要先做试验确定施工工艺参数和灌浆施工参数，然后才可以大规模展开施工。施工时增加了一些加固方案，比如在渠底2米以下就开始加固，渠道混凝土衬砌加厚，采用加强的土工膜，渠道衬砌切缝加密等措施。建设者面对施工中遇到的各种难题，都以智慧和坚韧加以克服。比如高硬度沙岩钻孔时塌孔、卡钻现象，采用地质回转钻机与潜孔锤钻机配合钻孔施工工艺完成钻孔工作；再如新峰二矿采空区遇到的结构松散的老河床卵石层，技术人员采用泥浆随钻护壁和水泥护壁堵漏法突破。禹长段3标项目为了工程顺利完工，投入比原定数量多一倍的钻机，凿了约2000个孔，对采空区灌浆17万余吨，施工现场声势浩大，场景壮观。正是由于建设者们在施工过程中精雕细刻，一丝不苟，不放过每一个细节，注重每一个细节，才把中线工程禹长段建成了优质工程。

第三节　攻坚克难的创新精神

纵观人类发展历史，创新始终是一个国家、一个民族发展的重要力量，也始终是推动人类社会进步的重要力量。中华民族是富有创新精神的民族。创新精神是中华民族最鲜明的禀赋。在南水北调工程建设的伟大实践中，中华民族的这一最鲜明禀赋再次得到充分彰显。建设南水北调工程，面临着诸多技术难题，这些技术难题中有些甚至是世界级的。为实现南水北调梦，广大工程技术人员和建设者们把创新置于工程建设全局的核心位置，群策群力、奋力拼搏，携手并肩、攻坚克难，解决了一个又一个技术难题，创造了一个又一个精品工程。

一、世界首创的设计施工

堪称世界第一的沙河渡槽工程位于平顶山市鲁山县，起于鲁山县薛寨村北，终于鲁山坡流槽出口附近，全长9000多米，是南水北调中线规模最大、技术难度最复杂的控制性工程之一。从综合流量、跨度、重量、长度等指标来看，该渡槽堪称世界第一。由于渡槽重量大，单槽重达1200吨，因此架设难度极大。沙河渡槽的槽身采用U型双向预应力结构、现场预制架槽机架设施工的方法，属于国际水利行业大流量渡槽设计施工的首例，填补了国内外水利行业大流量渡槽设计及施工的技术空白。

承担沙河渡槽工程施工任务的中国水利水电第四工程局，通过技术创新，攻坚克难，成功解决了三大难题：一是用大型提槽机解决了大型预制渡槽的地面运输难题，二是用大型运槽机解决了大型预制渡槽的架设水平运槽难题，三是用大型架槽机解决了架槽安装的关键技术难题。渡槽重量大、体积大，难以运输。沙河渡槽的设计是228个U型槽片，每片宽9.3米、高9.2米、跨29.96米，最薄处厚度仅0.35米，重量却达 1200 吨。施工的难点集中在槽片的运输、连接和架设。如此大规模的渡槽设备全世界都无先例，没有经验和数据可供借鉴。中国水利水电第四工程局汇集技术骨干，动脑筋，想办法，多次讨论分析，设计出大型提槽机。早期设计的提槽机重 1800 吨，高 58 米，双线施工，但是设备运行质量存疑，安装难度太大。后经论证，改为自重 1200 吨左右，宽 44 米，高 42 米，长 25 米，横跨两片槽片单线施工铺设的提槽机。U 型渡槽单线施工，如此一来，就存在提槽机的转向问题。经过计算和试验，技术人员反复论证，由于工期紧张，否定了空载转向，确定了重载转向的方案。确定了提槽的方案，运槽的问题便随之而来。为了节省提槽机转向后的拆装时间，技术人员提出了由提槽机整体转移运槽车和架槽机的方案，让运槽车直接运载架槽机。建设者们提出"槽上运槽"的奇思妙想：提槽机直接安装好最初两跨槽片后，在槽片顶部架设四条轨道，运槽车依靠这些槽上轨道将槽片一一水平运到相应跨上。关键是，每片槽片重达 1200 吨，运槽车 300 吨，这加起来 1500 吨的重量压在最薄处只有 35 厘米厚的槽体上，施工难度可想而知。然而，在不畏艰难、勇于创新的建设者面前，一道道难题都被克服，使沙河渡槽成为技术上世界领先的工程。

二、管理技术的双重创新

湍河渡槽是技术与管理双重创新的典范。同样是渡槽工程，湍河渡槽与沙河渡槽的施工方式有很大不同。沙河渡槽采用预制槽施工，槽片在预制厂提前制好运输到槽墩上；而湍河渡槽采用造槽机施工，采用原位现浇的技术施工。相同之处是，建设者们针对施工中出现的一个个难题，攻坚克难，大胆创新，设计了一个又一个创新方案。湍河渡槽在施工技术和管理方式上实现了双重创新。

湍河渡槽位于邓州市十林镇张坡村和赵集镇冀寨村之间，是目前世界上规模最大的 U 型渡槽，全长 1030 米，槽身由 3 个相互独立的 U 型混凝土结构组成，共 54 榀槽 18 跨，单跨长 40 米，重量达 1600 吨。从数据来看，湍河渡槽的单跨跨度（40 米）、内径尺寸（39.95 米 ×7.23 米 ×9.0 米）、输水流量（设计流量为 350 立方米每秒，加大流量为 420 立方米每秒）均创造了新的世界纪录。湍河渡槽工程采用内外主梁结构，外主梁采用箱形框架截面。如果采用常规的"满堂红"脚手架工艺施工，每跨则至少需要 150 天工期。湍河渡槽的建设者经过科学论证，决定加大施工成本，提高施工效率，创造性地采用造槽机现场浇筑的施工方法，施工工艺设备史无前例，每跨只需短短 40 天即告完工，创造了又一个工程传奇。

湍河渡槽工程以造槽机现场浇筑方式施工，施工程序大概是先安装支架模板，然后在模板里固定钢筋，浇筑槽身混凝土，最后造槽机"金蝉脱壳"从槽身上分离出来，再移动制造下一榀槽身。由于湍河渡槽的规模巨大，现场浇筑的施工方式工艺复杂，一旦正式施工，万一出现差错将难以弥补，对工程质量进度造成巨大影响。为防止施工中出现问题，南水北调中线建管局南阳项目部提出先进行工程 1∶1 仿真模型试验，以便优化设计、完善施工工艺、合理安排进度。2011 年 7 月仿真试验时，正值酷暑天气，现场人员顶着高温，汗流浃背地工作。湍河渡槽正式施工时，依靠创新攻克技术难关的实例更是数不胜数，仅从中铁隧道集团机电部部长邱忠平手中诞生的技术革新，就多达二三十项。造槽机是个庞然大物，长 88 米，宽 13.5 米，高 16.5 米，重达 1280 吨，结构上还分外梁、内梁、外模、内模、外肋、端模、液压行走结构等部分，操作起来难度很大。渡槽自身每榀达 1600 吨，与造槽机合在一起有近 3000 吨。原本设计投标时渡槽上布置两台造槽机，经过设计和建管各方的讨论，实际施工时加增为 3 台造槽机。如此一来，3 台造槽机在同一平面作业，施工间距小，互相之间很容易发生冲突，影响工程进度。邱忠平凭借多年施工经验，提出阶梯状分布施工方案，将 3 台造槽机错开安装时间，同一时间进行不同的工序，虽然空间距离接近也能互不干扰了。造槽机在施工时，通过油缸外模开启，过孔行走时最容易出现油管爆裂。油管承受着高达 3000 吨的压力，一旦开裂、渗漏、内泄，油缸就会因漏油而下沉，轨道就可能失去重心，进而导致造槽机倾斜倒塌，造成重大安全事故。邱忠平经过反复琢磨，在造槽机内模下的反转模板上加上一个油管锁定装置，油缸出现漏油时会有一个球阀弹出阻止，避免安全事故的发生。此外，他们还有一系列的技术创新：在造槽机外模和内模之间加上一个连接装置，控制好槽身沉降和模板的变形；提出造槽机轨道平整度改造方案，造槽机模板变形修复措施；等等，前后对造槽机进行了 40 余项技术改造，破解一个又一个技术难题，将单榀槽身的施工周期从 50 多天缩短至 32 天。

湍河渡槽工程不止在技术上革新，在管理方面也有创新。葛洲坝集团相关领导表示，要不惜一切代价，保质保量赶工期，举整个集团之力支持湍河渡槽项目，拿出公司储备资金为项目垫资。湍河渡槽项目经理陈谋建，聚集各路精英想出一系列办法，采取措施保证工程顺利进行：对公司员工实行绩效奖励，要求全体项目管理人员上一线劳动，抬钢筋、抬波纹管、穿钢绞线等等，起到积极示范作用，营造良好的施工气氛，也有利于在现场及时解决问题；为现场作业各单位设立劳动竞赛奖励，精心组织、科学安排百日竞赛、决战四季度、六比六创建功立业劳动竞赛等活动，有效提高工作效率，克服雨季施工现场维护、建筑材料进场、钢筋厂雨棚搭建等各种困难。项目部每周、每月、每季度根据工程质量、进度、安全等要素综合考核评比，每月底实施合理的奖惩措施，调动施工人员的积极性。他们还为作业队设立了劳动奖，一跨工期保证在 40 天以内的，完成一跨奖励 3 万元。将穿钢绞线的工作分包给 6 家施工队伍，按量计价，如果一天干了两天的活儿，就将得到双倍的报酬。这种管理方法上的创新大大提高了施工人员的工作积极性，现场430余名施工人员，昼夜不停地工作，施工进度大大提高，单元合格率100%。该项目最终提前优质地完成了，成就了"天下第一跨"的盛名，并荣获南水北调河南直管局劳动竞赛一等奖、合同专项治理一等奖。

三、江河立交的完美实现

南水北调工程中有许多技术含量高、施工难度大的工程，其中最为著名的是中线穿黄工程。位于郑州市孤柏嘴的穿黄工程，跨越了时空的界限，使长江和黄河这两条华夏民族的母亲河在这里会面。它是南水北调工程中施工难度最高、立交规模最大、技术含量最高的建筑物，也是人类历史上最宏大的穿越大江大河的工程。它将中线调水从黄河南岸输送到黄河北岸，继续向黄河以北地区供水。工程的建设者们以攻坚克难的创新精神，应对竖井挑战，采用盾构技术挖掘，最终成功实现江河立交。

穿黄工程的主体由黄河河床底部50米至35米处的两条隧洞组成，单洞直径7米，全长4250米。具体施工程序是：首先在黄河南北两岸各建一座深76.6米、内径18米的竖井，然后将盾构机安放至掘进口开始挖掘，泥土沙石随后排出，施工人员给挖好的隧洞安装钢筋混凝土管片，然后进行加固、灌缝，最终贯通黄河南北。穿黄工程由中铁隧道集团葛洲坝集团项目部承担，以诸多创新技术克服了一个又一个世界性难题，高质量地完成了业界称为"高、精、尖、难、险"为一体的世纪工程。

黄河是一条地上悬河，河道摇摆不定，自古以来就以狂放不羁的姿态奔流不息。南水北调工程要贯通黄河南北，不能架设渡槽。南水北调工程聚集专家、学者、技术人员，反复论证研讨，以创新思维设计出地下穿越的施工方案。而穿黄工程的技术创新，更是建设者们群策群力的集体成就，是团结协作共同努力的结果。

穿黄工程施工方案的核心技术是盾构机掘进。盾构机是盾构隧道掘进机的简称，专门用于隧道掘进，集光、电、机、传感等技术于一体，具有测量纠偏、切削土体、输送土渣、拼装隧道衬砌等功能。盾构机由油缸推进向前，液压马达驱动刀盘旋转，切削渣土沙石放入泥土仓，螺旋输送机将切下的渣土送到皮带输送机上，送到土箱，通过竖井运回地面。较之传统挖掘隧洞的施工设备方法，盾构机大大减少人工成本，提高了工作效率。

在穿黄工程施工进程中，难题层出不穷，有些突如其来的问题甚至让专家学者也措手不及，一度造成长达半年的停工，严重影响了工期。第一个难题是如何将盾构机安放至掘进口。盾构机及相关配套设备总重达 1166 吨，长 80 米，直径 9 米。要预先挖好一个地下深竖井，才能为盾构机的施工搭好平台。但黄河滩地下水位低，他们设计了连续墙方案防止泥水干扰，并以液压双轮铣成槽施工，用铣接头、深层搅拌桩、钢筋接驳器等新技术造好地下连续墙，为工程的进一步进行打下良好基础。盾构机始发是第二个难题。始发端位于全沙层，遇水后容易形成沙流淹没盾构机。建设者采用单管法高压旋喷施工加固始发端的地基，提高土体的承载力。始发区的近洞口侧布置了 666 根高压旋喷桩加压加固，背洞口侧也布置了 285 根高压旋喷桩加固土体，提供始发反推力。对正面土体冷冻加固。采用三道钢丝刷加两道帘布橡胶板形成钢性密封圈防止泥水外漏。将 80 米长的盾构机分段安置，徐徐进入隧洞。施工不久就遇到了第三个难题：盾构机因管片拼装问题停工。由于管片破碎错台量过高，可能会出现涌水涌沙甚至整条隧洞的塌陷，后果不堪设想。因此，建设人员果断停工，全力排查问题。经过多次调研，专家、领导与现场人员的共同研讨，不断试验论证，最终通过改动管片结构解决了问题。科研人员经过大量现场试验，对之前生产的 1500 片旧管片进行改造利用，保质保量并减少浪费。在整个施工过程中，还遇到诸如旋转接头损坏修复、误差控制等一系列难题。建设者们用自己的聪明才智，创新创造，攻坚克难，经历了600多个日日夜夜，终于迎来了黄河南北两岸顺利贯通。

南水北调工程是一项载入史册的调水壮举，工程建设过程中遇到的艰难险阻数不胜数，远远不止以上数例。如南水北调东线大运河的治理工程。为了调配优质水，对京杭大运河进行深度治理，拆迁居民、生活污水改排他处、清理淤泥。淮安自2011年设置"放鱼节"，放流草食性和滤食性鱼种，有效恢复水域生态环境。再如中线水源地的遇真宫顶起工程，由于南水北调中线水源地丹江口水库大坝加高，从157米增至170米，建于明代永乐年间的道家宫殿遇真宫位于水库边缘，将有淹没危险。为了保护珍贵文物，建设者们创造性地将遇真宫整体顶升15米，创造了文物顶升的吉尼斯世界纪录。再如南水北调中线工程中长达1/3的膨胀土地区施工难题。膨胀土遇水变泥，干燥后变硬，容易造成地基隆起、路堤开裂、边坡失稳等问题。长江勘测设计公司组织专业技术人员，对膨胀土进行研究、试验、分析，总结出膨胀土对工程的两种破坏模式，并针对性地提出解决方案，攻克了业界认为的水利工程"癌症"。

第四节　无私奉献的可贵品格

南水北调工程是一场没有硝烟的持久战，从提出到规划，从开工到通水历时数十载，建设者们远离故土，与亲人天各一方，为人父母却疏于对子女的教育，为人子女却无法在父母跟前尽孝。他们任劳任怨，将满腔热血洒在工程建设上，在工地奉献了自己的青春。他们兢兢业业，认真负责，时刻将工程放在心上，把为国圆梦作为追求，表现出无私奉献的可贵品格。

一、满腔热血洒工程

"老倔头"杨凤梧是这项世纪工程的参与者和见证者，他是丹江口大坝早期工程建设的技术人员，参与了十万民工"腰斩汉江"的大会战，于 1968 年第一台机组发电后离开丹江口水库，先后去建设黄龙滩、葛洲坝、岩滩、漫湾、泰国和马来西亚的水利工程。杨凤梧技术精湛、经验丰富，他退休时的身份是中国水电集团公司专家组成员。2005 年，已退休多年的他，受时任国务院南水北调办主任张基尧的特别邀请，再次出山，担任丹江口大坝加高工程质量监督站站长。杨凤梧检查施工项目时，面部表情总是像石雕般地凝重和严肃，即便他对工程质量表示满意时会露出一丝微笑，但仍然会让人有一丝敬畏的感觉。老杨对工程质量要求极为严格，对工程质量非常重视，刚正不阿，因此得名"老倔头"。一个夏天的中午，烈日炎炎，大坝正在进行混凝土浇灌，老杨放心不下，来到大坝工地检查。刚巧发现对温度敏感的混凝土已经凝固，施工班长还违章作业，企图倒水弄虚作假，老杨当即要求清除全部劣质混凝土，开除施工班长，处罚施工方 1 万元。"像这种情况，应该把混凝土挖起来重新浇筑。"有时候对施工不放心，老杨半夜还要起来到工地上看一看，发现问题就立即要求整改。仅 2013 年一年，他就开除了几个项目经理。老杨对工程尽职尽责，大事小情都做详细记录。这次大坝加高工程，老杨从进场那天就记有日记，前后记了 14 本日记。老杨的日记本里有工作原始账、会议记录、心得体会、工程质量缺陷备忘录、工程隐蔽记录等等内容，一丝不苟，点点滴滴都详细记录，可以看作工程的"活字典"。老杨最初来丹江口时刚 20 岁，离开时已经 33 岁，在这里结了婚成了家，一生情系南水北调工程，辗转半生，在 67 岁高龄再次来到工程，奉献了最好的青春，挥洒了满腔热血。

方城垭口段工程是南水北调中线的关键工程之一，总长 60 多公里，地处四面环山的南阳盆地。北宋时期，宋太宗开凿襄汉漕渠引白河水北上，因此处地势悬绝而搁浅，最终功败垂成。而且从地质条件来看，这里确实不适合施工，仅方城6标段7.5公里的渠道就有1公里的淤泥带，3公里的高渗水地层，5.5公里的膨胀土，充斥着流沙层、软岩、硬岩和沙层等。然而，这里只需要下挖20米，南水北调的主干渠就能够实现完全自流，是干渠路线的不二选择。因此，建设者们以巨大的热情，坚韧的毅力，积极投身到工程建设中去。方城6标段项目经理陈建国，背着老父上工地，成就一段传奇。

方城6标段渠道全长7.5公里，工程复杂，跨渠建筑物数量和样式多，包括倒虹吸工程、公路桥和生产桥等。而且方城6标段的地质环境差，开工时间又大大迟于其他工程，完工时间却相同，工期紧任务重，施工难度大。自中标后，陈建国就深感责任重大，且喜且忧。喜的是参与南水北调工程建设是他的梦想，忧的是面临自己管理的第一个国字号工程，想想自己的中专学历，唯恐不能完成重任，有负于党和国家的重托，辜负了河南水利一局领导的信任。开工以后，陈建国全部身心都放在工地，组织材料设备进场，招聘人员、组建管理班子，与当地干部群众协调征迁事宜，制定详细的施工计划。针对膨胀土的特点，每到雨天，陈建国就组织人员用防水塑料布将施工场地严严实实地盖起来，好让雨一停止就能施工，保证了工期进度。

陈建国把全部身心投入工地，却无暇照顾双亲。正当工程有序开展时，老家打电话说母亲生病住院了，陈建国原以为是寻常生病，加上工程实在繁忙就没有回去，再接到电话时母亲已是弥留之际，这让孝敬父母的陈建国感到深深的自责与内疚，然而工地上临时的一些事情拖住了脚步，陈建国紧赶慢赶回到家中，也未能与母亲见上最后一面。子欲养而亲不待。这对非常重视孝道的陈建国来说无疑是莫大的打击。这个刚强的豫东汉子在母亲灵前长跪不起，叩头不止，泪如雨下：娘，儿子不孝，儿子不孝啊……

母亲去世后，陈建国深感侍奉双亲时不我待，不愿将76岁高龄的老父亲独自放在老家，干脆决定带着老父亲上工地。老父亲有糖尿病和心脏病，乍一听闻陈建国的想法，马上摇头不止，不愿成为儿子的累赘，拖国家工程的后腿。陈建国机灵地回答老爹去工地是支持他的工作，并且还可以在工地值班室帮忙，也为国家工程做贡献。老父亲这才高高兴兴地随陈建国去了工地。可是工地的事务实在繁杂，虽然与老父亲近在咫尺，陈建国却白天夜晚地忙于工作，每天连睡觉都只有三四个小时的时间，几乎没有登过老父亲的屋门。但有老父亲的支持，陈建国还是觉得踏实和温暖，能够全身心投入工作，心无旁骛，而且在生日那天还吃到了老父亲煮的一小盆鸡蛋。有天晚上，老父亲心肌梗塞突然发作，陈建国马上送他到医院，由于送医及时没有大碍，陈建国更加庆幸自己带着老人上工地的决定，否则恐怕又将铸成遗憾。

说到一腔热血洒工程的典型，必须讲的一个人物是湍河渡槽的项目经理陈谋建。陈谋建对工作的热情不能简单地用敬业爱岗来形容，而是有一种近乎神圣的使命感，对国家建设水网壮举的责任感。陈谋建不仅将个人全部精力投入工程，而且心里装着工程，时刻想着工程。2010年10月，他与妻子在南水北调的京石段工地举行了简单婚礼之后，将爱人从其他单位调到工地，他的宝贝儿子也出生在工地。后来，他又将60多岁的老母亲接到工地。可以说，工地是陈谋建全部的生活空间，工程是陈谋建全部的生活内容。这个80后男人由于长期生活不规律，饮食不及时，作息不定时，年纪轻轻就已经疾病缠身，肝胆结石、肠炎、脂肪瘤、高血压等等，工作的巨大压力与责任让他变得成熟稳重，顶天立地。但为了国家工程，他以苦为乐，心甘情愿。

白河倒虹吸工程的技术员郝明，为了赶工期保质量，带领20多个工人分组日夜对孔管内部进行巡查，力求精益求精。2013年春节过后至 8 月 15 日白河倒虹吸工程主体完工，他从未回过一次在开封的家。

二、舍家为国愧亲人

在南水北调工程建设中，建设者们不仅付出了智慧和汗水，奉献了青春与热情，舍弃了安逸与休息，而且在工程与家庭发生冲突时，他们毅然选择舍小家为大家、为国人愧亲人。

李盼杰是河北省水利工程局汤阴 2 标项目副经理，在现场负责工程建设和质量安全，承担标段内工程建设的进度、质量安全、现场协调和管理。自 2013 年起，他每天在 6 公里内巡视，转变了项目落后的进度，人们说他干起工作是个"飞毛腿"，称他是项目大功臣。李盼杰是个急性子，要求有困难马上解决、现场解决，坚决不能耽误时间，不能影响施工。进入汛期雨水多，李盼杰为了赶进度，雨一停就召集工人进渠道排水衬砌，在汛期的每月施工量还能达到七八百米。汛期之后是施工的高峰期，施工材料物资供不应求，几个工区常常为了争一车材料吵得面红耳赤甚至大打出手。李盼杰告诉大家，我们是一个团队，要精诚团结，互相协作。李盼杰平时与工人朝夕相处，在工人中很有威信，大家同意由他统一调配材料。为了赶工期抢进度，项目实行 24 小时工作制，李盼杰一天要在工地上站十几个小时，休假更是奢望。李盼杰有一对可爱的双胞胎女儿已经 9 岁了，按说女儿天生跟爸爸亲，可是李盼杰的两个女儿对爸爸却只有陌生和埋怨。女儿的生日爸爸没有过过，女儿的成长爸爸没有陪过。想到此处，李盼杰的内心充满了内疚与不安。但是，更让他惭愧的是没有尽到为人子的义务和责任。2013 年正月十三，李盼杰的老父亲去世了，正在工地指导施工的他，连老人最后一面都没见上。没能在老人最后一刻尽孝，是李盼杰终生的遗憾。

平顶山项目部的工程管理处处长王斌，2008 年就在中线穿漳工程施工现场工作，2010 年又从事沙河渡槽的设计架设，工作任务一直比较繁重，与家人聚少离多。早在 2008 年，老父亲就被查出来肺癌晚期，王斌很想多陪陪老人。可惜，由于工程任务重、时间紧，王斌一直无暇顾及老人，甚至在老人弥留之际还在开会确定沙河渡槽的提运架方案，最终没能见上父亲最后一面，铸成终生遗憾。可是由于工程需要，刚刚料理完父亲后事，王斌就赶回工地。为了化解内心的悲痛，王斌那段时间不眠不休地拼命工作，穿梭于材料场、实验室、钢筋仓、处模台座之间。夏天最热的时候做沙河渡槽的预应力试验，太阳暴晒之下，几分钟衣服就被汗水湿透了，但他们依然照常工作，一茬茬汗水湿了又干，在衣服上留下一圈圈白色印痕。王斌的全部身心都投入到工作中去，晚上睡着还梦见工作，常常因为过于忧虑，梦到工程中出现问题，从梦中惊醒。

南水北调中线河南宝郏段一标段的经理陈学才，很有智慧，对工程上出现的种种问题都能想到办法解决，人称"智多星"，获得了一连串的荣誉。然而这个从事水利工作数十年的汉子对家人却是满满的愧疚。儿子从小到大都缺乏父亲的陪伴，从小学到大学整个成长期，父亲都是缺席的。父子之间由于长期疏离形同陌路，孩子不亲近父亲，父亲也不知道如何关心孩子。由于工程繁忙，陈学才甚至连父母的葬礼都未能料理，这让儿子非常失望。然而陈学才无怨无悔，将全部精力都投入工程建筑中。直到 2013 年过年，儿子来到工地亲眼看见了父亲的奉献与成就，才意识到父亲的伟大，父子之间多年隔阂才涣然冰释。

三、磨砺成长有担当

无私奉献的建设者们成就了不朽的工程传奇，工程也磨砺了这些建设者们，他们在漫长的建设过程中成长成熟，对家庭、社会、国家都更有担当。

周炼钢是 1989 年出生的小伙子，应当算是年轻的建设者了。2012

年成为湍河渡槽项目部二工区主任时，周炼钢才刚刚 23 岁。周炼钢是安徽安庆人，长得白皙瘦弱，典型的南方人特征。刚来到项目部第一次操控造槽机时，周炼钢战战兢兢，在高高的操作台上，造槽机脱模时模板受力，造槽机剧烈晃动，他一时胆战心惊手足无措。来到湍河渡槽项目部没多久，轮到周炼钢值夜班，站在二三十米高的造槽机顶部指挥天泵下料，浇筑混凝土。这个工作比较特殊，必须浇筑完才能下班，一般人会累了找人替一会儿，缓缓神再继续。这天，天非常冷，风又大，周炼钢全神贯注地在高空中跑来跑去指挥天泵下料，前后左右挪移，完全忘了自己腿上的关节炎。一直到天亮，浇筑收盘，周炼钢才想起下来休息，但腿已经迈不动了，项目部把他紧急送往附近医院治疗。经过一段时间的磨炼，周炼钢已经可以熟练地操作造槽机，人也渐渐变得成熟稳重。周炼钢家庭条件一般，母亲有颈椎病，却舍不得花钱治疗，还长年在合肥打工。周炼钢工作了一段时间，趁着工作间隙请了 5 天假，坐火车直奔合肥，坚持带母亲去医院。23 岁的周炼钢带着母亲，在偌大的医院挂号、问诊、检查、住院、手术，一项项从容不迫地进行安排，像是把对工作的耐心细致用到了生活中。母亲忍不住感叹，儿子在南水北调工程中长大了，像真正的男子汉一样有担当了。变得成熟担当的周炼钢满心记挂着工地，短短 5 天假期后，他就匆匆赶回项目部。被工程磨砺的人，正在以他从工程中成长的担当更好地奉献给工程，奉献给社会和国家。

南水北调工程的建设者们，都有一样的奉献：无论是炎热的夏季还是严寒的冬天，他们冒着炙热的阳光或者刺骨的寒风，在没有空调、电扇和暖气的工地，穿梭在钢筋、水泥之间，他们有些人拖着病体，在高强度的工作下顽强地坚持，为了赶工期、保质量，积劳成疾，对现有疾病又拖延治疗，付出了巨大的身心代价。更为重要的是，他们无私奉献付出的不只是个人的青春与热血，还有与家人的团聚，与父母子女的亲情。自古忠孝难两全。他们为了工程，背井离乡，抛家舍业，也难以侍奉孝敬双亲。有些建设者们将父亲接到工地，但更多的人与父母长期分离，甚至都不能最后见父母一面，铸成终生遗憾。

南水北调的建设者们，以为国圆梦的崇高境界，在水源工程、生态保护工程、输水工程、移民安置工程、文物保护工程中，表现了深厚的家国情怀；无论是工程的规划者、管理者还是施工者，都体现了精益求精的职业态度；面对一个个施工难题，以创新精神攻坚克难，填补了水利史上的空白，创造了一个个世界纪录；他们舍小家为大家，对工程付出满腔热血，将整个生命投入工程中。这些南水北调的建设者们，将自己的全部情感与热血都献给了这个伟大的工程，他们是时代的脊梁，是国家和民族的功臣！

第 六 章
统筹协作的时代赞歌

　　统筹协作是形成推进南水北调工程建设整体合力的关键所在。在南水北调中线工程建设中，从中央到地方，从国家层面统筹协调到鄂、豫、陕、京、津、冀六省市通力合作，到中原大地齐心协力一盘棋，再到南阳渠首所在地干部群众铁肩擎碧水，一渠澄澈的丹江水缓缓北上，流淌的是责任和担当，流淌的是团结和协作，鸣奏的是一曲昂扬激越的统筹协作的时代赞歌。

第一节　穰原浩歌动地来

　　河南省邓州市与南水北调中线工程密切相关，为了南水北调中线工程渠首总干渠建设，为了接收邻县淅川移民，为了给北方干渴的地区送去优质水资源，这里的干部群众凭着海纳百川的胸怀、忘我无私的品格、团结拼搏的斗志，共同为这一举世瞩目的工程作出了巨大贡献，谱写了一曲动人的穰原浩歌。

一、问水哪得清如许，渠首历史来应答

　　邓州古为穰原，其意为肥沃的平原，因两千多年前秦曾封丞相魏冉

于穰而得名。自古以来，特别是近代以来，勤劳智慧的邓州人民在穰原这块肥沃的土地上，为国家建设作出了许多卓著的贡献，也包括横跨半个世纪的南水北调中线工程。

南水北调中线干渠渠首，位于河南省南阳市淅川县九重镇陶岔村，这里是淅川县与邓州市的交界处。20世纪70年代以前，目前的渠首所在地归河南省邓县管辖。1972年12月，为了就近更加妥善安置淅川移民，解决因丹江口水库淹没良田造成的淅川县粮食供应不足等问题，上级决定将邓县的九重、厚坡两个公社的56个大队、573个生产队划归淅川县管辖。尽管区划发生了变更，但历史永远不会忘记，20世纪50年代到70年代邓县人民在渠首建设中作出的奉献和牺牲。

1958年9月1日，丹江口水库大坝破土动工，开始大规模建设。在农业生产任务繁重、劳动力非常紧张的情况下，邓县派出100多名干部、10000余名民工投入水库大坝建设。在长达1000多个日日夜夜里，参加大坝建设的邓县干部群众，积极响应党的号召，听从工程建设指挥部的指挥，胸怀建设社会主义的一腔热情，斗志昂扬，干劲冲天，敢吃大苦，敢打硬仗，筑围堰、截江流，表现出了不畏困难、顽强拼搏、奋勇争先的精神，每年都被大坝建设指挥部表彰为先进单位。当时，邓县的付出还远不止于直接参与大坝建设。在丹江口水库开始蓄水时，邓县又成了"隐形的淹没区"，因为相邻的淅川县被淹没了20万亩耕地，粮食供应十分紧张，邓县又服从行政区划调整，为淅川县补充耕地近30万亩。

丹江口水库是目前中国功能最全、效益最佳的特大型水库之一，是一个集防洪、发电、航运、灌溉、养殖以及旅游等功能为一体的综合水利枢纽，被周恩来总理称赞为新中国"五利俱全"的水利工程之一。1958年，周恩来总理作出批示："远景南水北调，中期引汉济黄、济淮，引丹灌溉至邓县刁河以南。"为了实现周总理确定的这一中期目标，

1967年丹江口大坝主体工程建成之后，水利电力部就要求尽快建设引水总干渠和渠首闸门。1968年12月开始，邓县就开始做建设引水总干渠和渠首闸门的施工准备工作，并在物资极其紧张的情况下，分别从九重乡和彭桥乡修建了两条到渠首陶岔村的公路，开展三通一平（通水、通电、通路和场地平整）工作，并在工地搭建工棚为工程建设做准备。1969年1月26日，渠首开工建设典礼在当时的邓县九重乡陶岔村石盘岗举行，以邓县民工为主体的渠首闸建设工程轰轰烈烈地向前推进。

引丹渠首闸是南水北调的咽喉工程。时任水利水电部长钱正英把它称为丹江口水库的"后门"。国家水利部原第一副部长刘翔山曾专门为之赋诗一首："风展红旗三十载，百万儿女战邓州。北调南水功先在，新征大道永不休。"为了建成南水北调中线工程的引水渠和渠首闸工程，邓县人民在极其艰难困苦的条件下，以排除万难的担当和拼搏精神，完成了引水渠和大闸的施工建设任务。1969年1月开工时，邓县从各公社抽调建设民工2万人，后因工程建设需要又增加至4.2万人，累计有近13万人次参与了干渠和渠首建设。那是国家贫弱、建设艰辛的年代，但十数万建设者们没有退缩，更没有逃避，而是背着行李卷、拉着架子车，昼夜奋战在荒凉偏僻的工地上。他们喝的是泥巴水，吃的是红薯面，点的是煤油灯，住的是荒草棚，一切靠人拉肩扛，在十里建设河道上展开了劳动竞赛，从早到晚，工地上到处红旗招展，歌声嘹亮，锹飞镐舞。

从1969年1月动工建设，一直到1974年8月开闸放水，历时5年零8个月时间，来自邓县的建设者们累计开挖土石方3470万立方、混凝土及钢筋混凝土5.5万立方，仅施工中用去的钢丝绳就达700吨。经过近6年的艰苦奋斗，邓县人民硬是靠着拼搏精神，开挖出最大深度47米、最大河宽500米、渠底宽30—35米的引水渠4.4公里，建成了闸底高程140米、闸顶高程162米、水闸净高22米高的渠首闸。据邓县《县志》记载，因施工条件简单，环境艰苦，有2287名群众在工地上受伤致残，在邓县民政部门登记和办过抚恤的牺牲民工共141人。据有关人士核算，引水渠和渠首闸工程开挖的土石方如果筑成一米高、一米宽的土长城，足可以绕地球赤道一周半。需要特别说明的是，当年民工艰苦奋斗、顽强拼搏挖出的渠首，正是今天南水北调中线工程总干渠的渠首。

二、干渠建设任务重，同心协力动拆迁

2009年12月28日，南水北调中线工程邓州段开始全面动工建设。作为紧临渠首和干渠的最先通过地，邓州市境内的南水北调总干渠全长37.4公里，涉及7个乡镇43个村，需征用土地21937亩，拆迁安置187户、986人。南水北调中线工程能否如期开建，关键取决于前期的土地征迁工作能否顺利推进；而土地征迁工作的顺利推进又取决于当地群众是否配合。面对即将抛家弃业的父老乡亲，邓州市各级党委政府和广大移民工作干部牢记党的根本宗旨，秉持以人为本理念，时刻把群众的利益放在最高位置，坚持亲情征迁、和谐征迁。在当地群众的配合下，南水北调中线工程邓州段的土地征迁任务如期完成。

邓州是全国知名的人口大县，人多地少，耕地紧张，老百姓把承包地看成命根子。这就更加加剧了土地征迁工作的困难。2010年，按照工程进度和计划安排，南水北调中线工程在邓州境内有将近1万亩永久性占地及其附属物必须在10月底以前完成征迁，另有1万多亩临时性占地及其附属物也须在2011年1月底以前完成征迁。面对时间紧、难度大的硬任务，邓州市委市政府领导身先士卒，深入基层了解情况，掌握第一手资料，发现问题及时解决，帮助基层排忧解难。战斗在征迁一线的广大基层干部不辞辛苦、任劳任怨、奋勇当先，他们深入每一个需要征迁的乡镇，察看需要征迁的每块田地、每条道路和每个村庄，走进

每个需要征迁的农家小院，找准每个当事人，可谓是磨破了嘴，跑断了腿。特别是在征迁工作中，邓州市国土、林业、公安、水利、城建、规划、环保、交通、农业、广电等部门通力配合，协同作战，甚至特事特办，为南水北调征迁工作节省时间、赶超进度作出了重要贡献。

在具体工作中，为了既保证工程建设如期顺利进行，又最大限度地照顾沿线群众利益，调动人民群众参与南水北调建设的积极性，他们结合具体工作实际，创造了"刚性政策，亲情操作"的一系列工作方法，以及必须坚持的"六不拆"原则，即以最大限度地获得老百姓的支持和拥护为目标，做到政策宣传不到位不拆，拆迁对象未经过详细调查不拆，当事人补偿资金不到位不拆，群众安置不妥当不拆，矛盾隐患不排除不拆。即使一户村民多少有些抵触情绪，基层干部都要耐心细致、不厌其烦地做动员宣传工作，从而使征地拆迁工作得到了绝大部分干渠沿线人民群众的大力支持。例如，湍河渡槽是中线总干渠第一个大型控制性工程，总长 1030 米，位于邓州市十林镇与赵集镇之间，两岸群众舍小家、为大家，积极拆迁腾地，永久用地和临时用地都提前移交给国家。再如，九龙乡大陂村 23 户征迁对象开始思想不通、意见较多，工作曾一度停滞，而分包此村的副乡长路培育带领几个人，一连半月住在村里苦口婆心做工作，白天找人说，晚上登门讲，终于感动了拆迁户。

三、移民安置责任大，责无旁贷勇担当

南水北调重在建设，贵在环保，难在移民。移民难就难在接收和安置。而邓州这个县级市所面临的，是两年内必须完成 3 万多淅川移民的接收安置任务。要论工作强度，一个县如此繁重的接收任务，不仅在新中国历史上是空前的，在世界水利移民史上也无先例。对此，邓州市委市政府义无反顾地担当了，邓州市移民工作干部义无反顾地担当了，邓州市接纳移民的乡镇和村民小组义无反顾地担当了。就是为了这份责任

和担当，一切为了移民迁安，一切服务中线工程，成为邓州市上上下下达成的共识，共同演绎了许许多多可歌可泣的动人故事。

实际上，早在 1959 年丹江口水库大坝建成蓄水时，淅川县第一批移民就分别迁往青海省、湖北省和与之相邻的邓县。1969 年蓄水水位提高到 155 米高程时，第四批移民又被安排迁到邓县。这两批次，邓县共接收淅川移民 10679 人（另有移民的部分亲属、工作人员随迁，实迁 11927 人），无偿划拨 3.78 万亩土地。南水北调中线工程全面动工以后，按照南水北调工程建设委员会决定，邓州市又需接纳安置移民 30345 人，永久划拨土地 42483 亩。这就使邓州成为河南第一移民安置大县，也是新中国成立以来安置接收移民最多的县。

接纳移民，实际上就是从原有的土地和社会资源中，挤出一部分进行重新分配，实质上是在原有利益格局下的一次利益再分配。对邓州市接纳地的群众来说，外来移民的迁入，无疑是要从他们赖以生存的本来就十分稀缺有限的土地资源中分割出去一部分。虽然邓州市是个典型的农业大县，但由于人口基数很大，农民人均占有土地面积从 2 亩到几分不等，要从有限的土地资源中为每位移民挤出 1.4 亩耕地，而且挤出的这些地块又必须是当地最好、最肥沃的耕地，其工作难度可想而知。特别是农村土地的 30 年经营权都在农民群众手里，尽管国家以每亩地两万元进行收购，但市场经济条件下土地资源越来越贵重，必须做大量的动员工作和深入的思想政治工作，说服本地农民让出土地。为调出 1 亩耕地，往往要轮转调整 15 亩多地，整体安置下来涉及的村民和轮转的土地，简直就是一个天文数字。林扒镇有 12000 亩水浇地，年年丰收高产，被周围的村民们视为宝地。移民在拉网式的选点中，自然相中了这块水浇地，镇政府忍痛割爱按照承诺，硬是把这块地的 1/3 划给了移民。张楼乡有两个移民点，为了把土地合理地调整好，需要全乡集中动地，不少群众原本只有 1 亩多耕地，再划拨一些给移民，自己的耕地就更少了，许多村剩下的人均耕地甚至没有拨给移民的人均耕地面积多。

建安置房是移民工作的重头戏，也是移民搬迁安置的前提条件之一。在新村村址选择上，邓州市坚持，凡是移民看不中的地方决不勉强，凡是移民看中的地方坚决拿出来。迁入邓州市的 31 个移民点，有 16 个选择在乡镇政府所在地，其余在主干道的两边。在移民住房建设上，邓州市着力打造"看起来养眼，住起来舒坦，用起来方便"的住房，而且在移民村新建主支街道，安装供水和供电设备，架设有线电视电路，创建高质量的学校、村部和卫生室等。为把好工程质量关，要求乡镇党委书记和乡镇长对工程质量负总责，并实行一票否决。在房屋屋顶浇灌的关键时刻，施工队资金跟不上，林扒镇抓移民工作的副镇长赵传贤，从亲戚家借来 10 万元，解了燃眉之急。负责现场监理的工作人员赵金城说："在移民村建设中，要求严，工作量大，每一个工程，监理人员都要跑烂几双鞋。"

邓州市干部群众代表在座谈南水北调精神时，每个人一发言都热泪盈眶。他们希望南水北调通水之后，千万不要忘了邓州人民的牺牲和奉献，千万不要忘了当年的渠首大会战，千万不要忘了邓州这个移民接收第一大县作过的难。

第二节　南都绝唱写担当

南阳，东汉时期以其在京师洛阳之南，又是光武帝刘秀的故乡，又被称作南都。南阳著名文学家、科学家张衡在《南都赋》中对南都给予了热情洋溢的赞美："于显乐都，既丽且康。陪京之南，居汉之阳。割周楚之丰壤，跨荆豫而为疆。"南阳这个千年古都，不仅在中国历史上书写了壮丽篇章，而且在南水北调中线工程建设中表现出强烈的责任担当，在移民迁安、工程建设和水源地保护等方面，谱写了新的时代篇章。

一、和谐迁安谱新篇

移民迁安是关乎南水北调工程成败的头等大事。南阳市委市政府在时间紧、任务重的巨大压力下，坚决贯彻落实党中央国务院和河南省委省政府的指示精神和总体要求，瞄准"四年任务，两年完成"的移民迁安目标，根据南阳移民工作的特殊性，制定了科学合理的移民迁安计划，建立了"党委政府统一领导，移民部门综合协调，搬迁乡镇各负其责，市县直单位全面参与"的工作管理机制，确立了"以人为本，实行开发性移民方针，实现移民搬得出、稳得住、逐步能发展，使移民搬迁后生活水平达到或超过搬迁前生活水平"的安置原则。

为了做好移民迁安工作，南阳市在实践中探索总结了五个创新，即创新领导体系、创新宣传形式、创新稳定机制、创新运行模式和创新考评办法。每一个创新，都彰显出南阳市在移民迁安工作中的探索精神，蕴含着丰富的内容。比如创新稳定机制，包括组建工作网络、集中排查矛盾和深入解决问题等三个相互联系的环节。在深入解决问题时，他们采取定人员、定责任、包调处、包化解，以及跟踪督察、定期考核等环节，有效化解了各种矛盾纠纷和重大不稳定因素，保障了移民迁安工作如期完成。在移民安置方面，重点抓好移民新村建设，在新村布局、房屋造价、施工招标、质量监督等方面，坚持统一征地、统一规划、统一标准、统一建设、统一搬迁和统一发展的"六个统一"，严把招标投标关、市场准入关、材料进场关、监测检验关和竣工验收关等"五道关"。在移民安置所有环节中，充分听取移民意见，组织移民代表全程监督，移民迁安顺利推进。

南阳各级党委政府通过创造性的工作，积极探索移民和谐迁安，形成了具有南阳特色的移民迁安五大模式。一是移民迁安坚持以人为本，充分发挥移民群众的主体地位和作用，尊重移民，关怀移民，理解移民，帮助移民，充分体现了人民至上、以人民为中心的执政理念，创造了"人性化移民"的新模式；二是移民迁安争取政策优惠最大化，用足用好党和政府的移民政策，用现代工业文明和城市文明反哺广大移民，创造了"反哺式移民"的新模式；三是移民迁安集中有序，在短短的 211 天里，分两批集中搬迁 3.6 万户，累计移民 15.27 万人，平均每天出动车辆 119 车次，总行程超过 1700 万公里，创造了"兵团式移民"的新模式；四是移民迁安全方位贯彻全心全意为人民服务的理念，由迁安两地政府主导，采取移民委托给移民代表，移民代表再委托给安置地乡镇政府的"两委托"方式，政府全程为移民迁安服务，创造了"保姆式移民"的模式；五是移民迁安坚持公开透明原则，迁安政策、迁安原则、迁安标准、迁安过程等与移民迁安相关的事项，不仅对移民全公开，而且允许国内外媒体全程追踪和深度报道，创造了"开放式移民"新模式。

在广大移民群众的理解、支持和配合下，南阳市各级党委和政府把移民当作自己的亲人，设身处地为移民着想，替移民考虑，用两年的时间完成了四年的任务，保证了南水北调中线工程的顺利推进。

二、工程建设打硬仗

在南水北调中线工程这项"国字号"工程中，南阳市不仅承担了艰巨繁重的移民迁安工作，而且承担了南水北调中线工程的许多重大建设项目，如陶岔渠首枢纽重建工程、湍河大型渡槽工程、白河倒虹吸工程、南阳市特大拱桥工程，以及全长 185.5 公里总干渠南阳段工程，每项工程都是一块难啃的硬骨头，都在检验着南阳人民的聪明才智，磨炼着南阳人民的坚韧意志，也给南阳人民带来了无上荣光。

南阳在南水北调中线工程中的特殊地位，决定了其在中线工程建设中必然承担重要角色，肩负重大责任。首先，南阳段渠线最长。南阳境内总干渠长185.5公里，占中线工程总长度的1/7。其次，南阳段工程量最大。南阳段布置各类建筑物多达328座，占整个中线工程全部建筑物的1/6还要多。其三，南阳段投资最大。南阳段工程建设投资达200多亿元，占整个中线工程建设投资的1/7。其四，中线工程总干渠最宽开口处和最大挖深处，都在南阳淅川县的九重镇，最大开口宽度为410米，最大挖深为47米。从这些枯燥的数字中，人们很难体味、感受到南阳人民的智慧和付出。但是，如果看一看那些具有极高难度的工程项目，就会深刻感受到南阳人民的智慧与担当。

最能表现南阳人民智慧与担当的，是陶岔渠首枢纽工程。该项工程是南水北调中线工程的标志性项目。在此之前，"远景南水北调、近期引丹灌溉"的陶岔老渠首工程已投入使用。陶岔老渠首工程始建于1969年。当时，不论施工技术、施工设备，还是后勤保障，都非常落后。南阳人民采取"大会战"的方式，历时6年，才啃下了这块异常坚硬的硬骨头。为建设陶岔老渠首工程，邓县和周边县先后有10多万民工奋战在工地上。南水北调中线工程正式开工后，需要重建兼具水闸和发电功能的新渠首。陶岔老渠首闸坝顶162米的高程已不能满足调水需求，运行了近40年的陶岔渠首老闸完成其历史使命，于2013年2月19日被成功爆破。肩负着南水北调中线工程龙头使命、高176.6米的陶岔渠首枢纽主体工程，于2009年12月开工修建。在坑基开挖、基础混凝土浇筑、固结灌浆、坝体及坝顶混凝土浇筑等各个施工阶段，穿插完成了引水工程所需要的各种机电设备和弧形闸门、液压起动机等设备的安装。为了创造一流工程项目，施工方加快工程进度，强化质量管理，实行质量实名制和责任追究制，确保每道工序都符合质量要求。2012年9月，陶岔渠首枢纽工程提前3个月全部完工。南阳人民为陶岔渠首枢纽工程的顺利建成，不仅付出了艰辛和汗水，而且提供了有力保障。

应该说，南水北调中线工程南阳境内的所有项目，都凝结着南阳人民的心血和汗水，都同南阳市委市政府及相关县市的大力支持密不可分。总长1030米、单跨长度40米的湍河大型渡槽，是南水北调中线工程的关键控制性项目。由于该项目开工较晚，为了不影响整个工程按期通水，施工单位采用了较为先进的造槽机施工方式，既保证了工程进度，又没有影响湍河的行洪安全。白河倒虹吸工程不仅在工程质量上精益求精，而且形成了一道美丽的风景，为来南阳旅游观光的人们增添了一个好去处。如今，已成为南阳市新地标的3座特大拱桥——程沟东南公路桥、姚湾公路桥和孙庄东跨渠公路桥，也是在南阳人民的大力支持下建成的。

三、水源保护勇担当

要实现一渠清水润京津的目标，就必须保护好水源地，保证丹江口水库的水质。这是南阳义不容辞的责任，也是南阳的光荣使命。南阳市委市政府高度重视水源保护问题，多次召开专题会议，研究部署水源地保护问题，下大决心，花大力气，确保一渠清水润京津。南阳市始终把保护水质作为头等大事，持续抓、深入抓、务实抓，做到抓细、抓常、抓长。2014年4月2日，南阳市委市政府召开迎接南水北调中线工程通水"双百会战"动员大会，紧紧围绕确保水源地水质这一议题，对水源保护作出了全面部署，提出了明确要求。时任南阳市委书记穆为民把保护水质与南阳经济社会发展紧密联系在一起，从四个方面提出了具体要求，即紧紧围绕保水质，倒逼南阳环境整治和生态文明建设；紧紧围绕保水质，倒逼南阳转型发展；紧紧围绕保水质，倒逼南阳新型城镇化建设；紧紧围绕保水质，倒逼南阳形象提升。南阳市作为南水北调水源地，不是单纯地为保护水质而保护水质，而是把水质保护与环境治理、转型发展、新型城镇化建设及南阳形象提升紧密结合在一起，做到了齐抓共管，相互促进。从"十二五"到"十三五"，南阳市都把"生态立市"确定为南阳城市功能定位。

保护水质，南阳要担当，淅川是重点。淅川是南水北调核心水源区，在水源保护方面负有特殊的使命。在淅川县的"十二五"规划中，治理工业污染是其中的一项重要内容。为了治理工业污染，保持丹江口水库饮用水的水质，淅川县关停了许多企业，包括当时有1000多名职工、在省内造纸业排名第5位的泰龙纸业，全部都下决心关停了。淅川为水源地的水质保护付出了巨大努力，作出了巨大牺牲，赢得了普遍赞誉。

南阳市南水北调办公室把保护南水北调中线工程水质作为重大使命，注重制度建设，建立长效机制，落实水质保护责任制，不断提升工作水平。为此，他们在五个方面常抓不懈：一是严格落实保护水质的长效机制，制定下发各县区保水质护运行的任务清单，坚持日常巡查督办和联席会商制度。二是持续开展水源地环境综合整治，加快推进水源地及干渠沿线一级保护区内美丽乡村建设。三是按照"十三五"规划要求，加强对水源地的污染防治和水土保持，对相关任务进行细化分解，加大督促检查力度，确保项目按时建成，充分发挥项目的生态效益。四是多方筹措资金，加快水源地和干渠沿线生态隔离带建设，进一步提升水质保护水平。五是加强对水源地和干渠沿线水源保护区内新上项目的专项审核，严格立项和建设标准，确保水源地和总干渠水质安全，确保一渠清水源源不断地输送京津。

第三节　中原共奏交响曲

如果说，南水北调中线工程是一曲华美激扬的盛世凯歌，那么作为南水北调中线工程建设主战场的河南，则是这一凯歌中最高亢的乐章。

南水北调中线工程源头在河南，重点、难点也在河南。河南作为南水北调中线工程的水源地和最大的受水区，境内既有水源工程、渠首工程，也有渠道工程、配套工程，涉及范围之广、移民数量之多、技术难度之高、任务之重、投资力度之大，是沿线其他省市无法比拟的。面对国家战略发展大局，面对华北人民对水的呼唤，忠厚善良的河南人民用融入骨髓的大爱、大气、大仁、大义在这片古老辉煌的土地上谱写出一首壮丽的中原交响曲。

一、千里中原打硬仗

南水北调中线工程建设，为河南带来千载难逢的发展机遇，同时也使河南面临着前所未有的巨大挑战。说是发展机遇，是因为河南省既是中线工程的水源地，又是最大的受水区，总干渠途经南阳、平顶山、许昌、郑州、焦作、新乡、鹤壁、安阳 8 个省辖市，这些地区经济发达、人口集中、水资源严重短缺，长期以来都是依靠挤占农业用水、超采地下水和牺牲环境用水来维系，形成了巨大的地下水漏斗区，南水北调中线工程通水以后，这一局面得到了有效缓解，人民群众不仅喝上了纯净甘甜的丹江水，城市的生态环境也得到了极大改善。说是前所未有的挑战，是因为在中线工程沿线各省市中，河南是干渠长度最长、投资最大、工程地质条件最复杂、征地及移民安置任务最重的省份，除主体工程建设外，还涉及征地移民、生态环境保护、水污染治理、文物保护、地下水控采、产业结构调整等大量相关工作，涉及众多地区、众多部门的职责和利益关系的调整，涉及各种生产关系的处理，可以说异常复杂艰巨。

为了完成好党中央国务院赋予的神圣使命，也为了把握好这一难得的历史机遇，河南省委省政府把南水北调中线工程当作重大政治任务来抓，建立了多层次、高规格的建设管理机构，出台和完善了多项制度措施，团结带领各级党委和政府，充分发挥社会主义制度集中力量办大事的优越性，集全省之力，克难攻坚、顽强奋斗，为南水北调中线工程各项工作的开展提供了强大的支撑和保障。

移民安置工作是铸造南水北调千秋伟业的第一块基石。这项工作做得好坏直接关系党心民心，关系到中线工程建设的推进，举足轻重，容不得有半点马虎懈怠。为确保丹江口水利枢纽大坝加高工程建设和移民安置任务按期完成，以及南水北调中线工程顺利实施，2002年12月25日，国务院下发了《关于南水北调工程总体规划的批复》，批复要求，自文件下发之日起，在丹江口工程区域内，任何单位或个人均不得擅自新建、扩建和改建项目。从此，丹江口库区就像是被社会遗忘的角落，经济发展几乎处于停滞状态，群众生活出现了许多困难。既然一定要搬迁，晚搬不如早搬，绝大多数移民群众对搬迁翘首以盼。

千秋伟业不容有失，移民群众亟待发展。河南省委省政府审时度势，顺应民心，在反复权衡和深入思考后，作出了"四年任务，两年完成"的庄严承诺。两年搬迁安置16.5万移民，平均每天就要搬迁200多人，这样大的工作强度，在国内甚至在世界水利移民史上都是前所未有的。为确保目标如期完成，河南省委省政府自上而下一条线确保工作落实到底。在移民工作开始前，省委省政府与涉及移民工作的6个省辖市直接立下"军令状"，在省级层面成立了专门负责移民工作的南水北调丹江口库区移民安置指挥部，统筹全局，保证各地的移民工作顺利推进。各有关市县党委政府，也相应成立了领导小组和移民安置指挥部，上下协调，层层传导压力。实行库区移民迁安包县工作责任制，省直25个厅局分包有移民迁安任务的25个县（市、区）。对每个移民新村来说，不仅要把房子按标准建设好，交通部门负责村内道路，教育部门负责学校建设，卫生部门负责卫生室建设，水利部门保证自来水到家入户，林业部门负责绿化美化。省直36个部门都根据要求制定了具体细化措施，向移民征迁安置市、县拨付支持资金达 50 多亿元。集全省之力、汇全省之智，河南顺利实现了"四年任务，两年完成"的目标，16.5 万人不伤、不亡、不漏一人，创造了中国移民史上的奇迹。

移民搬迁，决不是随便找个地方把移民安置一下那么简单。按照党中央国务院提出的要求，既要保证移民群众能够搬得出，还必须保证移民群众能够稳得住、能发展、可致富。为了落实并圆满完成党中央国务院提出的目标要求，河南从本省实际出发，在深入做好宣传动员和思想政治工作的同时，制定了一系列针对移民的优惠政策，以最大限度的政策优惠鼓励移民群众积极配合移民工作，诸如：外迁移民尽量安置到经济社会较为发达的"受益区"，移民搬迁后 5 年内，移民考生中招、高招录取降 5—10 分，搬迁后 20 年内享受每人每年 600 元的后期扶持政策，税务部门对移民建房免征税费，支农资金向安置区倾斜，等等。一系列优惠政策的实施，既满足了搬迁安置的需要，又实现了移民村的长远发展，16.5 万移民的命运从此改变，开启了新的人生轨迹。

工程建设是南水北调的核心与关键，是连接梦想和现实的桥梁。工程建设不成功，一切都只能沦为空谈。南水北调中线工程跋山涉水，工程建设异常复杂，总干渠与沿线数百条铁路、公路、油气管道、通讯线路等交会，需要建设大坝、渡槽、隧洞、桥梁、倒虹吸等建筑物 1254 座，周边各种交叉建筑物密集，牵涉的利益群体众多，各种矛盾和问题交织在一起，仅靠某个地方或某一部门是很难解决的。国逢大事，奋袂而起。为了保障工程建设的顺利推进，全省上下万众一心、共襄盛举，各级各部门齐抓共管、特事特办，自觉服从国家大局，协力推进南水北调工程，成为全省上下的广泛共识和自觉行动。针对总干渠穿越铁路、高速公路交叉工程建设，郑州铁路局、河南省交通厅主要领导坐镇指挥，亲自调度，组织专门力量统筹协调，确保工作高效运转。针对工程建设中沙石料供应紧张的问题，省国土资源厅、省公安厅、省安监局以及有关省辖市政府多方联手，积极协调，使问题很快得到圆满解决。针对复杂、棘手的居民搬迁和土地征迁问题，省政府移民办、省通信管理局、省电力公司以及各级各有关部门齐心合力，积极妥善解决了建设用地移交、专项迁建、施工环境维护等问题，为工程建设的顺利进行提供了有力保障。

先节水后调水，先治污后通水，先环保后用水，一直是南水北调的基本原则。作为南水北调中线工程的水源地和重要受水区，做好水质保护工作，确保一渠清水永续北送，是河南义不容辞的政治责任。河南省委省政府深知水质保护责任之重大，任务之艰巨。时任中共河南省委书记徐光春明确提出要求，各级党委政府要以对党、对人民高度负责的态度，增强对水源地水质保护的责任感和紧迫感，采取得力措施，切实做好水质保护工作，确保水质安全、清水长流。

为切实肩负起自己承担的历史责任，河南省先后出台了《关于支持南阳市经济社会加快发展的若干意见》、《河南省丹江口库区及上游水污染防治和水土保持"十二五"规划实施考核办法》等，靠制度和规矩确保水质保护工作任务的落实。在此基础上，河南省还采取有力措施，强力开展工业和农业污染治理，关停并转了大批水源区污染企业，加大对农药、化肥等化学污染的治理和库区污水垃圾处理，大力开展植树造林、封山育林，保护库区水质安全；建立起完善省联席会议制度，每半个月对水源地显示项目进展情况进行督察，明确任务、压实责任，严格把控每一个细节；做好干渠两侧污染防治重点，颁布了《南水北调中线一期工程总干渠（河南段）两侧水源保护区划定方案》，划定了3054.43平方公里水源保护区，保护区干渠两侧各栽植宽度100米以上绿化带，建设南水北调生态走廊。与此同时，为从根源上解决污染问题，河南省紧抓国家实施《丹江口库区及上游水污染防治和水土保持规划》的机遇，积极引导水源地各市县谋划生态产业，调整产业结构，在保护水质的同时，形成以生态农业、环境友好型工业和现代旅游服务业为主的产业体系，大力推进渠首水源高效生态经济示范区建设，以绿色发展道路维护库区的绿水青山。

二、众志成城建奇功

南水北调中线工程建设，在河南省境内共涉及南阳、平顶山、许昌、郑州、焦作、新乡、鹤壁、安阳8个省辖市和35个县（市、区），这些地区大多经济发达、人口稠密，土地征迁和工程建设任务比较艰巨。在艰巨的任务面前，沿线各市县党委政府，积极响应省委省政府的号召，毅然扛起肩上沉重的责任，群策群力，用对党和人民的一片赤诚，在南水北调工程建设中建立属于自己的卓越功勋。

以人为本，打造南水北调和谐征迁样板。焦作市是南水北调中线工程中唯一穿越中心城区的城市。南水北调中线工程穿越焦作中心城区的渠段长达8.82公里，与10条主干道和4条河流相交，需建7座跨渠大桥和4处倒虹吸、两个退水渠。总干渠征迁涉及解放、山阳两个城区的3个办事处13个村，两次征迁共移交用地3779.23亩，征迁3890户、15532人，拆迁房屋93.6万平方米，迁建企事业单位37家、专项设施660项。由于种种原因，焦作市在2009年初才成立南水北调城区段建设指挥部，而上级要求征迁工作必须于2009年9月底前全面完成，从征迁动员到工程开工仅剩几个月时间。在如此短的时间内完成如此大规模的征迁任务，在焦作的城建史上前所未有。此外，由于南水北调征迁一直执行国家大中型水利工程征迁政策，与2011年1月颁布实施的《国有土地上房屋征收与补偿条例》存在较大差异，原有的水利工程征迁补偿政策对解决焦作城区段征迁安置中错综复杂的问题远远不够，加之时间仓促，缺乏现房安置，人民群众顾虑重重，问题之严峻、矛盾之复杂在其他地方的征迁工作中也是绝无仅有的。

　　面对困局，焦作市选择了迎难而上。全市确立了"以人为本，和谐征迁，规范运作，科学发展"的征迁安置工作指导思想，制定了市级领导联系村和市直单位包村等制度，由市委市政府等四大班子领导联系、13个市直主要部门牵头、94个市直单位参加的13个包村工作组，小单位全员参加，大单位抽调精兵强将建立起专门征迁工作队伍，建立起指挥有力、运转高效的组织机制。市委市政府认真落实各项优惠保障政策，并在国家、省征迁政策的基础上，出台了《关于进一步为南水北调工程建设征迁群众提供优惠保障政策的通知》，制定了14个方面46项优惠政策，如：为征迁群众提供小额担保贷款、将城区段征迁居民全部纳入城镇居民医疗保险范围、对低收入住房困难征迁户进行购房贷款贴息、建立征迁户子女入学绿色通道等等，彻底解决了征迁群众的后顾之忧；全面实行阳光规范、亲情征迁的工作方法，实行工作程序"八步走"，坚持"五公开"，党员干部与征迁群众一对一结对子，实行"七包"制度，大力发扬干群一心、顾全大局的优良传统，努力创新征迁工作的方式方法，积极破解征迁安置中的各种难题，按时完成了总干渠用地征迁任务，为南水北调征迁安置建设工作创造了经验。2009年7月10日，习近平同志作出重要批示："河南省焦作市在深入学习实践科学发展观活动中，坚持以人为本、和谐征迁，确保南水北调工程顺利实施的做法很有特点，很有成效。"①焦作市的和谐征迁，为全国南水北调征迁工作树立了榜样。

　　在征迁工作中，焦作市从市级领导到村组干部，从党政机关到社团组织，从市直部门到驻焦单位，从领导干部到一般群众，近百家单位、数千名党员干部及社会各界通过各级各类组织凝聚在一起，形成了横向到边、纵向到底的立体式工作网络，汇集成了强大的工作合力，打赢了

---

① 杨仕智、石坚：《南水北调精神唱响怀川大地》，《焦作日报》2010年3月30日。

这场攻坚战，创造了南水北调征迁安置的"焦作样本"。如今的焦作，一渠碧波穿城而过，贯穿城区的城市循环水网、滨河生态景观逐渐形成，一个美丽、和谐的新焦作正焕发出新的生机。

精心施工，建设南水北调精品工程。在南水北调中线河南段的工程建设中，有很多难啃的硬骨头，穿黄工程、沙河渡槽等世界级技术难题不在少数，高填方、高地下水位、煤矿采空区等难点渠段也较多。在沿线各级党委政府和人民群众的全力支持下，建设者们开拓进取、精心施工，将一个个"拦路虎"打造成了一个个南水北调的精品工程。

位于郑州段的穿黄工程，是南水北调中线工程最具技术难度的控制性项目。该工程穿黄隧洞全长 4250 米，采用大口径盾构机穿越极其复杂地质层的黄河，在中国尚无先例。工程建设者们根据黄河流向，采用上下平行布置的双洞结构，双洞中心线相距 28 米，在河床下 40 米的深度穿过黄河，误差不到 5 毫米，实现了大直径、长距离、一次性河床下穿黄成功，填补了国内空白。位于平顶山鲁山县境内的沙河渡槽是南水北调中线工程中规模最大、技术最复杂的控制性工程之一。其跨度、重量、总长等指标排名均为世界第一，被誉为"天下第一渡"。228 个宽 9.3 米、高 9.2 米、跨 29.96 米、重 1200 吨、最薄处只有 35 厘米的 U 型槽片无缝连接，并在沙河上方完成架设。建设者们经过创新与技术、质量与工期、积极与安全的激烈碰撞后，在沙河上空写下了浓重的一笔。提槽机、运槽车等设备的成功研发使用填补了中国水利工程施工的空白。在南水北调中线工程河南段建设过程中，沿线各级党委政府和有关部门妥善处理各方利益要求、急事急办、特事特办，为南水北调工程建设提供一流服务，各建管单位严密组织，精心施工，优质高效地推进工程建设，为南水北调中线工程的建设作出了卓越贡献。

绿色发展，树立南水北调工程生态标杆。湖泊是城市的秀目，河流是城市的笑靥，水滋养着城市生动的韵律和品质的生活。北方城市大多缺水，南水北调的一渠清水，为沿线诸多城市实现"水之梦"提供了千载难逢的机遇。许昌就是实现这一梦想的一个典型。过去，许昌曾是一个严重缺水的城市。在南水北调中线工程建成通水之后，这个市抓住难得的历史机遇，大力开展"水生态文明城市"建设，一个华丽转身，成了远近闻名的靓丽水城。许昌市境内南水北调配套工程全长125公里，一渠清水为许昌带来了"水之源"，群众喝上了清澈的丹江水，以前的过境河地表水源北汝河转而用于生态和景观用水。以此为契机，许昌市精心打造出"五湖四海畔三川，两环一水润莲城"的市域生态水网，形成了以水为核心的纵横文化景观带。一个"林水相依、水文共荣、城水互动、人水和谐"的新许昌呈现在世人面前。

以保护水源为核心的生态建设也在为城市绿色发展提供新的机遇。为了确保沿线饮用水安全，郑州实施了一大创新之举——在南水北调中线工程干渠两侧建设成一条贯穿郑州都市区，集生态涵养、文化传承、休闲游憩于一体，展现中原魅力的绿化景观走廊。在景观设计上沿用"一水、两带、五段、多园"的功能性总体布局，形成"林水相映，绿茎繁花"的景观结构，提升郑州都市区生态环境质量和品位。在豫北四市中，新乡市是工程线路最长、受益最大的地区。之前由于水资源不足，加之大量排放污废水，新乡市大部分河道已成为排污河。中线工程实施后，有效缓解了新乡对天然河水的需求。该市在境内70多公里的总干渠两岸，各建设100米宽的绿化带，打造出一条清水走廊、绿色走廊。同时，在总干渠经过的百泉北侧、潞王坟南侧两处旅游景点，依托南水北调拓宽旅游区域，扩大旅游项目，带动旅游业发展。

随着南水北调中线工程的通水，滔滔丹江水从总干渠逶迤而下，通过工程建设搭起的安全通道缓缓北流，滋润着中原大地，润泽着华北平原。随着人民生活水平的提高，城乡群众对生态环境的要求越来越高，人口、资源、环境之间的矛盾愈加凸显，南水北调中线工程的作用将更加凸显，必将有力带动工程沿线地区的生态文明建设，让广大群众在喝上清澈甘甜的丹江水同时，也能够享受绿色、亲近自然，提升幸福感。

第四节　鄂陕勠力擎碧水

南水北调中线工程的顺利实施，与湖北、陕西两省的巨大付出密切相关。湖北省是南水北调中线工程丹江口大坝所在地，同时也是中线工程的重要水源区、主要移民区、重大影响区，在工程建设管理、移民迁移安置、水质保护、对口协作等方面作出了重大贡献。陕南地区作为水源涵养区，在产业结构调整、水土流失治理等方面进行了持久的努力和探索。

20 世纪 50 年代，毛泽东同志提出南水北调的伟大构想，并以其深邃的眼光，把长江重要支流汉江和丹江作为水源地。自那以来，南水北调工程便牵动着湖北千千万万干部群众的心弦。半个多世纪以来，湖北各级党委政府讲政治、顾大局，加强领导、精心谋划。2003 年，在南水北调中线工程开工之际，湖北成立了南水北调工程领导小组办公室，不久又成立了南水北调管理局，统一领导南水北调工程的施工管理。相关市县，如十堰市、荆州市及所辖各县（区），均建立了南水北调办公室，以加强对本地区与南水北调工程有关工作的集中统一领导。广大基层干部认真负责，为移民迁安和工程建设不辞辛苦，多方奔走，不少人牺牲在工程建设一线。各地水利、环保、国土、交通等各部门协调配合，积极支持，数十万移民群众舍小家顾大家，忍痛搬离家园。

丹江口大坝地处湖北省西北部的十堰市。从 1958 年 9 月 1 日丹江口大坝开工起，到 2013 年 5 月 17 日大坝加高加宽工程全线完工，丹江口大坝几经修建。相关数据表明，参与建设大坝的民工来自湖北、河南，其中绝大多数建设者是湖北人。如 1958 年丹江口大坝开工建设，湖北、河南 17 个县市共 117 个公社的民工开赴丹江口水库工地。时任大坝建设总指挥为湖北省省长张体学，经过两省有力协调，仅用 3 个月时间，就使鄂、豫两省 10 万民工快速云集丹江口。这 10 万民工中，除 2 万多人来自河南南阳的邓县和淅川外，剩余 7 万多人均来自湖北各个地区。在那国力贫弱、民生艰辛的年代，英雄的湖北儿女尽管食不果腹、衣不避寒，依然昼夜兼程，以巨大的付出和牺牲为调水工程画下了浓墨重彩的一笔。1979 年 5 月 8 日，时任国务院副总理王任重在一次会议上指出："河南、湖北两省人民为丹江大坝建设，为丹江口库区出了大力，死了很多人，干部群众牺牲的不少，大家出了力、流了大汗，齐心协力把工程搞起来了。"①

湖北省是南水北调中线工程移民最多的省份。丹江口库区的十堰市所辖的丹江口市和郧县，是主要的移民搬迁地。1958 年兴建丹江口水库大坝时，十堰市移民 28.7 万人。2005 年上马丹江口水库大坝加高工程，以 172 米水位线为基准，十堰市所辖 5 个县市区又有 18.2 万库区人民需要搬迁。从 1958 年丹江口水库大坝建设工程开工，到 2012 年丹江口水库大坝加高工程竣工，湖北丹江口库区大规模移民外迁安置，涉及省内的武汉、襄阳、荆州、荆门、随州、天门、潜江、仙桃等 8 个市县。不论是 20 世纪"老移民"，还是 21 世纪的"新移民"，湖北移民数量居多。其中，十堰市先后移民 46 万多人，占南水北调中线工程移民总数的 58.6%。当京、津、冀、豫 4 省市的人们喝上甘洌爽口的丹江水时，原本居住在鄂豫交界丹江口水库区域的 34 万多湖北、河南移民群众，已在新的家园开始新的生活。如果没有这些移民群众的舍弃和奉献，南水北调中线工程是不可能建设成功的。

---

① 裴建军：《世纪大移民——南水北调丹江口库区淅川移民纪实》，作家出版社 2011 年版，第 101 页。

湖北为保持优良水质作出巨大贡献。作为南水北调中线工程核心水源地的十堰市，为了一江清水永续北送，多措并举，使丹江水始终保持Ⅱ类及以上标准。多年来，十堰市先后投入 100 多亿元，关停并转高污染、高耗能企业 300 多家，拒批项目 160 余个。黄姜加工曾是十堰的黄金产业，然而，由于生产工艺的局限，黄姜在加工水解过程中也会产生大量高浓度强酸性有机废水。十堰市被确定为南水北调中线工程核心水源区之后，十堰当地黄姜产业的废水也成为外界质疑污染丹江口水库的"祸首"，必须硬性停止。从 2007 年 7 月开始，十堰市先后关闭 106 家黄姜企业，并舍去了 100 万亩黄姜基地。十堰市从 2003 年开始就陆续关闭有关企业。十堰当地民间一直流传着这样一句谚语：郧县有三宝，苞谷红薯龙须草。作为国家级的贫困县，郧县的这三宝曾是支撑县内经济的天然资源，尤其是满山遍野可做造纸原料的龙须草，更为郧县造就了独一无二的支柱产业。但是为了北调南水的水质，郧县果断关闭造纸厂，龙须草顿时由宝沦为草。2013 年，十堰市开始大力实施水网林网绿化、古树名木和野生动植物保护、森林旅游等九大工程，全力推进森林城市创建工作。"十二五"期间，十堰市完成人工造林 159.1 万亩，封山育林 74.1 万亩，林地面积、森林面积全省第一，成为全国首批生态文明示范区。

陕西省为水源涵养区的生态保护作出了突出贡献。南水北调中线工程以位于湖北、河南两省交界的丹江口水库为核心水源，然而其上游水源则是发源于陕南的汉江和丹江。据统计，丹江口水库的水量有七成来自陕南地区。据陕西省水利厅一位官员介绍，中线工程陕西水源地总面积 6.27 万平方公里，涵盖汉中、安康和商洛三市 28 个县（区），占整个中线水源地面积 9.52 万平方公里的 66%，为中线工程提供了 70% 的水量。汉江流经陕南三市 462 公里到丹江口水库，丹江口水库年均入库水量 408.5 亿立方米，其中近 250 亿立方米来源于汉江流域。正因为如此，陕南三市在南水北调工程中肩负着光荣而艰巨的历史重任，这一区域的生态建设几乎决定着整个中线调水工程的水质和水量。

为保证丹江口水库的优良水质，陕西省于 2007 年 10 月正式启动丹江口库区及上游水土保持工程。陕南地区下大力气净化污水、调整产业结构、大规模移民搬迁、退耕还林、兴建环保设施，为保护南水北调水质作出了巨大贡献。作为汉江的源头城市和主要水源地，从 2004 年开始，汉中市大力推进以汉江流域县城和 39 个镇为重点的污水垃圾集中处理、以中心城区和平川县城为重点的城市扬尘治理、以企业淘汰落后产能为重点的节能减排治污、以农村环境整治为重点的面源污染治理等四大战役。同时，配套实施以城市生活饮用水水源安全、工业企业废气污染整治、重点区域生态保护以及加强烟花爆竹销售、燃放管理等为主的绿水、蓝天、青山、宁静等四大工程，以保障汉江持续不间断地足量输出优质水源。

陕南是陕西重要的粮油基地，其水稻、油菜产量均占全省 70% 以上，茶叶、柑橘、生猪三大产业规模产量居全省之首。作为南水北调中线水源涵养区和水质保障区，陕南三市经济发展受到很大限制，很多工业不能发展、就业压力增大、居民收入和财政收入减少，但在水污染防治、垃圾处理、水土保持、森林管护等方面还需要投入大量资金。很多人担心，水源涵养、水质保护与经济发展是矛盾的，鱼与熊掌不可兼得。良好的水质既是南水北调的根本要求，也是实现陕南绿色发展的应有之义。陕西省发改委一位官员介绍，为根治汉江、丹江流域洪涝频发、水土流失严重、水生态恶化等问题，陕西计划投资 280 亿元，在汉江、丹江沿线实施生态环境治理、水资源配置和防洪设施一体化建设工程。目前已完成投资 50.7 亿元，建设堤防、护坡 277.6 公里。

安康是南水北调中线另一重要水源涵养地，拥有陕西 60% 左右的水资源。近年来，在治污护水方面，安康市先后出台了《关于进一步加强入河排污口监督管理工作的通知》、《关于进一步加强排污口设置审批工作的通知》等措施，对入河排污口进行逐个登记、依法监管、综合治理，严厉打击向江河私排、偷排、乱排污水等违法行为。从 2007 年开始，安康市实施丹江治理工程，通过多年努力，完成水土流失治理面积 7681 平方公里，新修基本农田两万多公顷，造林 27 万公顷，有效地控制了水土流失，保护了一江清水。此外，安康市还相继出台了加强生态环境保护、汉江水质保护、山林经济、涉水产业等一系列政策措施，将包括自然文化资源保护区、重要水源地、海拔 2600 米以上山地等 58 处 1545 平方公里的区域，明确划定为禁止开发区域。

商洛是丹江的发源地，作为丹江的源头城市，商洛把丹江流域综合治理与丹江口库区及上游水土保持作为重任。从 2005 年开始，商洛大力开展水污染防治、农村环境连片整治、陕南移民搬迁、美丽乡村建设等工作，加大污染治理力度，强化水源地建设。以农业、工业重点污染源为突破口，加快丹江沿线重要集镇等人口聚居区生活污水处理设施建设、企业污水处理回收和畜禽养殖场综合治理等工作。"十一五"以来，商洛在地方财政极度困难的情况下，投入农、林、水事业的财政支出年均增幅超过 50%，投入环境保护的财政支出年均增幅达 70%以上，为维护、培育丹江的优良水质和丰沛水量作出了难能可贵的贡献。

第五节　群策群力京津冀

北京、天津、河北是南水北调中线工程的主要受水区。南水北调中线工程建成通水，可在很大程度上改变京津冀地区水资源人均占有量低、分布不均的状况，使北京、天津、石家庄等城市减少水资源制约压力，优化经济结构，促进经济社会可持续发展。为了确保来水调得进、用得上，京、津、冀克服重重困难，投巨资建设配套工程接纳来水，群策群力迎来了工程的胜利竣工。作为工程受益方，京、津、冀地区对水源区人民的牺牲奉献铭记在心，饮水思源，时时惦念如何相报，开展对口协作战略，从环保、就业、资金、技术等方面，对湖北、河南、陕西三省水源区实施对口协作帮扶。

为了确保南水北调中线工程能够调得进、用得上，京津冀需要解决两个方面的问题：一是江水如何进入京津冀的问题，二是调来的水如何进家入户的问题。南水北调中线工程自河北省石家庄至北京团城湖，是向北京应急供水优先安排的工程，全长307公里，建设历时5年，倾注了建设者们的大量心血。调来的水由南拒马河进入北京，在北京段的干线工程主要有10个，包括北拒马河暗渠工程、惠南庄泵站工程、西甘池崇青隧洞工程、大宁调压池工程、永定河倒虹吸工程、西四环暗涵工程等。

京石段工程是中线工程优先安排的工程，中线建管局下属的漕河项目建设管理部和惠南庄项目建设管理部，克服重重困难，创造了无数世界之最。如漕河片的漕河渡槽，作为中线工程干线上的关键性控制工程之一，全长2300米，最高架高23米，堪称中国渡槽建设史之最。建设者们筚路蓝缕以启山林，开创之功甚大，他们用"五年期间爬三个坡"来形容漕河建管部的坎坷历程：一个是技术业务的坡，从过去搞单一施工到抓工程建设全面管理；另一个是耐得住寂寞，安于孤独枯燥的环境；最后就是经受住了复杂的周边环境考验，实现了无障碍施工。

相较于所辖甚广的漕河建管部，惠南庄建管部主要负责惠南庄泵站工程，但这座泵站的意义却十分重大。南水北调中线工程总干渠全线自流，惠南庄泵站是唯一的一座大型加压泵站，它使得北京段小流量自流，大流量加压输水，可以说是调水入京的咽喉所在。惠南庄泵站涉及金属结构、电气设备、水泵等诸多专业，采用国际招标。中标的奥地利安德里兹公司为惠南庄泵站量身定制了卧式离心泵，开创了国内先河。

另外，它的前池的施工技术也很特别，面对大体积混凝土浇筑的难度，他们改变传统施工工艺，采用膨胀混凝土布置超长结构设计，以及无缝连续施工技术，至今被人津津乐道。

南水北调中线总干渠到达河北省保定市后，在徐水县西黑山村分为两路，一路向北为北京供水，一路向东为天津供水。天津干线工程与总干渠明渠输水方式不同，天津全程采用独特的地下暗涵方式输水，从河北保定西黑山进口闸将水引到天津，全段约 155 公里，工期历时 4 年。天津干线部分线路临近京沪高速铁路，并且穿越一些重要公路和西青区中北工业园区，明挖埋涵施工难度非常大。

如何解决调水入户问题，牵涉到京、津、冀地区的南水北调中线工程配套工程。配套工程包括大约 200 公里的输水管线工程，库容约 4000 万立方米的调蓄工程，每天供水约 400 万立方米的建改水厂工程，以及相关通信、调度、监控、预警等项目。具体而言，北京有三厂一线工程、南干渠工程、大宁调水蓄水工程等，建成 2 个干线、6 个水厂、2 个枢纽、1 条环线和 3 个应急备用水源地的"26213"供水网统。南水北调系统与密云水库、地下应急水源共同构成北京"三水联调"的水源保障格局。天津市的南水北调配套工程主要包括中心城区供水工程、滨海新区供水一二期工程、王庆坨水库工程、北塘水库完善工程、引滦供水管线扩建工程、西河源水枢纽至宜兴埠泵站管线联通工程、自来水厂及管网扩建工程。配套工程时间紧、任务重，他们争分夺秒，全力配合接水。天津段各参建单位更是以配套工程与干线工程同步建成、同步达标为目标，全力推进配套设施建设，提高质量要求，严防意外发生。

京、津、冀人民为南水北调中线工程建设作出了不可磨灭的贡献。作为工程的主要受益方之一，他们对水源区人民的牺牲奉献时刻铭记在心。滴水之恩当以涌泉相报，何况调来的是一条源源不断的大河。丹江口库区的百姓为了确保"一江清水向北京"，进行了大量的移民征迁，为了保持水土、涵养水源，不能饲养鱼虾水产，关停大量工厂，牺牲了巨大的经济利益。京、津、冀地区对此深为感恩，饮水思源，时时惦记如何相报。2013年3月5日，国务院正式批复了国家发展改革委、国务院南水北调办联合上报的《关于丹江口库区及上游地区对口协作工作方案》（以下简称《方案》），明确提出：《方案》实施要从确保实现南水北调中线工程战略目标的大局出发，以保水质、强民生、促转型为主线，坚持对口支援与互利合作相结合、政府推动与多方参与相结合、对口协作与自力更生相结合，通过政策扶持和体制机制创新，持续改善区域生态环境，大力推动生态型特色产业发展，着力加强人力资源开发，稳步提高基层公共服务水平，不断深化经济技术交流合作，努力增强水源区自我发展能力，共同构建南北共建、互利双赢的区域协调发展新格局。《方案》确定以北京和天津两市、19个国家部委办，以及中科院、社科院、工程院和有关中央企业为支援方，以河南、湖北、陕西3省水源区为受援方，双方本着地域统筹、实力与贡献匹配的原则，确定对口协作结对关系，由支援方对为南水北调中线工程作出巨大牺牲贡献的受援方在发展生态经济、促进传统产业升级、人力资源开发、增强公共服务能力等方面给予资金、技术等方面的支持。

京津两市和有关国家部委办的对口协作，是一种饮水思源、回馈库区人民的自觉感恩行为。早在2011年，国家尚未出台协作方案以前，北京市就拨款5000万元在渠首建设福森生态农业示范基地，使当地农民群众的收入提高4倍。2011年11月29日至12月1日，北京支援合作办组织北京农业集团、北汽福田汽车股份有限公司、北京华联集团相关负责人专程到南阳考察，调研对口协作事宜。《方案》出台后，北京市更加重视南水北调对口协作工作，成立北京市南水北调对口协作工作协调小组及办公室，协调小组由市级主管领导和市支援合作办、市南水北调办主要领导组成，研究解决对口协作工作中出现的重大问题。近几年来，北京市委市政府主要领导多次到水源区考察、调研和对接，与河南、湖北来京同志座谈，会商对口协作有关工作，并与河南、湖北两省签订了战略合作框架协议。按照国家工作方案部署，2013 年 4 月至 5 月，北京市支援合作办积极会同市南水北调办到河南、湖北两省对口协作 16 个县（市、区）进行对接调研，初步掌握了对口协作地区基本情况、优势资源、产业发展需求和重点项目情况。2013 年 9 月，北京市对口协作协调小组和环保局、科委、经信委等单位领导，赴湖北郧西开展"关注教育对口帮扶"调研，然后与十堰市共同召开座谈会，北京方面表示借助南水北调对口协作的契机，将大力支持十堰旅游发展。到 2014 年，进一步将此前的调研和合作方向具体化，北京市东城区与郧县签订教育对口协作协议，北京市东城区教育部门将对口帮扶郧县一中、郧县实验中学等 7 所学校。根据协议，两地将在教科研交流、教师培训等方面开展对口协作。北京顺义区与南阳开展对接，将建立多层次互动机制和对口协作机制，开展生态农业、高新技术产业、文化旅游业、经贸合作，扩大民间交流，促进社会和谐发展。同时，北京怀柔区与河南卢氏县、北京大兴区与湖北十堰市茅箭区、北京昌平区与河南栾川县、北京顺义区与河南西峡县、北京西城区与河南邓州市、北京朝阳区与河南淅川县——开展南水北调对口协作对接。京津地区的感恩行动让南水北调工程更加可持续发展，南北协调，努力实现两地优势互补、互利共赢。

第 七 章
南水北调精神的文化渊源

一种人文精神的形成，必定有其文化渊源、时代背景和现实成因。如同"参天之木，必有其根。怀山之水，必有其源"一样，南水北调精神的形成，也有其深厚的实践基础、文化渊源和时代背景。它植根于楚地，发展于中原，形成于当下；它汲取了优秀传统文化的养分，在包括楚文化、中原文化在内的中华优秀传统文化的滋润下，在南水北调中线工程的建设过程中逐渐形成，并凝结成新时代的精神音符，成为南水北调中线工程的重要精神标志。

第一节　丹水悠悠肇始根基

河南省西南部与湖北省交界处是风景如画的丹江口水库，它的上游是可溯源至陕西省的丹江。这是一个美丽而神奇的地方，早在远古时期，就有一些部落在此栖息繁衍，生存发展，并在中原文化的影响下形成了独特的孝义文化，由此而成为中华优秀传统文化的发源地之一。南水北调精神的形成，与这片土地，与这里的人民，有着非常密切的联系。

以家国情怀为主要内容的孝义文化，在丹渊之地最早的首领丹朱身上得到了体现。在传说中的尧舜时代，尧的第一个儿子一生下来就通体红色，因而取名叫朱。尧在位58年时，"使后稷放帝子朱于丹水"①。这里所说的"放"有流放的意思，也有安置的意思。尧把他的长子安置在丹水，丹朱实际上就成为丹水之地最早的主宰者。所以，《山海经》称丹朱为"帝丹朱"。②丹朱之名还有另一种说法，说的是舜继尧为天下主之后，把丹渊作为尧子朱的封地，所以后人又称朱为丹朱。在《尚书·逸篇》等文献中，丹朱给人的印象是"不肖"，所谓"尧子不肖，舜使居丹渊为诸侯，故号曰丹朱"。③但是，在《竹书纪年》等文献记载中，丹朱不仅不是所谓的"不肖"，而且还是一个大孝子，是一个懂得感恩和谦让的人。尧把天下禅让给舜之后，舜竟然把尧囚禁起来，还在今山东鄄城修筑了一座小城把丹朱也囚在里面，阻止他与父亲尧相见。④丹朱是一个开明的人，他在丹渊之地励精图治，深得三苗人的拥护。三苗人对舜的所作所为非常不满，惹得舜很不高兴，命令夏后征讨三苗，迫使三苗来朝觐。本来，丹朱是有机会继承其父尧之位为天下主的。尧向放齐询问谁可以嗣位时，放齐说："嗣子丹朱开明。"但是，尧后来选择了舜。丹朱为了避免与舜发生矛盾，主动避居房地（今河南遂平县境内），显示了他的谦让与大度。由此可见，早在远古时期，孝义、谦让、大度等已经成为丹渊之地人们的文化品格。

百行孝为先。孝义是为人之本，谦让是为人之德。小到家庭乡里，大到郡县国家，如果人人都有孝行，重情义，讲谦让，那么人与人之间就会少些矛盾，少些纠葛，家庭、邻里、社会就会多些和睦和谐。丹渊之地的孝义和谦让文化品格，不仅让人们看到了社会发展的希望，而且

---

① 《竹书纪年》卷上。

② 《山海经》卷十《海内南经》。

③ 《太平御览》卷六十三"丹水"。

④ 《太平寰宇记》卷十四"鄄城"。

滋润了这里的人民，并在当代得到了很好的继承发展与弘扬。在丹江口水库和南水北调中线工程建设中，淅川人民为了这项利国惠民的国家工程，在征地、拆迁、安置、重建等一系列重大事情上，重情义，讲谦让，顾大局，讲奉献，保证了工程的顺利实施，体现出生活在这块土地上的人民的宽阔胸怀和文化品格，也为南水北调精神的孕育形成作出了应有贡献。

第二节　楚风汉韵凝聚精神

南阳属于古楚地，也是东汉的龙兴之地。自春秋战国以至近代，这里人才辈出、风云际会、民风淳朴、文化丰茂，千百年来所形成的楚风汉韵，不仅让人们记住了南阳这片土地，而且还让人们领略了楚地文化的旖旎风采。得益于楚风汉韵的浸润，在这片土地上形成的忧国忧民、大义担当等文化精神，与南水北调精神一脉相承，是南水北调精神赖以孕育形成的源头活水和重要文化基因。

南阳是南水北调中线工程的渠首所在地和核心水源地。南水北调中线工程干渠在南阳境内长达 185.5 公里，占河南段总长的 1/4、中线工程全线总长度的 1/7。南阳段工程占地 11.23 万亩，其中永久用地 4.14 万亩。南阳市淅川县则是南水北调工程丹江口库区的主要淹没区、移民区、水源地和国家湿地保护区，从 20 世纪 50 年代修建丹江口水库至 2008 年南水北调中线工程第三批移民工作开始，淅川县前后累计迁出近 40 万人，淹没良田 55 万亩，为南水北调工程作出了巨大的牺牲和奉献。南阳历史地担当起南水北调中线工程的重任，在南水北调中线工程中占有非常重要的地位。南阳人民特别是淅川人民在南水北调中线工程建设中所表现出的这种担当与牺牲奉献精神，从文化的视角看，无疑是得益于楚风汉韵的滋养和熏陶。楚风汉韵中所蕴含的自强不息、艰苦奋斗、忧国忧民等精神内核和家国情怀，滋润并深刻影响着这里的人民，为南水北调精神的孕育形成提供了不竭的文化滋养。

自强不息、攻坚克难是楚风汉韵的底色。说起南阳文化，人们常常用楚风汉韵来概括，但何为楚风汉韵，论者对其内涵和外延很少加以界定，因而常常是语焉不详。其实，楚风汉韵既是对南阳历史文化的概括，也是南阳文化精神的凝练。风韵是其表征，精神是其特质，风韵与精神相互统一，才能相得益彰，才能发挥其移风易俗、感化人心的作用，也才能对人们的精神层面产生更大的影响。楚风汉韵蕴含的自强不息、艰苦奋斗精神，在"楚虽三户，亡秦必楚"这一历史事件中，得到了鲜明体现。战国时期，楚怀王执政时，国力一时非常强盛，曾经傲视战国群雄。后来，楚国多次遭受齐、秦等强国入侵，且屡遭挫败。公元前312年至310年的3年间，秦楚之间发生了两次大规模的战争，先战于丹阳（今丹江北淅川县境），秦军大败楚军，斩首8万余级；又战于蓝田，楚军再遭惨败；次年，秦国又攻占楚国召陵。经历了三次惨败，楚国迅速由强转弱。公元前299年，齐、韩、魏等国联合进攻楚之方城，杀楚将唐昧，攻取重丘（今方城、泌阳、社旗交界处）；秦国更是乘人之危，接连攻取楚国8座城池。秦昭王还约楚怀王在武关（今陕西商洛东）会盟，楚怀王不知是计，不顾大臣劝阻，前往武关会盟，结果被秦昭王扣留，逼迫割地给秦国。楚怀王坚决不答应，于是就被囚禁在秦国，并于公元前296年忧疾而死。此后，楚国经楚顷襄王、考烈王、幽王及楚王负刍四代，于公元前223年被秦王嬴政所灭。人们探究楚国灭亡的原因，把楚怀王与秦昭王武关会盟而被囚禁于秦国作为最根本的原因。而楚国人也因此与秦国结下深仇大恨，时刻不忘亡国之痛，矢志灭秦。所以，司马迁在《史记·项羽本纪》中写道："夫秦灭六国，楚最无罪。自怀王入秦不反，楚人怜之至今，故楚南公曰'楚虽三户，亡秦必楚'也。"从楚怀王被秦昭王囚禁于秦地，到公元前 209 年楚人刘邦响应秦末农民起义，再到楚人项梁立楚怀王之孙熊心为楚怀王，借助楚怀王的威望，号令天下，共伐暴秦，再到楚人项羽巨鹿大战，大败秦军主力，继刘邦之后入关，诛杀秦王子婴。至此，楚南公"楚虽三户，亡秦必楚"的预言，已经变成现实。关于楚之"三户"，有的说是楚国的屈、昭、景三大家族，有的则解释为三几户人家。淅川县曾经有三户里、三户亭，南阳亦有三户里。由此来看，以"三户"代指古丹阳或宛地的可能性非常大。楚南公所说的"楚虽三户，亡秦必楚"，意为楚国即使只有丹阳或宛这样一个地方，最终也一定能够消灭秦国。从秦末历史发展的进程来看，的确也是这样。楚人刘邦、项梁、项羽是推翻暴秦的主要英雄；而刘邦能够先于项羽攻进秦都咸阳，也主要得力于先取南阳，然后沿丹水西进，西出武关，在蓝田大败秦军后，直逼咸阳，迫使秦王子婴投降。简单勾勒一下战国时期楚国发展的历史可以看出，楚国自楚怀王被秦国拘禁之后，遂由强转弱，屡遭欺凌。但楚国人民不屈不挠，自强不息，并能够委曲求全，在逆境中坚持下来，谋求发展，终于获得成功。由此可以看出，自强不息、攻坚克难不仅是楚风汉韵的文化底色，而且对南阳文化产生了深远影响，并在南水北调中线工程的建设中得到了传承和弘扬。

重视德业、勇于担当是楚风汉韵的亮色。传统文化有立德、立功、立言"三不朽"之说。在南阳这片土地上，"三不朽"则表现为对德业的执着追求以及对家国生民的责任担当。从春秋战国时期的百里奚、范蠡，到西汉末年刘秀春陵起兵中兴汉室，再到历朝历代出身南阳的将相贤哲，都表现出重视德业、勇于担当的精神。新莽时期，南阳是刘秀起兵推翻新莽政权的基地，而辅佐刘秀成就东汉帝业的"云台二十八将"，有不少都是南阳人，他们先后聚于刘秀麾下，身先士卒、奋勇争先、骁勇善战、各建奇功，辅佐刘秀建立了东汉政权，故有"从龙诸臣，半出南阳"之说。南阳是东汉的龙兴之地，这里的人们重视德业，勇于担当，把建功立业作为人生追求，创造出轰轰烈烈的伟业。中兴名将邓禹是今南阳新野人，名列"云台二十八将"之首，他在邺城劝说刘秀的一番话，显示出其对德业的高度重视，表现出南阳人文精神的厚度与博大。他说："古之兴者，在德薄厚，不以大小。"他详细分析当时天下大势，认为"于今之计，莫如延揽英雄，务悦民心，立高祖之业，救万民之命，以公而虑，天下不足定也"①。这番话，用今天的话说就是：古时候那些能够享有天下的人，在于他们有很高的道德水平，而不在于他们势力的大小。在当今这个时候，如果想成就大业，没有比延揽天下英雄、争取民心更重要的事情了。如果能够做到这些，就可以建立汉高祖刘邦那样的基业，解救天下百姓的性命。这样的话，安定天下就不是什么为难的事情了。邓禹以德之厚薄立论，不以势力大小论英雄，虽然是与传统的"天下者，非一人之天下，唯有德者居之"之说相互印证，但同时也反映出这位南阳杰出人才的非凡见识。为人处世，不需要立威，却需要立德。德业如水，有多大德业，就能承载多大的事业之船。如果无德无行，则是举步维艰；如果德业为人称道，自然就会受到人们的敬重。曾官至东汉尚书令的左雄（今河南邓州人），也十分重视德业。他忠笃仁厚，心系国事，针对当时举孝廉中出现的种种弊端，多次上疏汉顺帝，建议实行考试选官制度，要求凡被举孝廉者，先经公府严格考察，再经过考试相关内容，然后予以公示，经审核无误之后，才能录用。他的建议被采纳后，遂形成制度，对东汉选官之弊有所纠正。左雄在其位，谋其政，表现出应有的担当精神。被后人尊称为"医圣"的张仲景，东汉南阳涅阳县（今邓州市穰东镇张寨村）人，汉灵帝时被举为孝廉，后来官至长沙太守。他精于医术，常常在太守大堂"坐堂行医"，

---

① 范晔：《后汉书》卷四十六《邓禹传》。

为患者治病疗伤，解除痛苦。他结合实例撰写的《伤寒杂病论》，是一部阐述多种外感疾病的医学专著。该书不仅丰富了传统的中医理论，而且成为中医救死扶伤的重要经典，为无数人解除了病痛，功莫大焉。东汉是南阳历史上最为辉煌的时期。这一时期，南阳这片神奇的土地上不仅涌现出许多在中国历史上有深远影响的传奇式人物，演绎出许多动人的故事，而且逐渐形成了具有地方特色的文化——楚风汉韵，并凝练出楚风汉韵最为核心的精神——重视德业、勇于担当。这种精神在南阳这片土地上得到世代传承与弘扬，并在当代南水北调中线工程建设实践中与时代精神相结合，浸润于南水北调精神之中，内化为南水北调精神的重要内涵。

忧国忧民、心系国家是楚风汉韵的特色。楚地毗邻中原，与中原文化有着极深的渊源。中原的经典文化，中原的风俗民情，乃至中原的风云板荡，都会对楚文化产生重要影响。所以，楚文化与中原文化一样，也具有忧国忧民、心系国家的文化特色。从楚怀王时期的屈原开始，这样一种家国情怀就表现得十分充分。自屈原而下，家国情怀逐步内化为楚风汉韵的文化内涵，成为楚文化的重要基因，世代相传，不改其色，并在南阳这片神奇的土地上得到了发扬光大。

唐代名将张巡（今南阳人）在任真源县令时，恰逢安史之乱，谯郡太守投降叛军，并逼迫张巡为其长史。张巡不愿屈身为贼，愤而率军拒叛，据守雍丘（今河南杞县），以两千之师与数十万叛军对峙。他身先士卒，以弱敌强，大小数百战，坚守雍丘 10 个月有余。后来迫于形势，率领部属撤至睢阳（今商丘市睢阳区），与睢阳太守许远等固守睢阳城。固守睢阳期间，他与许远密切配合，许远守城，张巡出战，与兵力占绝对优势的叛军前后 400 余战，杀死敌将 300 人、士卒 12 万人。后来，在内无粮草、外无救兵的情况下，守城士兵大部分丧失了战斗能力，睢阳城终于被叛军攻破。当此之时，张巡说："臣力竭矣，不能全城，生既无以报陛下，死当为厉鬼以杀贼！"城破之后，张巡、许远大义凛然，宁死不屈，慷慨就义。睢阳之役，张巡以万余士卒对抗数十万叛军，坚守睢阳城池近一年，为朝廷平定安史之乱赢得了宝贵的时间。唐代大文豪韩愈对张巡、许远坚守睢阳曾经给予很高评价，他说：坚守睢阳一座城池而能捍卫唐朝天下，用千百敢于赴死的士兵，对抗百万日益骄纵的贼兵，遮蔽江南之地，阻止遏制叛军的势头。唐朝的天下之所以没有灭亡，这难道不是张巡、许远的功劳吗？张巡、许远在明知外无救兵的情况下，仍然能够以疲弱之师与强大叛军对抗，如果不是忠于国家、忠于君主的人，能够做到这一点吗？张巡之所以誓与叛军战斗到底，就是因为心中有国家，就是要坚守忠君报国之志，即韩愈所谓"所欲忠者，国与主耳"。

北宋时期的范仲淹乃一代名臣，是一个富有家国情怀的政治家和思想家，他一生多次为国献策，为百姓请命。他被贬谪为邓州太守时，应滕子京之约撰写的《岳阳楼记》，表现出忧国忧民、心系国家的博大胸怀："不以物喜，不以己悲；居庙堂之高则忧其民，处江湖之远则忧其君。是进亦忧，退亦忧。然则何时而乐耶？其必曰：'先天下之忧而忧，后天下之乐而乐乎？'""不以物喜，不以己悲"，是就自己而言，表现的固然是对待喧嚣社会的一种恬淡和冷静；而"居庙堂之高则忧其民，处江湖之远则忧其君"，则是对百姓和国家而言，表现的是对待百姓和国家的一种博大情怀：为官就要心里时刻想着百姓，为百姓解忧；为民就要时刻想着国家，为国家解困。范仲淹的"进亦忧，退亦忧"，是基于"先天下之忧而忧，后天下之乐而乐"的博大情怀之上的。这种思想境界，这种博大情怀，不仅表现出范仲淹作为杰出政治家的责任担当，而且反映出楚风汉韵的文化内涵与主要特色。这种人民为大、国家至上的精神千百年来一脉相承，世代相传，并在南水北调工程建设中进一步发扬光大，成为南水北调精神的重要内容。

第三节　中原人文厚植沃土

以河南为主体的中原地区，是中华民族的发祥地、华夏文明的起源地。从远古时期的三皇五帝，到早期国家形态的夏商周三代，从中国古代第一个统一的帝制国家秦朝，到满清政府被推翻，中原大地始终是华夏文明核心区。自上古三代一直到北宋，中原还长期是中国政治、经济、文化中心，形成了对华夏文明乃至整个中华文化有极大影响的中原人文精神，并对华夏文明的发展演进产生了深远影响。南水北调精神的形成，不仅得益于楚风汉韵的浸润，而且更植根于中原人文精神的沃土，从中原人文精神中汲取了更多的营养。可以说，正是由于深深植根于中原人文精神的沃土，南水北调精神才有了深厚的根基，才有了更具中原文化特色的内涵，才具有更加感动人心的力量。中原人文精神的特质是兼容并蓄、刚柔相济、革故鼎新、生生不息。这种人文特质对南水北调精神的形成产生了深刻影响，并具有内在一致性，具体表现在以下几个方面。

担当意识世代相传。在远古时代，担当意识就已经成为中原人文的核心内容。发生在中原大地上的故事传说，如女娲补天、精卫填海、大禹治水等，都体现出中原人文精神的责任担当意识。女娲的故事在河南许多地方都有流传，比如周口西华、桐柏山区、济源邵原等地，都有不少有关女娲的传说。而出自《山海经》的女娲补天故事，具有浓厚的神话色彩。故事说的是远古时期，支撑大地的四根柱子都坏掉了，大地塌陷了，天不能把大地都覆盖起来，地不能把万物都承载起来，大火四处燃烧而无法熄灭，洪水任意肆虐而不能消退，猛兽跑出来吃人，猛禽抓老弱之人当食物，老百姓苦不堪言。这个时候，女娲挺身而出，炼五色石把青天补好，折断鳌的四足，把支撑大地的四根柱子立起来，杀掉黑龙拯救冀州，把芦苇的灰烬积累起来堵塞洪水。于是，苍天得以修补，四极得以直立，洪水终于退去，冀州恢复安定，那些吞噬百姓的猛兽猛禽都死掉了，百姓的生活又恢复了常态。正是由于女娲勇于担当，勇敢地站出来拯救天下苍生，才使天地得以恢复原貌，百姓得以安居乐业。同样，发生在中原地区的精卫填海和大禹治水故事，内容虽然各不相同，但它们反映出来的担当意识，却与女娲补天的精神有内在一致性。传说，精卫是炎帝的女儿，小时候在海边玩耍时，不慎落入海中淹死了。精卫死后化为一只鸟，为了避免他人有同样的遭遇，精卫经常口衔西山的木石，飞到东海去填海。关于这个故事，人们常常认为表现的是矢志报仇、坚忍不拔的精神。其实，这是把精卫填海的精神看低了。这里反映的主要是一种具有博大胸怀的担当精神。为了避免他人重蹈覆辙，陷入苦难，精卫不惮自己力量之弱小，坚持衔西山之木石以填海，就其初心而言，精卫填海展现的是一种伟大的担当精神。至于大禹治水，更是一种不畏艰险、前赴后继的英勇担当。洪水肆虐，百姓涂炭，包括父亲鲧在内的治水努力都没有取得应有的效果。当此之时，大禹勇挑重担，采取疏浚的方法治水，三过家门而不入，终于获得成功，拯救万民于水患之中，同样显示出伟大的担当精神。

大爱无疆代代传承。如果说女娲补天、精卫填海和大禹治水等神话故事，表现出来的担当精神具有超现实意义的话，那么，三代以来无数中原儿女基于对国家、民族和百姓的深厚情感而表现出来的大爱，就更加令人高山仰止、景行行止。譬如战国时期墨家创始人墨子（今河南鲁山人），提出了著名的"兼爱"说，主张人不分亲疏，民不论贵贱，皆应爱人如己、一视同仁。墨子的"兼爱"与孟子的"老吾老以及人之老，幼吾幼以及人之幼"不同，不是孟子所主张的推己及人，而是真正的爱他人，爱所有人。但是，在一个等级森严、贵贱分明的阶级社会里，要做到"兼爱"是很困难的。为了实现自己的政治理想，为了达到"兼爱"的目的，墨子反对战争，追求和平，矢志为天下苍生创造安定的生活。为此，他不惮辛劳，不畏艰险，不惧威胁，听说公输盘为楚国制造云梯，准备攻打宋国，他"裂裳裹足"，连续奔波 10 天 10 夜，从齐国（一说为鲁国）赶到楚都郢，和公输盘一道去见楚王，要求停止进攻宋国。楚王不肯。于是，墨子和公输盘就在楚王面前，"以带为城，以牒为械"，推演楚国攻打宋国的攻防之战。推演了 9 次，公输盘都是大败。接着，墨子和公输盘转换了一下身份，公输盘守城，墨子攻城，结果又是墨子大胜。公输盘恼羞成怒，威胁要杀死墨子。墨子不为所惧，对楚王说：公输盘的意思，是想杀掉我，以为杀了我，宋国没有人能够守城，就可以进攻了。但是，我的弟子禽滑釐已经带领三百人，带着我制造的守城器械，在宋国城墙上等待楚国进犯了。即使是杀了我，楚国也无法取胜。正是由于墨子的见义勇为和大爱无疆，才避免了楚宋之间的一场杀戮。东汉时期的陈蕃（今汝南平舆人）表现出来的则是另一种形式的大爱。东汉桓灵之世，宦官专权，朝政日非，民怨鼎沸，怨声载道。陈蕃身居高位，不畏强权，直立朝廷，把对国家百姓的大爱落实到施政之中。即便直面汉桓帝，他也毫不退缩，直言汉桓帝宠信宦官，致使内忧外患不断加深，说得汉桓帝无言以对。针对宦官罗织罪名，欲逮捕李膺等正直之士，制造"党锢之祸"，陈蕃断然拒绝签字连署，并将皇帝诏书退回。汉灵帝的时候，他大胆起用遭受"党锢之祸"的李膺等人，试图整治朝纲，让社会重归清明。可惜最后却是壮志未酬，被宦官杀害。陈蕃有一句名言："大丈夫处世，当扫除天下，安事一室乎？"这种志在天下的责任担当，表现出来的正是一种基于对国家百姓的大爱。千百年来，大爱无疆的精神一直是激励中原儿女勇往直前的精神动力，并在新的历史时期被赋予了新的文化内涵。在南水北调工程建设中，这种大爱和担当，转化为对国家、对人民、对家乡的热爱，内化为广大干部群众的自觉行动，成为南水北调精神的最为重要的内容。

　　家国情怀一脉相承。中原是早期国家形态最早的形成之地。从远古时期的聚落和部落，到大禹建立早期的国家形态——夏朝，中原一直是华夏文明的核心区域，是全国政治、经济、文化中心。千百年的文化传承和历史聚合，使中原人民对国家有了深厚的感情，爱国爱家成为一种自然而然的情感。中国历史上第一位爱国主义女诗人许穆夫人是春秋时期卫昭公之女，嫁与许国许穆公为妻。卫懿公时，卫国遭受翟人的侵犯，卫懿公死于乱军之中，卫国生灵遭受涂炭。许穆夫人闻讯后，请求许穆公发兵救援。许穆公胆小怕事，不愿惹火烧身，按兵不动。无奈之际，许穆夫人带领卫国当初随嫁的姐妹毅然北上，与逃难到漕邑的卫国宫室会合，和卫国新君商议复国大计。后来，得到齐国、宋国等国的帮助，卫国击退翟人，收复失地，终于得以复兴。卫国的复兴，固然得力于齐国、宋国等国家的帮助，但与许穆夫人的奔走谋划密不可分。在复兴卫国的过程中，许穆夫人曾经留下了《泉水》、《载驰》等诗篇，收入《诗经·鄘风》之中。这些诗篇表达了她对故国的思念和忧虑，显示了她为了祖国不顾个人安危、一往无前、矢志不移的坚强决心，爱国主义精神感人至深，至今读来仍然可以感受到那浓浓的爱国情怀。西汉初年的贾谊（今河南洛阳市人），少年得志，大器早成，年纪轻轻就官至太中大夫，却因锋芒毕露招致权贵嫉恨，被贬为长沙王太傅。汉文帝后来又征召贾谊回京，任命他为梁怀王太傅。贾谊心怀百姓，心系君主，总结秦朝灭亡的历史教训，写下了著名的《过秦论》，认为秦朝之所以灭亡，在于暴虐无道，不施仁政。针对当时诸侯王势力膨胀，封地不断扩大，形成尾大不掉之势，贾谊忧心忡忡，向汉文帝建议"众建诸侯而少其力"，削弱诸侯的势力，巩固中央集权。此外，对于如何抗击匈奴，如何发展农业，贾谊也有很好的建议。只可惜贾谊英年早逝，他的许多主张在汉文帝之世并没有得到落实。虽然如此，贾谊仍然不失为一个忧国忧民的战略家，他的一些思想在整个中国封建社会都深有影响。

唐代大诗人杜甫是一个具有浓厚家国情怀的诗人。他出生在巩义市南窑湾村，一生穷困潦倒，颠沛流离，做过的最大的官仅是检校工部员外郎。但这并不妨碍他忧国忧民，不妨碍他以如椽之笔抒写对国家和人民的情感。他一生的理想就是"致君尧舜上，再使风俗淳"，希望唐代君主都是尧舜那样的君主，社会能够安定，百姓都淳朴善良，安居乐业。他用诗家之笔鼓与呼，表达爱国情怀，希望能感染更多的人，让更多的人为国为民尽心竭力。和杜甫用诗歌表达家国情怀不同，南宋著名爱国将领岳飞（今河南汤阴人），为了恢复中原，率领岳家军驰骋疆场，抗敌御辱，与强敌血战，收复中原大片失地。绍兴十年（1140 年），岳飞率领大军先后取得郾城、颍昌两大战役的胜利，收复郑州和西京洛阳，迫使金兀术退守汴梁。岳飞进逼朱仙镇，准备与金兵决战。然而，就在此时，岳飞被 12 道金牌召回，收复中原的大业功亏一篑。在回师途中，岳飞写了一首《小重山》词，表达他对国家的忧虑，对不能直捣黄龙的遗憾："白首为功名。旧山松竹老，阻归程。欲将心事付瑶琴。知音少，弦断有谁听？"落寞之情溢于言表。从许穆夫人到岳飞，中原文化的家国情怀一脉相承，在不同的时代展示出不同的魅力，并在南水北调中线工程建设中又一次得到发扬光大，成为南水北调精神的核心内容之一。

创新精神千年永续。创新精神是中原文化的核心，也是中原文化五千年来持续发展、从未间断的重要原因所在。文化发展贵在创新。只有不断创新，才能持续发展。中原文化是一种持续创新的文化。《诗经·大雅·文王》中说："周虽旧邦，其命维新"；《礼记·大学》有言："苟日新，日日新，又日新。"创新是中原文化的品质，也是中原人文精神的重要内容。裴李岗文化、仰韶文化以及大河村遗址等出土的文物，都是中原先民不断创新的成就；大禹治水之所以能够取得成功，也得益于他治水理念的创新。他汲取父亲鲧治水的教训，改围堵为疏浚，使河道畅通，河水流畅，驯服了洪水，成就了大禹治水的佳话。中原文化千百年来持续不断地进行着观念创新、内容创新和形式创新。观念创新与内容创新是相辅相成的，从刀耕火种到农业文明的出现，从结绳记事到文字的发明使用，从原始聚落到城市都邑的形成，从乡规民约到相对健全的法律法规，从土屋茅舍到高大华丽的宫殿，中原文化都生动地践行着"苟日新，日日新，又日新"的创新精神。以文字为例，从甲骨文、金文到大篆、小篆，从隶书到楷书，中国的文字在中原地区不断创新，并完成了最终的定型；汉字书写印刷亦是如此，从先秦时期的竹简到东汉的造纸术，从雕版印刷到北宋毕昇发明活字印刷，正是由于持续不断的创新，汉字的书写印刷才一步步由难而易，并推动了印刷革命，为文化的普及交流创造了有利条件，推动了世界范围内的文化交流；在内容创新方面，中原文化更是领风气之先，春秋时期郑国执政子产铸刑书于鼎，老子创作《道德经》，战国时期庄子主张回归自然，列子提倡循名责实，韩非纵论术与势，以及其后贾谊揭示暴秦过失，晁错申述农业的重要地位，何晏、王弼创立魏晋玄学，韩愈力倡道学，北宋二程阐述天理与人欲的关系，邵雍论述《周易》象与数的相互联系等等，无一不是内容创新的结果；至于文学样式也是这样，从《诗经》以四言为主，到东汉五言诗兴起，魏晋七言诗、六言诗滥觞，从唐代各体诗歌的流行，到宋词、元曲的兴盛，许多诗歌样式都是在中原完成了体式的变革与创新，反映出中国古典诗歌形式创新的巨大成就。创新是一个民族持续进步的不竭动力，也是推动社会发展的核心驱动力。中原文化的创新精神，不仅成为中原文化的基本品格，而且对华夏文明的发展和中华文化的进步持续发挥着强大影响力。在南水北调工程建设实践中，这种创新精神在与新的时代相结合的过程中，得到了进一步传承与弘扬，再次显示出无穷魅力，成为激励无数建设者精益求精的精神动力、创先争优的巨大力量。可以说，正是得益于中原人文创新精神的滋养，南水北调精神才越发显示出耀眼的光辉。

艰苦奋斗砥砺后人。艰苦奋斗是中原人文精神的重要内容，对南水北调精神的形成有深刻影响。以中原为主体的华夏文明发展史，就是一部攻坚克难的奋斗史，一部砥砺前行的英雄史。从传说中的黄帝时代开始，艰苦奋斗的历程就一直伴随着中原人民。黄帝为统一中原而艰苦奋斗，大禹为治理水患而艰苦奋斗，愚公为改善生存环境而艰苦奋斗。大到国家，小到个体，在中国古代那样一个需要不断改善人居环境和生活环境的社会里，艰苦奋斗成为人们生活的一部分。千百年来，艰苦奋斗不仅成为推动社会前进的重要力量，而且成为深受人们推崇的一种道德情操。愚公移山故事，讲述的就是一个持之以恒、艰苦奋斗的故事。愚公为了改变家乡面貌，带领子孙挖山不止，并且表示，子子孙孙都会坚持挖下去，直到把大山移走为止。战国时期的苏秦（今河南洛阳人）也是一个奋斗者的典型。他曾经因能力不足而常常被人看不起，于是知耻而后勇，发奋读书，常常读到深夜，有时候困了，忍不住要打盹儿，他就拿一把锥子在自己大腿上扎一下，陡然感到刺痛，于是清醒过来，再接着读书。苏秦刻苦读书，成为饱学之士。他凭借满腹经纶，游说燕国、赵国、齐国、魏国、韩国、楚国合纵抗秦，六国君主听从苏秦的建议，缔结盟约，联合起来共同对抗秦国。苏秦大获成功，佩六国相印合纵抗秦，令强秦不敢东顾。西汉著名政治家陈平（今河南原阳县人）也是靠个人努力奋斗而获得成功的。陈平小时候家中贫寒，与兄嫂共同生活。哥哥为了让他读书，独自耕种家中的30亩田地。陈平知道自己获得读书的机会不容易，因此读书特别用功。他学业有成，后来辅佐刘邦成就帝业，以至于刘邦"与平剖符，世世勿绝"，陈平却坚辞不受。汉惠帝、汉文帝时，陈平居丞相之职，亦多有建树。"历览前贤国与家，成由勤俭败由奢。"正是由于中原人民世世代代艰苦奋斗，才创造了辉煌灿烂的中原文化。这种艰苦奋斗的精神历久弥新、世代相传，并在南水北调中线工程建设中得到进一步弘扬，进而成为南水北调精神的重要组成部分。

第四节 华夏文明固本培元

诞生、萌芽、发展并形成于黄河中下游地区的华夏文明，是中华文明的主体与核心。它悠久厚重，博大精深，是南水北调精神的源头，也是南水北调精神最为重要的精神滋养。南水北调精神的形成固然得益于新的时代，得益于南水北调工程规划者、建设者、指挥者等各方的共同努力，但同时也得益于华夏文明的滋养与培育。正是由于华夏文明的固本培元，南水北调精神才能够与中华文明的主流文化精神相一致，才显示出更加动人的魅力。审视华夏文明的发展历程，人们会惊奇地发现，南水北调精神的主要内涵都能够从华夏文明中找到源头活水，都与华夏文明的主流文化精神相一致。

中国是文明古国，也是一个幅员辽阔的多民族国家。许多涉及国家民族利益的事情，不是一时一地能够完成的，需要统筹谋划，举全国之力。如世界奇迹万里长城，始建于春秋战国时期，到了秦朝，为了防止北方的匈奴入侵，秦始皇派大将蒙恬北伐匈奴，监修长城，形成了西起临洮、东至辽东的万里长城。秦朝以后，自西汉以至明代，继续修建长城，形成了今日所见东起山海关，西到嘉峪关，全长约6700公里的长城。修建长城，给百姓造成了无尽的苦难。一部长城修建史，就是人民的血泪史。但是，长城也确实起到了迟滞北方游牧民族南下进犯中原的步伐。所以，孙中山评价说："始皇虽无道，而长城之有功于后世，实上大禹治水等。"在当时的历史条件下，修建长城，往往要动用全国的人力、财力和物力，需要从国家层面统筹协调，统一谋划。再如著名的京杭大运河，始凿于春秋战国时期，完成于隋唐时期，繁荣于唐宋，取直于元代，至明清又加疏浚。大运河发展的每一个阶段，不论是春秋战国时期邗沟、鸿沟的开凿，还是隋唐时期广通渠、通济渠、山阳渎、永济渠的开通，都是不同时期举国家之力才能完成的事情。隋炀帝迁都洛阳后开凿的通济渠和永济渠，虽然给国家和百姓带来了巨大灾难，但它们通过漕运连通江南和华北，对加强中原与南方的政治、经济、军事联系，巩固北方的统治，发挥了非常重要的作用。直到元代统治者定都北京，为了加强大都（今北京）的中心地位，新修通惠河，开挖洛州河和会通河，把京杭大运河取直，以洛阳为中心的运河体系才有根本改变。再如三国曹魏时期，开凿了以许都为核心的内河网，以及分别以邺城和徐州为核心的运河。这些运河都是为了灌溉、漕运或军事目的而开凿的，对曹魏时期政治、经济、社会、文化的发展发挥了重要作用。取曹魏而代之的晋武帝司马炎，最终能够统一天下，曹魏时期开凿的运河发挥了很大作用。要办大事，办惠及百姓的大事，不仅需要统筹谋划，而且需要国家统一谋划，举全国之力去落实。历史已经证明，并将继续证明，关系全局的大事，关系国家的大事，必须由国家统筹谋划，并组织实施，才可能把好事办好，把实事做实。

人民利益是一切事情的出发点和落脚点。这样一种治国理念源自华夏文明，植根华夏文明。孟子曾经说过："民为重，社稷次之，君为轻。"国家最重要的是什么？是人民。国家是由人民组成的，国家政权的组成人员是为人民服务的，人民是国家的主人。百姓安定了，国家才能安定；百姓幸福了，国家才能繁荣。所以，中国最早的王朝建立者大禹曾经殷殷告诫后人："民可近，不可下。民惟邦本，本固邦宁。"[①]老百姓可以亲近，却不可以轻视。只有百姓才是立国之本，这个根本稳固了，国家才可以太平。失去民心，进而就会失去国家。中国古代一切有远见的帝王从来不会轻视百姓，因为他们都明白这样一个道理：天下者，乃天下人之天下，非一人之天下，唯有德者居之。心里装着百姓，真心为百姓造福，就会得到百姓的真心拥护；反之，就会遭到百姓的唾

---

① 《尚书》卷六《夏书·五子之歌》。

弃，就会失去政权。"水能载舟，亦能覆舟"，说的就是这个道理。为政之道，在得民心。故有"得民心者得天下，失民心者失天下"之说，有"得道多助，失道寡助"之说。平民百姓虽然无职无权，但他们心里都有一杆秤，谁真心为百姓着想，谁实实在在为百姓造福，百姓心里明镜似的。百姓心，不可欺。以人为本是为政的基本原则，只有时时刻刻把百姓放在心上，百姓才会把执政者放在心上。开创贞观之治的唐太宗李世民曾经对大臣说："国以民为本，人以食为命。若禾黍不登，则兆庶非国家所有。既属丰稔若斯，朕为亿兆人父母，唯欲躬务俭约，必不辄为奢侈。朕常欲赐天下之人，皆使富贵。今省徭赋，不夺其时，使比屋之人恣其耕稼，此则富矣。"①国以民为本，民以食为天。为政者必须把老百姓的衣食冷暖放在心上，躬务俭约，杜绝奢侈。同时，还要轻徭役，薄税赋，不违农时，让老百姓安居乐业。唐太宗这番话反映了他对百姓重要地位的认识，表明了他的为政之道，很有代表性。康乾盛世的开创者之一乾隆，曾殷殷告诫臣民："夫天下者，天下人之天下也，非南北中外所得私。"②既是天下人之天下，就要秉持以人为本、人民至上的原则，真正把人民作为一切事务的出发点和落脚点，想人民所想，急人民所急，真正把人民当成国家的主人，而不能假借人民的名义兜售私货，夹杂私心。南水北调工程是一项惠及亿万百姓的民生工程，它最初的谋划和立项是为了人民群众，它的建设者是人民群众，它的受益者还是人民群众。人民在这项工程建设中自始至终都居于主体地位，是真正的主人翁。

华夏文明一直都在倡导创新精神和工匠精神。创新精神和工匠精神是中原人文的重要品质，也是华夏文明的重要内容，二者互为表里，相

---

① 吴兢：《贞观政要》卷八"务农"。
② 爱新觉罗·弘历：《御制文集》二集卷十五。

辅相成，相得益彰。精益求精的工匠精神，不仅由来已久，而且在中原文化与华夏文明中的表现也有其内在一致性。庄子曾经讲过一个匠人运斤的故事："郢人垩慢，其鼻端若蝇翼，使匠石斫之。匠石运斤成风，听而斫之，尽垩而鼻不伤，郢人立，不失容。"①郢人鼻端粘上一点白色黏土，让姓石的匠人拿斧子给他砍掉。匠人挥动大斧，朝那人的鼻子上砍去，郢人面不改色地站在那里让他砍。结果是郢人鼻子上的白色黏土全部砍掉，而鼻子却丝毫没有损伤。匠人运斤技术之高超，手法之娴熟，已经到了出神入化的境地。精益求精是古代艺人的追求，也是华夏文明的特色。古时候有一个叫甘蝇的人，射箭技术非常高明，只要他一开弓，就一定会把目标射落。他的弟子飞卫也像他一样，箭无虚发，技艺超过了师父。有一个名叫纪昌的人，向飞卫学习射箭。飞卫告诉他，必须先练习不眨眼的功夫，然后才可以学习射箭。于是，纪昌回到家中苦练，先是躺在妻子的织布机下盯视脚踏板。这样练了两年，就算是锥子扎到眼皮子了，他也不会眨一下眼睛。然后，他去见飞卫，把练习的结果告诉飞卫。飞卫说："仅仅这样还不行。你还要练习观察东西，然后才可以。你要能够把小的东西看成大的，把细微的东西看成显著的，然后再来找我。"纪昌回去后，用牦牛毛系住虱子，悬挂在窗户上，仔细观察。三年之后，他看那虱子像车轮一样大。于是，他做了一张弓箭，射悬挂在窗户上的虱子，箭从虱子心穿过，而悬挂虱子的牦牛毛却没有断。他把结果告诉飞卫，飞卫激动地拍着他说："你的箭艺学成了！"纪昌学射箭的过程，也是精益求精的过程。正是由于他能够精益求精，他的射箭技艺才达到了常人所不能及的境界。这种注重创新、精益求精的精神，自古至今一脉相传，在当今则演变为大国工匠精神。这样一种精神在南水北调中线工程建设中，尤其是在陶岔渠首工程、沙

---

① 《庄子·杂篇》卷八《徐无鬼》。

河渡槽、湍河渡槽和穿黄工程等重要控制性工程建设中，都得到了生动体现。因此，可以说，南水北调工程体现出来的创新求精精神，既植根于华夏文明精益求精的文化传统，同时又是新时代大国工匠精神的生动写照。

中华民族一直承继着勇于奉献、敢于担当的精神，尤其是当国家危难、民族危亡之时，这种奉献担当精神就表现得更为强烈。范仲淹的"先天下之忧而忧，后天下之乐而乐"，文天祥的"人生自古谁无死，留取丹心照汗青"，于谦的"粉身碎骨全不怕，要留清白在人间"，林则徐的"苟利国家生死以，岂因祸福避趋之"等名言警句，都从不同方面诠释了中华文化一以贯之的奉献担当精神。清初著名学者顾炎武关于奉献担当有一段很精辟的话："有亡国，有亡天下。亡国与亡天下奚辨，曰：易姓改号谓之亡国，仁义充塞而至于率兽食人，人将相食，谓之亡天下。……是故知保天下，然后知保其国。保国者，其君其臣，肉食者谋之；保天下者，匹夫之贱，与有责焉耳。"[①]后人撮其要义，概括出"天下兴亡，匹夫有责"。顾炎武之所以把亡国与亡天下分开来看，是因为所谓亡国，不过是"城头变幻大王旗"式的改朝换代，它关乎王公将相等权贵的生死荣辱，而对普通老百姓则没有太大影响，因为他们对何人称帝、何人称王本来就不是很关心；而亡天下则是"率兽食人，人将相食"，老百姓担惊受怕，受苦受难，人人自危，难以自保，甚至要付出生命代价。所以，到了亡天下的时候，那就是和每一个人息息相关了，每个人都有责任，都应该有担当，保卫大家所共有的天下。因此，"天下兴亡，匹夫有责"，不只是责任，更是一种担当。在漫长的历史发展进程中，人们强烈的忧患意识与责任担当逐渐转化为奉献担当精神，涌现出一些被称为"民族脊梁"的伟大人物，他们勇于奉献，敢于

---

① 顾炎武：《日知录》卷十三"正始"。

担当，对中华民族文化品格的形成产生了深远影响。在南水北调中线工程建设中，这种奉献担当精神不仅成为南水北调精神的重要源泉，而且在工程建设者和参与者身上得到了充分表现。

楚地文化、中原文化和华夏文明虽然属于三个不同的范畴，但他们共同表现出来的以人为本的民本思想，不屈不挠的奋斗精神，居安思危的忧患意识，胸怀天下的大局观念，为国为民的责任担当，创新求精的工匠精神，不仅成为中华优秀传统文化的精神内核，而且成为当代人文精神的历史滋养，成为南水北调精神的源头活水。它们自始至终贯穿于南水北调中线工程的规划、征迁、建设、维护的全过程，滋润着每一个建设者和参与者。每一个曾经参与南水北调中线工程的人，不论是规划者、设计者，还是拆迁者、建设者、移民，都是这种精神的实践者和体现者。是他们用实际行动践行着中华优秀传统文化精神，生动地诠释着新时代伟大的南水北调精神。

第 八 章
南水北调精神的红色基因

江河有源，草木有根。任何一种精神的形成，都有其历史渊源和现实基础。南水北调精神不仅深得包括楚文化和中原文化在内的中华优秀传统文化的滋养，同时也传承和弘扬了中国革命精神的红色基因，与井冈山精神、长征精神、延安精神、大庆精神、红旗渠精神、焦裕禄精神、"两弹一星"精神、载人航天精神等革命精神一脉相承，是在新的历史实践中矗立起来的伟大精神丰碑。

第一节　红色基因的历史传承

为推翻帝国主义、封建主义和官僚资本主义在中国的反动统治，实现民族独立和人民解放，中国共产党团结带领中国人民进行了波澜壮阔的新民主主义革命。在长期艰苦卓绝的革命斗争实践中，党和人民不畏强敌、浴血奋战，不仅赢得了革命战争的伟大胜利，而且还孕育形成了红船精神、井冈山精神、长征精神、延安精神、抗战精神、西柏坡精神等中国革命精神。这些用坚定的革命信仰、钢铁般的革命意志凝成的革命精神，是我们党和国家弥足珍贵的精神财富。如今，当年的战火硝烟早已散去，但是，那些在战火中淬炼而成的伟大中国革命精神却历久弥新，永远不会过时，并在新的历史实践中薪火相传、发扬光大。南水北调精神，就是浸透着红色基因、在传承中国革命精神基础上孕育而成的新时代的伟大精神。

一、崇高革命信仰永续传递

英国哲学家萨特曾经说过："世界上有两样东西是亘古不变的，一是高悬在我们头顶上的日月星辰，一是深藏在每个人心底的高贵信仰。"对马克思主义的崇高信仰，对共产主义的执着追求，是支撑一代又一代共产党人前赴后继，奋斗终生的根本动力，是我们党最坚定的政治灵魂。中国共产党 90 余载波澜壮阔的奋斗历程，正是无数共产党员孜孜不倦追求革命信仰的过程。

"敌军围困万千重，我自岿然不动。"井冈山斗争时期，在物资十分匮乏、生存环境十分恶劣、反围剿战争极其惨烈的情况下，井冈山的革命红旗为什么能够始终猎猎飘扬？中国的红色政权为什么能够长期存在？根本就在于中国共产党领导下的中国工农红军有着坚定的革命信仰。"红军不怕远征难，万水千山只等闲。"在风雨如磐的长征路上，红军面临的形势之险恶、环境之艰苦世所罕见："天上每日几十架飞机侦察轰炸，地下几十万大军围追堵截，路上遇着了说不尽的艰难险阻"①。然而，在中国共产党的领导下，红军将士以非凡的智慧和大无畏的英雄气概，历尽千难万险，跨越万水千山，胜利完成了震撼世界、彪炳史册的长征。心中有理想，脚下有力量。正是因为有了"革命理想高于天"的坚强意志和精神支柱，党领导的红军才会在长征路上百折不挠、勇往直前，谱写这豪情万丈的英雄史诗。红军长征的胜利，无疑是理想信念的胜利。在回顾中国革命历史时，习近平总书记指出："崇高的理想，

① 《毛泽东选集》第 1 卷，人民出版社 1991 年版，第 150 页。

坚定的信念，永远是中国共产党人的政治灵魂。""党和红军几经挫折而不断奋起，历尽苦难而淬火成钢，归根到底在于心中的远大理想和革命信念始终坚定执着，始终闪耀着火热的光芒。"①

南阳地处中原腹地，境内伏牛山横亘西北，桐柏山雄踞东南，形成天然屏障和富饶的盆地，战略地位突出，一向为兵家必争之地。新民主主义革命时期，这里曾是中原战场的重要组成部分。在这里，中国共产党领导的人民军队先后建立过鄂豫陕根据地、豫西抗日民主根据地、豫西解放区，进行过西峡口战役、中原突围、宛东战役等重要战役。南阳的一山一水，一草一木，见证了党领导人民争取民族独立与解放的伟大斗争历程。崇高的革命信仰，就如同源远流长的丹江水，在无声无息地滋养着丹江儿女的心灵。厚重的革命历史，为南水北调精神的形成提供了最好的营养剂。

习近平总书记指出："坚定理想信念，坚守共产党人精神追求，始终是共产党人安身立命的根本。"②中国共产党及其领导下的人民对革命信仰的执着追求，不只书写在过去的辉煌历史里，而且还书写在当今时代中华儿女为实现民族伟大复兴而奋斗的光辉实践中。在南水北调工程建设实践中孕育形成的南水北调精神，再次向世人展现了我们党和人民坚定的理想信念和坚强意志。

南水北调中线工程是迄今为止世界上最大的调水工程，历经半个多世纪规划论证和几十年的建设，库区移民的离愁、移民干部的劳累和工程建设的艰辛。这个世纪工程蕴含着太多的故事，一部南水北调建设史，就是无数南水北调人的追梦史。半个多世纪前的 1958 年 9 月 1 日，

① 习近平：《在纪念红军长征胜利 80 周年大会上的讲话》，《人民日报》2016 年 10 月 22 日。

② 习近平：《在十八届中共中央政治局第一次集体学习时的讲话》，《人民日报》2012 年 11 月 19 日。

丹江口水库大坝开工建设。随着淅川县丹江右岸凤凰山上的一声炮响，一场"让高山低头，叫河水让路"的鏖战开始了。在那个极其艰难困苦的年代，在波涛汹涌的汉水和丹江面前，十余万建设大军以大无畏的革命精神，向自然挑战，向极限挑战。他们没有粮食就吃红薯干，喝泥巴水，没有机械就人拉肩扛，"土法上马"，无数英雄的豫鄂儿女靠着"丹江不北流，誓死不回头"的坚定信念，抛家舍业、苦干实干、顽强拼搏，以巨大的付出和牺牲在南水北调中线工程建设史上留下了浓墨重彩的一笔。

半个世纪后，南水北调中线工程河南段陆续开工，征迁移民 20 余万人，修建大坝、隧道、渡槽、桥梁等 1254 座，平均每公里 1.7 座，高填方、高地下水位、煤矿采空区、膨胀土等渠段相互交织，穿黄隧洞掘进、沙河渡槽等堪称世界级技术难题……在这场风云激荡的建设大潮中，中原儿女披肝沥胆、克难攻坚，以执着的信仰和不懈的追求谱写了一曲新世纪的英雄赞歌。2014 年 12 月 12 日，南水北调中线一期工程正式通水，一条蜿蜒 1432 公里的人工天河，穿越中原大地，直抵京畿和津门，南水北调也终于从梦想变成现实。前辈人为了建坝牺牲奉献于丹江，后辈人为了调水牺牲奉献于丹江，广大党员、干部、群众用自己的心血和汗水浇筑成伟大的南水北调工程，也用他们坚定的理想和信念铸就了伟大的南水北调精神。

习近平总书记指出，人民有信仰，民族有希望，国家有力量。信仰是党性之魂，有了信仰就有了照亮前路的灯，就有了把准航向的舵。在革命战争年代，正是因为有着"革命理想高于天"的信仰力量，我们党才能无惧"敌军围困万千重"，有力回答"红旗到底能打多久"的疑问。在南水北调中线工程建设实践中，正是因为有着"誓让丹江北流"的执着追求，广大干部群众顾全大局、不计得失，才成就了"一渠清水送京津"的世纪梦想。可以说，正是因为有了对崇高革命信仰的执着追求，有了百年调水梦的美梦成真，才有了光耀千秋的南水北调精神。

二、革命英雄主义气概生生不息

"天地英雄气，千秋尚凛然。"中华民族是一个崇尚英雄的民族，自古以来就有着一种挥之不去的英雄主义情结。中华民族爱英雄、敬英雄，炎黄子孙英雄辈出；华夏大地造英雄、育英雄，中华儿女英雄无穷。这种情结，反映的是为争取光明和正义而敢于压倒一切敌人、战胜一切困难、艰苦奋斗、不怕牺牲、勇往直前的伟大情怀。一个有希望的民族不能没有英雄，一个有前途的国家不能没有先锋。英雄是历史的记忆、国家的名片、民族的荣耀。"江山如此多娇，引无数英雄竞折腰。"在五千年文明发展史上，是无以计数的中华英雄捍卫了威武不屈的民族尊严，铸就了自强不息的民族精神，抒写了历久弥新的壮美华章。"近代以后，面对强敌的一次次入侵，中华民族没有屈服，而是不断集结起队伍，前仆后继，顽强抗争，誓与侵略者血战到底，奏响了无数气壮山河的英雄凯歌。"①

中国共产党人既是英雄的敬仰者和崇尚者，也是英雄主义的继承者和弘扬者。我们共产党人所崇尚的革命英雄主义精神，本质上是为了国家的前途、民族的命运和人民的幸福赴汤蹈火、在所不惜的牺牲奉献精神。这种精神在内涵上包括："天下兴亡、匹夫有责的爱国情怀"、"视死如归、宁死不屈的民族气节"、"不畏强暴、血战到底的英雄气概"、"百折不挠、坚忍不拔的必胜信念"等。在不同的年代和不同的历史时期，革命英雄主义有着不同的表现方式。在革命战争年代，革命英雄主义是抛头颅、洒热血、视死如归的大无畏精神；在社会主义革命和建设

---

① 《习近平在纪念中国人民抗日战争暨世界反法西斯战争胜利70周年系列活动上的讲话》，人民出版社2015年版，第17页。

时期，革命英雄主义就是邓小平所说的"革命和拚命精神，严守纪律和自我牺牲精神，大公无私和先人后己精神，压倒一切敌人、压倒一切困难的精神，坚持革命乐观主义、排除万难去争取胜利的精神"①。

在南水北调工程建设实践中，涌现出的先进人物和动人故事数不胜数，但有移民群体是南水北调事业中当之无愧的英雄，他们朴实无华，平凡到我们几乎注意不到他们，无法记住他们的名字，但是在这些默默无闻的移民身上，我们看到了为了国家和民族的根本利益勇于牺牲、乐于奉献的伟大品格。这种流淌在中国人民骨子里的伟大品格，为南水北调精神赋予了魅力无穷的深刻内涵。

历史上的淅川曾是美丽富饶之地，丹江亿万年冲积形成的三川平原，土地肥沃得"一脚踩出油"。楚始都丹阳，就坐落于此。抗日战争时期，日寇侵占中原，包括河南大学在内的豫东、豫北 20 多所学校也曾一度迁居这里。二十世纪五六十年代，为了建设丹江口大坝，淅川 9 万多移民忍痛告别深爱的家乡，远赴青海和湖北大柴湖等地。2005 年 9 月，丹江口水库大坝加高工程开工，淅川 16.5 万人再次面临搬迁。爷迁、爹迁、我也迁，如今儿孙还要迁。②"搬迁"仿佛成为淅川人绕不过去的宿命。从 20 世纪 50 年代末到 2012 年移民工作结束，许多淅川移民几度搬迁，在漫漫的移民路上飘零了一辈子。尽管大脑有着苦痛的回忆，胸膛有着锥心的不舍，但他们却义无反顾、无怨无悔。他们所做的这一切，不为别的，只为了南水北调通水的这一天。

美丽的丹江从远古走来，孕育淅川悠久的历史和灿烂的文化；美丽的丹江从未停下脚步，滋养哺育了一代代淅川人，灌溉出光耀千秋的南水北调精神。在古老富饶的丹江之畔，革命英雄主义的火焰世代相传。

---

① 《邓小平文选》第 2 卷，人民出版社 1994 年版，第 368 页。

② 裴建军：《世纪大移民——南水北调丹江口库区淅川移民纪实》，作家出版社 2011 年版，第 105 页。

半个多世纪以来，一代又一代淅川人义无反顾地踏上背井离乡之路。他们也许从未去过北京，只是因为"北京渴了"，他们便带着对家乡故土的无限眷恋踏上搬迁之路。就是这样普普通通的移民群众，为了国家和更多人的需要与利益，他们默默地奉献着，连最难以割舍的东西都最终割舍了。他们或许没有华丽的言语，没有伟岸的形象，但是，凝结在炎黄子孙骨子里的为国分忧、为民解难的革命英雄主义气概，却构成了南水北调精神中最真挚、最动人的部分。

三、艰苦奋斗的革命传统代代传承

1936年6月，美国记者埃德加·斯诺到中国革命圣地延安采访时，十分惊讶地看到：毛泽东住的是简陋的窑洞，周恩来睡的是土炕，彭德怀穿着用缴获的降落伞改做的背心，林伯渠的耳朵上用线绳系着断了腿的眼镜。从这些细小的事情中，这位美国记者发现在这些中国共产党人身上，有一种不可征服的精神和力量，他把这种力量叫作"东方魔力"，并断言这种力量是"兴国之光"。他所说的这种"东方魔力"、"兴国之光"，其实就是我们党的艰苦奋斗精神。艰苦奋斗是中华民族的传统美德，也是中国共产党的优良传统和政治本色。在90多年的奋斗历程中，我们党是靠艰苦奋斗起家的，也是靠艰苦奋斗发展壮大起来的。一部中国共产党从小到大、从弱到强的发展史，就是一部自强不息、艰苦卓绝的奋斗史。1949年3月，毛泽东同志在中共七届二中全会上谆谆告诫全党同志："夺取全国胜利，这只是万里长征走完了第一步。中国的革命是伟大的，但革命以后的路程更长，工作更伟大，更艰苦。这一点现在就必须向党内讲明白，务必使同志们继续地保持谦虚、谨慎、不骄、不躁的作风，务必使同志们继续地保持艰苦奋斗的作风。"[1]实践在

① 《毛泽东选集》第4卷，人民出版社1991年版，第1438—1439页。

发展，时代在前进，但是，我们党艰苦奋斗的优良传统从未丢掉过。在南水北调工程建设中，这一优良传统被广大移民干部以自己的生动实践融入到南水北调精神之中，赋予了新的时代内涵。

艰苦奋斗是一种务实的作风，一种苦干实干的精神，是广大移民干部攻坚克难、兢兢业业的态度。故土难舍，穷炕难离，亲情难分。水利工程移民一向被称为"天下第一难"，而河南省要求移民工作"四年任务，两年完成"，更是难上加难。从 2009 年 8 月丹江口库区 1.1 万移民试点搬迁，到 2011 年 8 月丹江口库区最后一批移民顺利搬迁，短短的两年，700 多个昼夜交替，16.5 万人的时空转换，平均每天要搬迁 200 多人。广大移民干部流汗又流泪，甚至还流血，用"宁可苦自己、绝不误移民"的赤诚，完成了世界水利移民史上强度最大的移民搬迁，铸起了一座辉映史册的不朽丰碑。为了保障移民工作万无一失、准时完成，移民干部们几乎每天都是昼夜不分，没有过过一个完整的节假日。搬迁前，移民干部都要完成普查人口、土地实物登记、规划确认、土地核实、分户分宅、公示纠错、收建房差价款、债权债务划分、党团关系、学生学籍、移民户口转迁等 136 项规定动作，每项工作都要面对着很多的矛盾纠纷。时间有限，移民干部们只有牺牲掉休息和陪伴家人的时间，白天拼命干，晚上加班加点干，忙得连看病的时间都没有。他们肩负的压力太大，他们付出的东西太多。在移民工作全部胜利结束那一刻，他们最想做的事，就是"大喝一场、大哭一场、大睡一场"。

淅川县委机关党委原副书记马有志，是新时期党员干部艰苦奋斗的楷模，也是移民干部群体的代表。出身贫寒的马有志是移民的后代，从小体验过贫穷的滋味。打从干上移民安置这项工作，他把让移民群众过上幸福生活作为自己的奋斗目标。在工作实践中，马有志逐村逐户走访调查，在吃透实情的基础上向县委县政府提出了许多建设性意见，既有效促进了移民搬迁，又在一定程度上改善了移民生活，被群众亲切地称为"活菩萨"。2009年淅川县第一批移民工作启动,马有志主动请缨担任县委驻马蹬镇向阳村工作队队长。为了更好地与移民群众沟通,他独自走进移民村,和移民吃住在一起,与移民攀亲戚、唠家常,一天能往移民家中跑七八趟。"来了马有志,移民就不难!"在马有志的努力下,向阳村成为全县第一批所有搬迁村中最早递交搬迁申请的。2010年4月16日,向阳村在社旗的移民新房即将落成,马有志计划回向阳村就搬迁方案再征求一下乡亲们的意见,但就在途中,他一头栽倒在地,再也没有醒来。噩耗传来,向阳村哭声一片。在向阳村杨沟组周玉芳老人的心中,马有志是这个世界上对她最亲的人。周玉芳命苦,前些年老伴患癌症去世,唯一的儿子因车祸身亡。这些年,老人一直形影相吊。但遇到马有志之后,老人相信,在这个世界上,她又有了一个亲人。老人记性不好,但她清楚地记得,那年腊月十八,寒风刺骨,漫天飞雪,马有志骑着一辆破旧的自行车,赶了七八里山路来看望她:米面油肉,让老人过节;几床被褥,让老人御寒。临走时,马有志又掏出200元钱塞到老人手里,反复嘱咐她保重身体。当得知马有志永远离开人世时,老人几乎哭瞎了双眼。"一生无意求功名,惟尽百年赤子情。"马有志,这位移民的儿子,用他那颗滚烫的赤子之心,在移民群众心中树立起了一座英雄丰碑。

艰苦奋斗是一种不畏艰难困苦、不屈不挠、顽强奋斗的大无畏气概,是我们党的优良传统和政治本色。能不能坚守艰苦奋斗精神,是关系党和人民事业兴衰成败的大事。在举世瞩目的南水北调中线工程建设中,广大移民干部不忘初心、艰苦奋斗,只为扛起党和人民赋予自己的神圣使命。南水北调中线工程是在无数干部群众的艰苦奋斗中诞生的伟大奇迹,这一优良传统为我们的党和人民提供了能够抵御任何自然和社会风浪的强大精神力量,积淀出光耀千秋的南水北调精神。

从1958年丹江口水利枢纽工程开工建设,到2014年中线工程正式通水，一渠清水北流，南水北调百年调水梦终于梦想成真，干涸的华北平原得到了丹江水的灌溉和滋润，释放出新的生机和活力。在南水北调中线工程的伟大实践中，广大移民群众、党员干部和工程建设者们服从大局、舍家为国，敢于担当、无私奉献，用汗水、泪水甚至生命书写着对党和国家的忠诚，在世界移民史上留下浓墨重彩的一笔，不仅向历史、向子孙后代交出了一份出彩的答卷，更铸就了伟大的南水北调精神。革命红色基因是南水北调精神最直接、最深厚的思想源泉。这种崇高的革命信仰、伟大的革命英雄主义气概和光荣的革命传统在我们党90多年的风雨历程中薪火相传，它凝聚着南水北调精神的灵魂和命脉，激励着南水北调人开拓进取、英勇奋斗，成为南水北调精神的重要组成部分。

第二节　社会主义建设精神的丰富发展

社会主义改造完成后，我们党领导全国人民在"一穷二白"基础上开始进行全面的、大规模的社会主义建设。这一历史时期，党领导人民在探索中前进，积累了建设社会主义的宝贵经验，取得了举世瞩目的建设成就，同时也铸就了伟大的社会主义建设精神。在此期间，铁人王进喜"宁可少活二十年，拼命也要拿下大油田"的豪迈誓言，焦裕禄"心里装着 30 万兰考人民，惟独没有他自己"的奉献精神，林县人民"宁肯苦干，决不苦熬"的奋斗精神，在世人面前树立起了一面面高高飘扬的精神旗帜。

南水北调工程建设，发端于开始全面建设社会主义的历史时期。"十万大军战丹江，誓让丹江出平湖。"在那激情燃烧的岁月里，无数南水北调人忠实践履自己肩负的神圣使命，在困难面前以无私奉献铸就辉煌，在艰险中以激情奋斗磨炼意志，在逆境中用责任担当塑造品格，为南水北调精神的生成提供了丰厚土壤，烙上了不可磨灭的历史印记。

一、无私奉献的价值导向一脉相承

无私奉献是人类最纯洁最崇高最伟大的精神，更是共产党人价值导向的集中体现。回眸那段筚路蓝缕的建设社会主义的奋斗历程，无数中华儿女为了国家的利益和民族的尊严，默默付出、无私奉献，创造出一个个人间奇迹。"青天一顶星星亮，荒原一片篝火红。"在异常艰难的条件下，以王进喜为代表的中国石油工人"有条件要上，没有条件创造条件也要上"，不怕苦、不怕死、三年甩掉中国"贫油"的帽子，为国家争了光，为民族争了气。为了打破帝国主义的核讹诈、核垄断，以钱三强、邓稼先等为代表的国防科技工作者隐姓埋名，在茫茫无际的戈壁荒原、人烟稀少的深山峡谷默默耕耘十余载，以有限的科研和试验条件完成了人类文明史上勇攀科技高峰的壮举。艰苦创业的岁月里，面对生与死的考验、面对个人利益和国家利益的抉择，无数中华儿女选择为国为民，无私奉献。这种价值导向是我们党和人民战胜一切艰难险阻，取得胜利的力量源泉，也是奠定南水北调精神的一块重要基石。在南水北调中线工程建设中，淅川人民继承了无私奉献精神，他们以巨大的牺牲和奉献表达着对国家的浓浓深情。

对国家负责，为人民奉献，是数十万淅川人作出泪别故土艰难抉择的强大动力和精神支撑。中国人历来安土重迁，广大农民对其祖祖辈辈生息于此的土地，更是有着很深沉、很执着的情感。然而，为了国家工程建设，为了给北京、给华北大地"解渴"，这些普普通通的淅川人民舍小家、顾大家，在泪眼中挥别故土，在恋恋不舍中忍痛离去。他们以舍小家为大家的具体行动，彰显出为国为民、无私奉献的价值导向，构成了南水北调精神最动人的篇章。

为了国家和更多人的利益，纵然不舍，淅川移民们还是含泪放弃了自己的小家。老城镇小街村二组的村民陈建锋是一个返迁户，6 岁时与父亲一路乞讨返乡后，在江边搭了个草屋居住，靠开荒打鱼为生，成了所谓的"黑人"。陈建锋沿江流浪了半辈子，直到 2003 年，终于盼到了重新登记的时刻，可没想到的是，登记即意味着再一次搬迁。金窝银窝，不如自己的土窝。对家乡的一草一木，陈建锋都饱含深情。临行前，陈建锋扒倒了草屋，一架小竹床、两只缸、三把小椅子、六七捆玉米秆，以及角落里一口小锅、几只碗和一些补了又补的渔网，便是他全部的家当。这些在别人眼里不值钱的废品，却被他视如珍宝要带到新家去。陈建锋眼含热泪说，带上它们，也是个念想，想家时看看它们，就像看见了丹江那条大河，睡在破床上就像回到了家乡，能睡得安稳、踏实……

为了国家和更多人的利益，纵然泪流，他们还是告别了眷恋不已的乡亲。比故乡山水更难割舍的，是故乡的人，故乡的根。面对分离，即使是涉世未深的孩童，也无法忍住眼窝里的泪水。"离开学校，离开家乡，到遥远陌生的地方，我们是多么舍不得你……但是，为了南水北调，我们不会怨恨。"在最后一堂语文课上，滔河乡双庙中心小学的凌培瑶同学，给周域老师写下了这样的留言。临行前，周域领着 47 名即将离开的学生在村头种下 48 棵香樟树。① 树高千尺不忘根。对孩子们来说，这一别，就是他乡变故乡了。

为了国家和更多人的利益，纵然不舍，他们还是忍痛放弃。在那撕心裂肺的分别时刻，让移民最难割舍的，是那些带不走的牵挂。抓上一把家乡土，装上一瓶丹江水，来到祖先坟前烧一把纸，再痛哭一场，移民们用他们最传统的仪式，来告别自己的故乡，这一走，根就永远沉到

---

① 裴建军：《世纪大移民——南水北调丹江口库区淅川移民纪实》，作家出版社 2011 年版，第 284 页。

了丹江水下。家住姬家营村的姬老汉一家离开上车时，家里的大黄狗跟着主人来到车前，由于牲畜不能带上车，一家人只能和大黄狗挥泪告别。车子发动后，大黄狗竟然拼命地跟在主人车后奔跑，跑得四蹄流血。春节老汉回家给祖先上坟时，发现陪伴多年的那条大黄狗，就静静地躺在老屋的废墟上，早已气绝而亡。

告别眷恋的故乡，挥别挚爱的亲人，移民们承受着内心煎熬和不安。迁移前是心灵的挣扎，迁移时是满眼的泪水，迁移后是无尽的回望。国家兴亡，匹夫有责。为了国家发展大局和民族长远利益，上至耄耋老人，下至襁褓中的婴儿，移民们舍小家、为国家，纷纷作别故土，迁往他乡。朴实善良的移民们讲不出大道理，甚至说不清楚南水北调究竟是什么，但他们却用自己的实际行动践行着伟大的家国情怀。移民们对国家的情与爱，随着滚滚北流的丹江水，为南水北调精神注入弥足珍贵的养分和动力。

二、战天斗地的创业激情永葆生机

全面建设社会主义时期，是社会主义事业艰难起步、曲折发展的时期，也是党带领人民奋发图强、激情燃烧的光辉岁月。新中国成立之初，饱经战火摧残的中国大地，百废待兴，重工业几乎是空白，轻工业也仅有少量的纺织业，粮食短缺，通货膨胀。面对这样一个千疮百孔的烂摊子，一位西方记者曾武断地说："这个国家太大了，又穷又乱，不会被一个集团统治太久，不管他是天使、猴子，还是共产党人。"①

"为有牺牲多壮志，敢教日月换新天。"困难从来压不垮用特殊材料制成的共产党人。在如此艰难困苦的条件下，我们的党和人民以坚定的

---

① 中共中央宣传部理论局：《六个"为什么"——对几个重大问题的回答》，《人民日报》2009 年 6 月 3 日。

信念和火一般的激情掀起了社会主义建设高潮，朝着自己的宏伟目标迈出了铿锵有力的步伐，取得了一个个激动人心的伟大成就：1959年9月，大庆油田钻探的第一口油井喜喷油流，从此把中国贫油的帽子甩进了太平洋；1964年10月，我国在西部地区罗布泊上空成功地爆炸了一颗原子弹，有力地打破了超级大国的核垄断和核讹诈；1965年4月，河南省林县红旗渠总干渠顺利通水，被国际友人称为世界第八大奇迹的"人工天河"竣工了；1970年4月，我国自行设计、制造的第一颗人造地球卫星东方红一号，由长征一号运载火箭一次发射成功……尽管困难重重，尽管步履蹒跚，但在那激情燃烧的岁月里，中国共产党和中国人民凭借顽强的斗志和惊人的毅力，创造了一个又一个人间奇迹，日益改变着中国的历史命运。

人不能没有志气，干事业不能没有豪气。形成于全面建设社会主义时期的伟大精神生生不息，在新时期南水北调工程建设中得到进一步地体现，激励着南水北调人干事创业。

创业靠的是有股闯劲，在开拓进取中迸发激情。在南水北调中线工程中需要建设者们攻闯的难关不计其数，其中穿黄工程最具代表性。该工程堪称是整个南水北调中线工程的咽喉，被业界称为集"高、精、尖、难、险"于一体的世纪工程：国内最深的自凝灰浆墙、国内施工难度最大的竖井地下连续墙，采用世界上最先进的大口径泥水平衡盾构机穿越极其复杂地质层的黄河，不换刀完成国内最长的4250米过黄河段隧洞独头掘进，在中国尚无先例。由于国内没有类似工程的施工经验和技术参数可以借鉴，中铁隧道集团公司的建设者们通过反复分析、论证，用惊人的毅力和过人的智慧，相继攻克了超深地下连续墙施工技术、超深竖井施工技术、盾构始发技术、高地下水位下的高边坡开挖、盾构管片拼装技术、盾构机维护技术、内衬施工技术等一系列技术难题，创下了多个"国内第一"乃至"世界第一"的纪录，向全世界展示了中华民族的智慧和实力。

创业靠的是一股拼劲，在勇于担当中保持激情。在南水北调工作中，最苦最难的当属移民工作干部。如果说，20世纪苦了移民，那么21世纪的移民可真是苦了移民干部。四年任务，两年完成。移民干部们对上肩负着党和国家交付的重任，对下面对着群众的利益和情绪；对内人口确定、土地核实、宣传发动、分户分宅……136项规定动作一项都不能少，对外政策对接、实地考察、矛盾协调，事关移民利益的任何一个细节都不能放过。时间有限，任务紧迫，干部们只好白天拼命干，夜里加班加点干。在移民工作最紧张的时候，没有一个干部称病，没有一个人请假。面对群众的不解、怨气和围攻，淅川县大石桥乡党委书记罗建伟站在瓢泼大雨中一整天，依然保持和颜悦色，耐心细致地做劝导说服工作。南阳市移民局局长王玉献带病工作不请假，头天悄悄到医院做了肾结石手术，第二天拔掉输液管就回到了工作第一线。南阳市移民局副局长武伟忙于工作，连家都顾不上回，妻子在家冲凉时突发脑溢血昏倒，直到第二天才被发现送到医院，但一切都为时已晚。① 为了确保移民任务顺利完成，千难万难的干部们，再辛苦，再委屈，也片刻不敢忘却肩头的责任。

创业靠的是一股干劲，在敬业实干中燃烧激情。位于淅川县九重镇的陶岔渠首枢纽工程，是南水北调中线工程的标志性建筑，既是丹江口水库的副坝，也是中线干渠的引水渠首。1974年建成的老渠首闸高162米，承担着引丹灌区150多万亩农田的灌溉任务。2010年3月22日，陶岔渠首枢纽主体工程开工，规划设计的高176.6米、长265米的新闸，距离老闸仅70米。大坝施工，基坑需要爆破下挖二三十

---

① 中共南阳市委南水北调精神教育基地:《历史的见证》，中央文献出版社2015年版，第318页。

米，70 米的距离，要保证老闸和中下游的交通桥不受震动影响，这无疑是个巨大的挑战。建设者们开动脑筋，用小剂量爆破，利用挖掘机把大部分石方挖出来，震碎后再拉出去。为了保证工程进度，他们日夜兼程。2010 年 7 月，由于突降暴雨，九重镇汇集而来的洪水冲垮了围堰，淹没了基坑。为了及时排水，拉出留在水底的水泵，排水班班长王军峰果断脱掉救生衣下潜到地形复杂的基坑里，穿上了水泵鼻子。2011 年南阳遭遇严重旱灾，为了提前给引丹灌区百万亩良田注入救命水，南水北调办要求具备向灌区灌溉的导流条件提前 8 天。8 天，对于平时来说不算什么，但此时即将农历春节，工地上早已人心浮动。为了保证任务圆满完成，项目部经理王铁山紧急从洛阳项目部、新疆项目部及大沙河项目部调集人员。腊月二十九，天南地北的各路人马在陶岔渠首聚集，当万家团圆、欢庆佳节之际，陶岔项目的监理部和工地上依然灯火通明、人声鼎沸。

也许没有人知道，南水北调人就是以这样的血肉之躯，以长夜无眠的代价，换来了滋润千家万户的潺潺清水。在承担巨大风险和社会责任之时，他们勇敢地站了出来，冲了上去。这种战天斗地的创业激情，是社会主义建设精神在南水北调工程建设中的生动体现，也成为南水北调精神的重要内涵。

三、顾全大局的崇高品格历久弥新

顾全大局是马克思主义政党与生俱来的内在基因，也是共产党人崇高的政治品格和优良的传统作风。我们党历来强调顾全大局的极端重要性，并将其视为党和人民事业发展的重要保证。毛泽东曾指出："马克思主义者看问题，不但要看到部分，而且要看到全体。"[1] 他还强调说：

---

① 《毛泽东选集》第 1 卷，人民出版社 1991 年版，第 149 页。

"共产党员必须懂得以局部需要服从全局需要这一个道理。"① 在新中国刚刚起步的艰难时期，为了边疆经济发展和社会稳定，人民解放军百万官兵脱下军装屯垦戍边。20世纪60年代初，我国遭遇严重的经济困难，为减轻城市粮食供应压力，党中央决定动员安置一部分城镇职工和人口下放农村。为服从国家大局，2000多万城镇职工和人口不计私利，奔赴农业生产第一线。在这个过程中，广大党员冲先锋、打头阵，坚决服从党和人民事业发展需要，一切听从党的召唤，充分表现了顾全大局、牺牲奉献的优良品质。在南水北调工程建设实践中，共产党人这种顾全大局、牺牲奉献的伟大精神得到了新的弘扬与彰显。广大党员干部用他们对党对人民的无比忠诚，忠实践履顾全大局、牺牲奉献精神，并引导和带动身边的群众同自己一起这样做，谱写了一曲曲惊天地、泣鬼神的英雄赞歌，以自己的生动实践把共产党人的这一优良品质写进南水北调精神中，使之成为这一精神不可或缺的重要内涵。

顾全大局是一种牺牲自我的奉献担当。在南水北调工程建设实践中，广大党员干部充分表现出了勇于牺牲自我的奉献担当精神。2007年夏季的一天，穿黄工程掘进过程中突发重大险情——穿黄盾构机某个部位上的钢环螺丝崩断，泥浆出现渗漏。这一险情如不能及时排除，穿黄隧道就会因被泥浆吞噬而崩塌，穿黄工程唯一的运输通道将毁于一旦，价值数亿元的盾构设备将变成一堆废铁，现场200多名施工人员也将面临灭顶之灾，无处逃生。在这生死关头，共产党员施振东挺身而出，第一个回到喷浆现场，将施工队伍中的共产党员组织在一起，组成现场抢险突击队。喷射出的泥浆刀割般地打在脸上，但他们全然不顾，依然全神贯注地焊接和加固松动的螺丝。他们用血肉之躯扛起了通往成功与胜利的大门。

---

① 《毛泽东选集》第2卷，人民出版社1991年版，第525页。

顾全大局彰显着壮士断腕的巨大勇气。南水北调中线工程，是向北方地区调入饮用水的建设工程。"南水北调成败在水质。"作为南水北调核心水源地区，做好生态建设工作，确保一库清水永续北送是南阳不可推卸的政治责任。面对水质保护和经济发展的两难抉择，南阳人壮士断腕，毅然先后关停企业800多家。其中，淅川县就关停350多家，是支撑全县财政的"半壁江山"。关停这些企业，使得淅川多条产业链中断，财政收入一落千丈。南阳和淅川人民用舍弃的金山银山换来了碧水青山，为京津人民蓄下了映照着人民群众无私和大爱的一库清水。

顾全大局饱含着忍辱负重的坚强毅力。古人云："大事难事看担当，顺境逆境看襟度。"移民工作号称"天下第一难"。然而，在南水北调中线工程建设中，广大移民干部用"移民舍家作贡献、我为移民解忧难"的实际行动，成功破解了这个"天下第一难"。起初，一些移民群众对移民工作和移民干部不理解、不配合，有的甚至还故意设障、找茬、刁难。面对这些难题，广大移民干部"把移民当亲人、用真情换真心"，"宁肯苦了自己、决不委屈移民"，忍辱负重、无私奉献，忠实践行了自己的铮铮誓言。淅川县老城镇陈岭服务区移民干部安建成，负责安洼村移民搬迁。2010年6月26日，推土机平整道路时不小心蹭到了一户村民的祖坟边。这位村民带着几十名亲戚朋友怒气冲冲地挡在推土机前，不依不饶地非让安建成给其祖坟磕头祭拜，否则决不罢休。男儿膝下有黄金，上跪天地，下跪父母。但为了肩头的责任，安建成，这个曾在老山前线出生入死的铁血男儿，蹲在地上连抽几根烟后，扑通一声跪在了坟前，恭恭敬敬地磕了3个头。这一跪，感动了群众，赢得了安洼村的顺利搬迁。

顾全大局凸显的是倾尽所有的大爱奉献。淅川人对丹江有着说不清、道不明的情结。丹江养育了两岸民众，创造了璀璨的秦楚文化。丹江流淌到今天，在清澈甘甜的江水滋润干涸的华北大地的背后，是淅川人民倾尽所有的大爱奉献。从 1958 年丹江口水利枢纽工程破土动工，到 1974 年初期工程全部建成，在 16 年的时间里，淅川县累计动迁移民 20 万人。随着丹江口水库水位的逐步升高，淅川 362 平方公里的土地被淹没了，最为富饶肥沃的丹阳川、顺阳川、板桥川三川平原 28.5 万亩耕地被淹没殆尽。这就是丹江儿女为顾全大局作出的牺牲与奉献。

第三节 改革开放时代精神的生动体现

以党的十一届三中全会胜利召开为标志，我们党和国家进入了改革开放新的历史时期。改革开放近 40 年来，我们党团结带领全国各族人民在推进中国特色社会主义事业、实现中华民族伟大复兴的中国梦的进程中，不断迸发锐意进取、敢为人先的创新精神，增强与市场经济相适应的自主、平等、竞争、效率观念，弘扬民主、科学、法治精神，张扬以人的全面发展为终极目的的人文精神，从而形成了以改革创新为核心的时代精神。正是靠着这一时代精神的强力支撑和有力推动，社会主义中国创造了一个个世界发展史上的奇迹，在世界的东方迅速崛起。这一时代精神，同时也是南水北调工程建设的精神支撑和强大动力，为南水北调精神提供了重要的滋养。在特大国家水利工程建设这一特定领域，南水北调精神既彰显了这一时代精神的巨大魅力，同时也赋予了这一时代精神以新的时代内涵。

一、锐意进取、敢试敢闯的时代精神

"创新是一个民族进步的灵魂，是一个国家兴旺发达的不竭动力，也是中华民族最深沉的民族禀赋。"① 我们要推进中国特色社会主义事业

———————

① 《习近平谈治国理政》，外文出版社 2014 年版，第 59 页。

发展，实现中华民族伟大复兴，最重要的就是创新。而要创新发展，因循守旧、抱残守缺不行，畏首畏尾、不敢越雷池半步也不行，必须锐意进取、敢试敢闯、敢为人先。没有这样一种胆略和气魄，没有这样一种创新精神，我们就不可能把中国特色社会主义伟大事业不断推向前进，实现中华民族伟大复兴梦也只能是一句空话。正是靠着这样一种胆略和气魄，中国改革开放的航船不断劈波斩浪、扬帆前行。同样，也正是靠着这样一种创新精神，我们党领导人民终于实现了南水北调的伟大梦想。

锐意进取、敢试敢闯，意味着大胆探索、勇于实践。南水北调中线工程建设的过程，也是建设者们探索未知的过程。在未知的挑战和风险面前，工程建设者们奋力开拓，充分彰显了他们大胆探索、勇于实践的胆略和气魄。穿黄不通，千里无功。作为南水北调中线工程的咽喉，穿黄工程成功与否，直接决定整个中线工程的成败。2005 年 9 月 27 日，南水北调建设者们踏上了前无古人的穿黄工程盾构掘进之路，开启了中国水利史上新的纪元。进入中下游的滔滔黄河，河床无定所，率性而为，肆意摆动，游移不定，南北飘荡。要在千古沉积、泥沙胶结的河床底层凿出两条隧道，谈何容易，其中的风险可想而知。盾构施工讲究稳中求胜，最大的难题就是换刀具。2008 年 9 月，盾构机在黄河底部掘进 1360 米后，刀具坏了。为了保证工程进度，必须尽快检查修复。在如此深的水下修复刀具，是一个危机四伏的工作，一旦出现意外，后果不堪设想。怎么办？在未知的风险和挑战面前，建设者们选择了勇往直前。为了抵消水下 35 米的沉重压力，修复区域需要注满高压空气。巨大的压力使工人在进行检修工作时呼吸都十分困难，待上半个小时就要回到减压舱休息 3 个多小时才能恢复体力。就是靠着这样一股闯劲儿、干劲儿，工人们轮番上阵，短短几个月就更换各类刀具 148 把，填补了国内的技术空白。

锐意进取、敢试敢闯，要求人们努力钻研、大胆设想。干事创业仅凭着一股干劲儿是不够的，还需要科学的预测和缜密的思考。在南水北调中线工程建设过程中，建设者们凭借着过人的智慧和创造性的想法，彰显了改革创新的时代精神。在平顶山鲁山县境内，坐落着综合规模世界第一的沙河渡槽。在这里，南来的丹江水经由渡槽将与沙河、大浪河、将相河三条河流相会，形成架在空中的"水立交"。然而，如此大规模的空中"水立交"该如何建构，却成为一个技术难题。经过反复的设计和试验，建设者们终于探索出一个大胆的方案：U 型梁式渡槽。方案有了，但如何使 228 个宽 9.3 米、高 9.2 米、跨 29.96 米、重 1200 吨、最薄处只有 35 厘米的巨型槽片在沙河和大浪河上连接架设，却成为当时中国乃至世界从未有过的挑战。建设者们不分昼夜，反复试验，一个又一个难关被相继攻破，一次又一次创新迸发出来。经过两次充水试验，实现了"滴水不漏"，创造出世界奇迹。此外，自主研发 1200 吨大型提槽机、1200 吨大型运槽车、1200 吨大型架槽机，架槽、设备、起吊、安装、孔位移位等关键技术难题，使南水北调中线工程的架设技术研究达到了国际领先水平。

满怀豪情打造千秋伟业，开拓创新筑就世纪工程。南水北调工程的建设者们用敢于创新、勇于挑战的魄力，蹚出了一条突破常规的创新之路。他们以自己的实际行动，展示了当代共产党人敢闯敢干、勇于创新的时代精神，对南水北调精神的形成产生了重要影响。

二、开放合作、共建共享的时代精神

开放是气质，改革是精神。以开放促改革、促发展，是中国改革发展的成功实践。改革开放 30 多年来，从试办经济特区，到加入世界贸易组织、建设自由贸易试验区，再到倡导和推动"一带一路"建设，中国的对外开放程度越来越大，开放水平越来越高，成果也越来越丰硕。开放合作、共建共享，日益成为激励和推动中国经济社会发展进步的时代精神。这一时代精神，使中国创造了令世人赞叹的发展奇迹。开放合作、共建共享的时代精神，在南水北调工程建设实践中再次得到彰显。

南水北调中线工程建设是一个系统工程，涉及到许多方面和众多环节，不仅需要沿线地方通力协作，而且还需要许多部门密切配合。建设这样一个宏大的系统性工程，离开开放合作，是不可能成功的。沿线各级党委政府在工程建设、移民征迁、水质保护、建设环境维护、工程设施保护等方面步调一致、全力以赴。建设南水北调中线工程，沿线各地方既各有分工，又相互协作。分工是为了明确责任，并在一定的机制和举措下使有关各方各司其职、各负其责，提高效率。但是，分工基础上的各方施工推进又不是彼此封闭的，而是相互开放的，不是各自只顾自己，置其他施工各方于不顾，而是在确保自己施工任务圆满完成的前提下，与有关各方密切协作，携手共圆南水北调梦。南水北调中线干渠与铁路、公路交叉工程是南水北调中线干渠工程的重要组成部分，能否与渠道工程协调推进，将直接影响国务院南水北调工程建设委员会确定的主体工程完工、通水总体目标的实现。河南段工程，特别是黄河以南段工程具有线路长，跨铁路、公路交叉建筑物数量多，铁路、公路交叉工程施工程序复杂，制约因素多，协调难度大等特点。在河南省委省政府的坚强领导下，有关各部门、各单位以高度的政治责任感，各自做好建设方案，确定时间节点，细化阶段目标，并进行跟踪控制、跟踪问效、掌握进度、定期通报，密切配合、协调推进，胜利地完成了既定的工作目标。2015年1月，在回顾南水北调工程建设历程时，国务院南水北调办主任鄂竟平同志高度评价说，我们之所以能够取得东、中线一期工程建设完美收官的成绩，使中线正式通水、东线有序运行，首先"离不开党中央国务院的正确领导，离不开中央有关部门的大力支持和沿线各地的积极配合"，同时"也得益于全系统大力弘扬'负责、务实、求精、创新'的南水北调精神，尤其是在各项工作中将立规矩、建机制、善创新、求实效、敢负责、讲合作贯穿始终"。

北京是南水北调中线工程的主要受益城市。饮水不忘掘井人。当这来之不易的丹江水源源不断流进京城千家万户时，受益居民的感激之情也沿着水渠逆流而上，温暖着丹江库区人民的心房。为促进水源地经济社会发展，回报库区人民作出的牺牲和奉献，北京市与南水北调中线工程水源地积极开展对口协作。2011年，北京市拨款5000万元，对口援助淅川县建设位于渠首的福森生态农业示范基地。2013年3月，国务院批复了丹江口库区及上游地区对口协作工作方案，明确北京市的朝阳区、顺义区、西城区和延庆县分别对口南阳市的淅川县、西峡县、邓州市和内乡县开展协作，进行一对一的帮扶。2014年6月20日，北京市顺义区与南阳市签署了《顺义区——西峡县对口协作战略框架协议》，通过开展生态农业、文化旅游业、高新技术产业，实现两地的优势互补、南北共建、互利共赢……通过南水北调中线工程，北京和河南相隔千里牵起了友谊之手，在多方面开展了广泛合作。

共建共享是中国特色社会主义的本质要求，彰显着我们独有的制度优势，同时也是贯彻落实新发展理念的内在要求。南水北调中线工程，是在党中央国务院的正确领导下，由国家有关部门统筹协调、沿线各地与施工各方密切合作共同修建的。与此同时，南水北调中线工程的最终输水抵达地是北京和天津，但是受益者决不只是京津这两个地方，同时还包括河南、河北两省的沿线各地。根据各地缺水状态、人口数量、河流分布以及水库蓄水能力等因素，国家从一期工程年均调水的95亿立方米中，分配给各省市的水量指标为：河南37.7亿立方米，河北34.7亿立方米，北京12.4亿立方米，天津10.2亿立方米。河南省根据本省实际，将国家分配给的水量指标又分配给了本省境内沿线各省辖市和直管县。我们完全有理由说，南水北调中线工程是共建共享的典范。

三、精益求精、追求卓越的时代精神

古人言："言治骨角者，既切之而复磋之；治玉石者，既琢之而复磨之，治之已精，而益求其精也。"干事创业，只有精益求精、追求卓越方可成大器。在改革开放的进程中，每次重大的创新创造，都离不开精益求精、追求卓越的时代精神。神舟八号和天宫一号完美对接，背后是无数航天人 16 年的坚守，上千次的试验；中国高铁领跑世界的背后，是强大自主技术和严格生产标准的支撑；国产大飞机 C919 一飞冲天的背后，是中国航空人半个世纪的艰辛努力。伴随着一次次探索和突破，精益求精、追求卓越已逐渐成为全社会、全民族的价值导向和时代精神。

对个人而言，精益求精、追求卓越是成就自我的关键所在，但对当今中国来说，精益求精、追求卓越则是国家创新发展之魂。南水北调中线工程的建设者们，凭借着骨子里的钻劲儿、狠劲儿和韧劲儿，高质量地建成了这一举世无双的宏大调水工程。南水北调中线工程建设，留给这个世界的，决不只是一条 1432 公里长的引水渠，同时还有精益求精、追求卓越的价值导向和时代精神。

精益求精、追求卓越，靠的就是一股钻劲儿。作为一项世界性工程，南水北调中线工程攻克了诸多技术难题，创下多个国内乃至世界之最，凝结着无数建设者钻研的心血和汗水。世界第一大输水渡槽、第一次隧洞穿越黄河，第一次大直径 PCCP 管道……难题前所未有。为保大坝强度，混凝土浇筑要保持一个温度；为保咽喉通畅，3 公里长的穿黄隧洞测量误差小于 50 毫米；为治"工程癌症"膨胀土，在泥坑里一试验就是 3 年……南水北调人用中国智慧筑起世界最大的调水工

程，而这一切伟大的背后，离不开建设者们的精益求精、追求卓越的匠人之心。

世纪工程，质量为先。千分之一的误差，在有的领域几乎可以忽略不计，但在南水北调中线工程这里却必须推倒重来。南水北调中线工程的高质量就是源于建设者们一丝不苟、追求卓越的敬业态度。南水北调中线工程方城段第六标段全长 7.55 公里，沿渠布置 3 座倒虹吸工程、5 座公路桥和 2 座生产桥，开工晚、工期紧，地况复杂，困难重重。但无论工期多么紧张，情况如何复杂，中线方城 6 标段项目负责人陈建国对工程质量有着不计成本的近乎苛刻的要求。一次夜巡，陈建国发现工程与施工规范相差 0.1%，当即要求工人推倒重来。这一决定使工程损失 2 万多元。有人认为 0.1% 的误差在所难免，但工程建设容不得一点马虎大意。陈建国坚定地回答：“我们受点损失是小事，南水北调质量是天大的事，不能有任何差错！”①

为了以自流的状态和方式把丹江水调往千余公里外的京津地区，需要将 20 世纪 70 年代筑起的丹江口大坝加高。在一座运行数十年的大坝上加高加宽坝体，最大的难题就是新老混凝土接合，这是世界性难题，对工程质量的要求也非常高。要使新浇灌的混凝土与老坝体融为一体，关键是要准确控制混凝土的温度。施工过程中，工程建设者们像对待新生儿一样对待每一仓混凝土，加冰加冷水给骨料降温，吊罐刷白，给运输车辆搭起遮阳棚，防止混凝土升温过快，浇筑时间尽可能控制在当日下午 5 时至次日 11 时，以避开高温辐射。建设者们 6 年来始终如一，每道程序不走样，有序而又规范。② 既然干了，就要精益求精地干好，

---

① 赵永平：《世纪工程的精神脊梁——记南水北调工程的建设者们》，《人民日报》2014 年 12 月 28 日。

② 中共南阳市委南水北调精神教育基地：《历史的见证》，中央文献出版社 2015 年版，第 106 页。

容不得丝毫懈怠，对工程负责就是对国家负责，这是南水北调中线工程建设者们共同的心声。他们用实际行动诠释着精益求精、追求卓越的时代品质，也用心血和智慧浇灌出伟大的南水北调精神。

第 九 章
南水北调精神的基本内涵

南水北调是中国人民在中国共产党的领导下兴建的世界性调水工程。当南水北调已被实践证明取得巨大成功之时，南水北调精神大厦也已经巍然耸立在了祖国大地上。南水北调工程是国家科学统筹协调、库区移民舍家为国、移民工作干部牺牲奉献、工程技术和建设施工人员创新求精的伟大产物，作为在这一建设实践中孕育形成的南水北调精神，也必然主要由这四个层面的精神内涵来体现。因此，按照其生成的内在逻辑，可以将南水北调精神的基本内涵概括为"大国统筹、人民至上、创新求精、奉献担当"。南水北调精神内涵丰富、层次分明，既紧密联系又相互贯通，需要作为完整的精神系统进行综合把握。

第一节　大国统筹

南水北调精神，是中国共产党领导人民在为实现人与自然和谐、推进科学发展、增进人民福祉而兴建南水北调工程的奋斗实践中形成的伟大时代精神。这一精神有着十分丰富的内涵，在其丰富的内涵中，大国统筹居于核心地位，是整个南水北调精神的精髓。深入了解大国统筹的精神要义及其在南水北调精神中所处的核心与精髓地位，对于从更深层次上理解和把握整个南水北调精神，了解和把握南水北调精神的时代价值和历史意义，都具有十分重要的意义。

一、大国统筹体现了党治国理政的科学理念

首先需要说明的是，大国统筹这一概念，从严格意义上说，应该是国家统筹。因为大国中的这个"大"是个修饰词，而在对某种精神进行内涵概括时，通常是不使用修饰词的。我们在对南水北调精神作出整体概括时，之所以没有使用"国家统筹"概念，而使用了大国统筹概念，是有着特殊的考虑和用意的，这不仅是因为该概念朗朗上口、彰显气势和气派，更是考虑到，之所以建设南水北调工程，就是因为我们国家大、地域广，各地的气候条件迥异，水资源分布不均衡，南方水多，北方缺水，所以才使得南水北调成为必要。我们使用大国统筹这一概念，更在于彰显改革开放以来我们国家实力的强大，过去多少年想干而不能干的事现在终于干成了。我们使用大国统筹概念，就是为了在总体内涵上揭示建设南水北调工程的深刻原因和国家精神。

所谓统筹，是指统筹主体对某一事情进行通盘筹划和长远安排的行为或活动。统筹具有前瞻性、系统性、整体性、协同性，它通过谋划、运筹、协调、整合、平衡等功能，达到均衡、协同、和谐、共享的目的。统筹是一种理念，同时也是一种精神，它是人们对如何经由通盘筹划实现既定目标的理性思考，是指导人们在实践中做到总揽全局、科学谋划、协调发展、兼顾各方的科学方法论。作为一种科学理念，统筹深刻体现了南水北调工程建设的内在要求和客观规律，是引领南水北调工程建设的灵魂。这一科学理念一经被运用于指导南水北调中线工程建设的具体实践，便会在取得工程胜利竣工巨大物质成果的同时，取得体现和反映国家通过谋划和推动重大水利工程建设、增进人民福祉的宝贵精神成果。这一精神成果，是南水北调精神全部内涵不可或缺的一个重要

层面和重要组成部分。

统筹理念彰显系统思维和辩证思维，贯穿着唯物辩证法的根本精神，是我们党一贯倡导和始终坚持的科学方法论。我们党领导人民兴建南水北调工程的过程中，统筹理念被付诸于工程建设实践，它犹如一条红线贯穿于南水北调工程的各个方面和全部过程，成为统摄整个工程建设实践的灵魂。众所周知，南水北调是一项跨越众多流域、涉及方方面面的异常艰巨复杂的国家重大战略性工程，是一项只有国家和中央政府才能协调推进的系统性工程。这个工程纵跨长江、淮河、黄河、海河四大流域，穿越鄂、豫、冀、京、津五个省市，涉及水利、国土、建设、环保、金融、铁路、电力、电讯等诸多部门，关系诸多区域经济社会的可持续发展。要顺利实施和推进这项工程建设，中央政府负有不可替代的通盘筹划、周密协调的责任。与此同时，各个行政区域的地方政府、各个行业部门都必须服从并主动配合中央政府的统一调度指挥和统筹安排，各地方政府之间、各行业部门之间、各地方政府与各行业部门之间，也要相互协作、密切配合。在这种情况下，没有国家和中央政府强有力的科学统筹协调，要顺利实施和推进这项异常艰巨复杂的工程建设是不可想象的。在南水北调中线工程建设实践中，中央政府充分发挥国家统筹功能作用，各地方政府坚决执行中央政令，各地方政府之间相互沟通协调、密切协作配合，并将二者很好地结合起来，在国家统筹与区域协作高度契合，为此类重大国家工程建设树立了典范。

二、大国统筹作为国家层面的南水北调精神有其特定内涵

既然大国统筹是党的科学理念运用于南水北调建设实践的产物，既然大国统筹是南水北调精神整个内涵架构中的重要组成部分，那么它就必定具有其有别于其他层面部分的独有的特定内涵。阐述清楚大国统筹本身所具有的特定内涵，对于从更深层次理解和把握大国统筹在南水北

调精神整个内涵架构中的地位与不可或缺性，是很有帮助的。经过认真思考和反复梳理，我们认为，大国统筹作为国家层面的南水北调精神，主要具有如下几个方面的内涵。

一是保持定力、责任担当。我们推进任何一项伟大事业，很重要的一条，就是一定要有高度的自信，要有坚韧的政治定力。在我们的前进道路上，肯定会遇到各种困难、曲折甚至挫折，不可能一帆风顺。关键在于，面对困难和曲折，我们必须保持政治定力，不能灰心丧气、不能退缩、不能半途而废，必须增强定力、坚定自信、勇往直前，做到"不管风吹浪打，胜似闲庭信步"。南水北调工程建设也不是一帆风顺的，在工程建设中曾经遇到过不少困难，经历过很多曲折。从毛泽东主席提出宏伟构想，到南水北调工程建成通水，前后跨越了半个多世纪，其间遇到的困难和曲折不可计数。但是，我们从来都不曾放弃过，即使在最困难的三年困难时期和十年"文化大革命"时期，都尽可能地在设法推进这项工程建设，始终保持了很强的政治定力。推进南水北调工程建设，既要有坚韧的政治定力，还必须要有责任担当。担当是成事之要。建设南水北调工程，需要坚持科学统筹，需要具有运筹帷幄、统揽全局的能力。这就需要国家行使必要的集中统一的权力。而权力行使历来是同责任担当紧密相连的。有权必有责、有责要担当。应当说，建设南水北调工程，是面临着巨大的风险和挑战的。面对风险和挑战，有无责任担当的勇气和精神，是搞好国家统筹和工程建设的关键。因此说，责任担当，既是一种品格，也是一种精神。

二是尊重规律、科学谋划。这是顺利实施和推进南水北调工程建设的关键所在。按照马克思主义思想路线的要求，我们做任何工作都必须尊重客观规律，按客观规律要求办事。兴建南水北调工程这一国家战略性基础设施，更应该如此。要确保这项规模浩大、艰巨复杂的战略性工程顺利推进，国家层面的科学谋划和顶层设计极为重要。为此，党和政府本着对历史、对人民、对子孙后代高度负责的态度，组织各方面专家进行深入调查研究，协调有关部门和省市进行大量的勘测、规划、设计和科研工作，从水文、地质、工程技术、生态环境、移民安置等方面进行反复论证。这充分表明，在谋划南水北调工程建设时，党和政府是非常注重认识、把握和运用客观规律的，体现了高度负责的科学精神。不仅如此，历代党和国家领导人都对南水北调工程给予了热切关怀，付出了巨大心血。20世纪50年代，毛泽东主席、周恩来总理反复听取汇报，深入调查研究，多次作出重要指示、批示，亲自决策丹江口水利枢纽工程建设。为科学决策丹江口大坝加高工程，1980年7月22日，邓小平同志亲临丹江口大坝视察。2000年10月15日，朱镕基总理在听取国务院有关部门领导和各方面专家意见时强调，规划和实施南水北调工程必须注重节水、治污和生态环境保护，并鲜明提出了"先节水后调水，先治污后通水，先环保后用水"的原则。2014年12月，南水北调中线一期工程正式通水之际，习近平总书记就此作出重要指示，强调南水北调工程是实现我国水资源优化配置、促进经济社会可持续发展、保障和改善民生的重大战略性基础设施，这项工程功在当代，利在千秋。希望继续坚持先节水后调水、先治污后通水、先环保后用水的原则，加强运行管理，深化水质保护，强抓节约用水，保障移民发展，做好后续工程筹划，使之不断造福民族、造福人民。几代党和国家领导人关怀和谋划南水北调工程建设的实践，鲜明地彰显了他们讲求实事求是、注重调查研究、尊重客观规律的科学精神和优良作风。

三是统筹兼顾、综合协调。统筹兼顾是我们党处理各方面矛盾和问题时始终遵循的一条重要原则，也是我们党一贯坚持的科学有效的工作方法。实施和推进这项异常艰巨复杂的调水工程，不仅要综合协调相关区域、领域、部门和单位，而且还要正确认识和处理工程建设与经济社会发展、生态环境保护、移民搬迁安置等一系列重大关系，尤其要正确认识和处理各方面的利益关系。应当说，在国家层面总揽全局、协调各方的积极努力下，统筹兼顾这一基本原则和科学方法在工程建设中得到了很好的运用，使与工程建设相关联的各种重大关系问题，特别是工程建设所涉及的各方利益关系问题，都得到妥善的处理和解决，为顺利推进南水北调工程建设提供了重要保证。我们党和国家在南水北调工程建设中统筹兼顾、综合协调的生动实践，为未来实施国家重大战略性基础设施建设积累了宝贵经验。首先是要善于总揽全局、统筹规划。就是善于运用系统思维，把工程建设作为一个有机整体，以宽广的视野站位全局，以系统的方法谋划全局、瞻前顾后、统筹安排，把水资源优化配置同促进经济社会可持续发展、保障和改善民生有机统一起来，使工程建设各方面彼此协调、相互支撑、良性互动。其次是要善于立足当前、着眼长远。就是善于把当前发展和长远发展联系起来，既考虑现在发展需要又考虑未来发展要求，既遵循经济规律又遵循自然规律，既讲究经济社会效益又讲究生态环境效益，准确把握近期目标和长期发展的平衡点，准确把握经济社会发展与保障和改善民生的结合点。再次是要善于兼顾各方、综合平衡。就是要尽可能地顾及工程建设的各个方面和利益各方，既善于从战略全局上把握重点，又不搞单打一、顾此失彼，充分考虑不同利益主体的利益诉求，努力平衡好各方利益关系，把各个方面的积极性、主动性和创造性都充分调动起来。

三、大国统筹在南水北调精神中居于重要位置

南水北调精神是一个内在结构比较特殊的精神现象。该精神具有其独特的层次性，即由大国统筹的国家精神，舍家为国的移民精神，奉献担当的移民工作精神，以及创新求精的建设精神等四个层面的精神要素共同构成的精神集合体。这四个层面的精神要素紧密联系、互为条件、缺一不可，四者共同构成完整的南水北调精神。在这个框架结构中，每

一层面的精神要素都各有其独特地位。由于大国统筹包含了保持定力、责任担当，尊重规律、科学谋划，统筹兼顾、综合协调等基本内涵和精神，因而这一国家层面的精神要素就在整个精神集合体中居于核心和主导的地位，从而也就决定了它是整个南水北调精神的精髓。

第一，大国统筹的核心地位是由其自身鲜明的为民性所决定的。南水北调工程是在党的领导下规划兴建的，规划建设该工程的核心目的，就是实现我国水资源优化配置、保障和改善民生，实现整个国家利益的最大化。中国是人民当家做主的社会主义国家。为了整个国家利益，就是为了全体人民利益，就赋予了该项工程建设以鲜明的为民性质。南水北调工程是在党中央和国务院主导和统筹协调下兴建的。实践充分证明，党中央和国务院在规划建设南水北调工程的全部过程中不折不扣地贯彻了党的根本宗旨，使该项工程始终保持了为民的性质。经由工程建设实践，该项工程的为民本质便凝结注入到了国家层面的精神内涵之中。凭借自身所独具的为民本质内涵，大国统筹便在南水北调精神结构中赢得了核心地位，其他各个层面的精神要素群星拱月般地聚集在它的周围。

第二，大国统筹的核心地位是由其在南水北调精神形成过程中所起作用的统领性和主导性所决定的。从南水北调中线工程建设实践看，人民群众是主体，沿线人民特别是库区人民为此付出了巨大牺牲；沿线地方各级党委和政府，特别是战斗在移民迁安工作第一线的广大基层干部，分别在工程建设中发挥了战斗堡垒、一线指挥部和先锋模范作用，付出了巨大努力；参与工程建设的施工单位和工程技术人员，攻坚克难、精益求精，用自己的智慧和汗水成就了南水北调中线工程，作出了重要贡献。但是，提出这一伟大战略构想并将其付诸实施的，则是党领导下的政府。从南水北调工程的整个规划建设过程看，政府在其中始终发挥着统领和主导的作用。离开了政府的统领和主导，离开了大国统筹的作用，要建成南水北调这样超大型的异常艰巨复杂的水利工程，是不可想象的。经由工程建设实践，政府的统领和主导作用便体现和反映到了国家层面的精神内涵之中，并以大国统筹的深刻内涵在南水北调精神结构中占据了核心地位。

第三，大国统筹的核心地位是建立在对中华优秀传统文化的传承和弘扬基础之上的。大爱无疆是南水北调精神的重要内涵，这一内涵的重要内容和核心要素是大爱报国。大爱报国是中华民族的传统美德。在长期奋斗过程中，中华民族养成了爱国爱家、先国后家甚至舍家为国的道德情怀。几千年来，家国情怀已经深深融入到中华民族的血脉之中，成为中华文明特有的文化基因和中华民族重要的价值取向。在建设南水北调工程过程中，广大移民群众为什么会有舍小家为国家的感人壮举，广大移民工作干部为什么会任劳任怨、默默奉献、忠诚担当，广大工程技术和工程施工人员为什么会不畏艰难、创新求精、追求卓越，我们在其内核深处都能看到大爱无疆的影子。所有这些，都是家国情怀在当今时代的具体表现，彰显了这些不同群体对国家的高度认同和强烈的归属感。经由工程建设实践，这种浓浓的家国情怀升华为新的时代精神，构成了以大爱报国为主要内涵的社会层面的南水北调精神。这一社会层面的南水北调精神与以大国统筹为主要内涵的国家层面的南水北调精神相辅相成，前者为后者提供了坚实基础，后者成为统领和主导前者的核心。

第四，大国统筹集中体现和彰显了中国特色社会主义制度的巨大优势。邓小平同志曾经深刻阐述过中国特色社会主义制度的优势所在。他指出："社会主义同资本主义比较，它的优越性就在于能做到全国一盘棋，集中力量，保证重点"①，就在于"能够集中力量办大事"②。世界上

---

① 《邓小平文选》第 3 卷，人民出版社 1993 年版，第 16—17 页。
② 《邓小平文选》第 3 卷，人民出版社 1993 年版，第 377 页。

的大国不只是中国一个，美国、英国、德国、法国等西方国家也是大国，但是真正具有"能够集中力量办大事"这种制度优势的，只有中国。这是中国独有的制度优势。西方国家实行私有制经济基础上的两党制或多党制，决定了它们不可能具有这样的制度优势。在当代中国，大国统筹与"集中力量办大事"这一制度优势有着十分密切的关系。由于国家大，各方面资源和力量容易分散，所以必须发挥国家统筹的作用。国家统筹的过程，就是在科学谋划、兼顾各方的基础上，通过协调和整合，把各方面的资源和力量集中与凝聚起来的过程。集中力量办大事是国家统筹的战略目标和重要取向，国家统筹是集中力量办大事的重要手段和有效方式。集中力量办大事离不开国家统筹，国家统筹为了集中力量办大事。南水北调工程建设的成功实践再次有力地证明，集中力量办大事是中国特色社会主义制度的巨大优势，国家统筹是实现集中力量办大事的重要机制。

第五，明确大国统筹的核心地位有利于弘扬光大中国的宪法精神和制度优势。回顾南水北调中线工程建设的历史实践，有两条基本经验值得很好总结：一是在中央和地方关系的处理上，既很好地坚持了中央的集中统一领导，又充分调动了地方的积极性和主动性。二是参与工程建设的各地方各方面讲纪律、守规矩，听从中央指挥，主动配合中央的统一调度指挥和统筹安排。坚持做到这两条，是工程建设顺利推进的根本保证。这两条基本经验凝结到南水北调精神中，便赋予国家层面的大国统筹以更深层次的精神意涵：坚决贯彻民主集中制原则，坚决维护中央权威，坚决服从国家根本利益。大国统筹在内涵上，很好地体现了民主集中制原则的基本精神，与以习近平同志为核心的党中央提出的要求高度契合。因此，为了彰显和光大中国的宪法精神、制度优势，彰显和贯彻以习近平同志为核心的党中央提出的政治要求，我们有必要明确大国统筹在南水北调精神结构中的核心地位。

第二节　人民至上

人民立场是中国共产党的根本政治立场，人民利益和福祉是党的核心价值追求。"我们共产党人的最高利益和核心价值是全心全意为人民服务、诚心诚意为人民谋利益。"① 这一根本政治立场和核心价值追求，归结起来就是人民至上，也就是习近平总书记所说的"以人民为中心"。坚持人民至上，就是坚持人民立场，坚持人民情怀，坚持人民主体地位，也就是坚持党的根本宗旨，把人民和人民利益放在最高位置。这是我们党始终不变的灵魂。可以说，这贯穿于南水北调中线工程建设的全过程，同时也贯穿于南水北调精神的深刻内涵里。在南水北调中线工程建设过程中，始终坚持人民至上的，不仅有党领导下的政府，同时还有广大移民工作干部和工程建设者们。把人民至上作为南水北调精神的基本内涵，集中回答了建设南水北调工程"为什么"的重大问题，也集中展现了南水北调决策的崇高境界。

一、人民至上是国家推进南水北调工程建设的根本遵循

古人云：得众则得国，失众则失国。我们党来自人民、植根人民、服务人民，党的根基在人民、血脉在人民、力量在人民。因此，我们党自成立那天起，就始终把人民利益看得高于一切。在 90 多年的奋斗历程中，我们党始终坚持全心全意为人民服务这一根本宗旨，把人民放在心中的最高位置，把实现好、维护好、发展好最广大人民的根本利益作为核心价值追求，把人民拥护不拥护、赞成不赞成、高兴不高兴、答应不答应作为衡量一切工作得失的根本标准。党的全部历史实践，都充分

---

① 习近平：《扎实做好保持党的纯洁性各项工作》，《十七大以来重要文献选编》（下），中央文献出版社 2013 年版，第 824 页。

彰显了人民至上的伟大情怀。我们党是马克思主义执政党，人民至上这一党的核心价值追求和根本政治立场，必然反映和体现到治国理政的具体实践之中，必然成为国家谋划和推进南水北调工程建设的根本指导原则。

人民至上的理念和原则体现在国家决策建设南水北调中线工程的目的中。我们党和国家决策建设南水北调中线工程，绝不是因为建成这样一个调水工程有多么好看，有其他什么用途，根本在于它能将清澈甘洌的丹江水引到京津地区，滋润沿途所经过的中原大地和华北平原，为这些地方的经济社会发展和民生改善提供重要条件。由于自然和历史的原因，华北地区长期以来地下水严重超采，已成为世界上最大规模的地下水漏斗区。持续的严重干旱和缺水危机，不仅成为华北地区特别是京津地区经济社会发展的制约瓶颈，而且还带来一系列的生态问题，影响到民生问题，甚至危及到人们的生存环境，而且京津及华北地区的缺水属于资源性缺水，仅靠节水和污水回用已不能解决水资源过度利用造成的一系列问题。多少年来，这里的亿万人民群众一直期盼着能够从根本上改变这种局面。习近平总书记强调指出："人民对美好生活的向往，就是我们的奋斗目标。"[①] 正是为了优化配置中国的水资源，促进京津两市和冀豫两省广大地区经济社会可持续发展，保障和改善这些地区的民生，党和国家才作出了建设南水北调中线工程的重大决策。作出这一重大决策，是要从各方面考虑许多因素的。但是，其他诸多因素都未能影响党和国家最终作出决策，因为这项决策是依据人民至上原则作出的，而人民至上是我们党和国家想问题、作决策、办事情的根本遵循。因此，决策建设南水北调中线工程的目的本身，就体现和彰显了人民至上的理念和原则。

---

① 《习近平谈治国理政》，外文出版社 2014 年版，第 4 页。

　　人民至上的理念和原则体现在党和国家协调推进南水北调中线工程建设的实践中。首先，体现在国家有关部门所编制的中线工程规划中。从国家水利部长江水利委员会 2001 年修订的《南水北调中线工程规划》可以看出，其中贯穿了人民至上的理念和原则。规划目的是："解决京津华北地区城市缺水问题，缓和城市挤占生态与农业用水的矛盾，基本控制大量超采地下水、过度利用地表水的严峻形势，遏制生态环境继续恶化的趋势"；规划原则是"坚持可持续发展战略，正确处理经济发展同人口、资源、环境的关系，改善生态环境和美化生活环境，实现水资源优化配置"。①这些表述虽然看不到人民至上的字眼，但字里行间却都贯穿着人民至上的理念，都是对人民至上原则的具体贯彻落实。其次，体现在党和国家推进南水北调中线工程建设的各项具体工作中。推进南水北调中线工程建设，移民搬迁安置是重中之重。确保这项工作顺利进行，根本在坚持人民至上原则，切实维护好移民的切身利益。为此，国务院决定实施开发性移民方针，按照前期补偿、补助与后期扶持相结合的原则妥善安置移民，不仅要让搬迁后移民的生活得到安置，而且更加注重安置以后能够发展生产，使移民安置与资源利用、经济建设结合起来，确保移民搬得出、稳得住、能发展。②水质保护是决定南水北调中线工程建设成败的关键性工作。做好这项工作的实质，就是要对受水区人民高度负责，确保让他们能喝上干净甘甜的放心水。为此，早在中线工程规划时期，国务院就确定了"先节水后调水，先治污后通水，先环保后用水"这"三先三后"的总体指导原则。

---

① 长江水利委员会：《南水北调中线工程规划（2001 年修订）》，《中国水利》2003年第 2 期。

② 赵永平：《国家确定南水北调工程开发性移民方针》，《人民日报》2005 年 4 月 6 日。

二、人民至上是移民工作的最高准则

移民搬迁安置，历来有"天下第一难"之称。这项工作难就难在：一是要说服祖祖辈辈繁衍生息于此的居民，让他们离别故乡热土，搬迁到另外一个陌生的地方去生活，非常难，因为"穷家难舍，故土难离"的思想观念毕竟在中国流传了几千年，至今仍根深蒂固。二是移民安置千头万绪、纷繁复杂。"从认定移民人口，到最后的移民搬迁，大大小小200多个环节，要操心的地方太多。"①要真正把这项工作做好，做到无一疏漏，让移民群众满意、没意见，非常难。有位移民干部曾经这样评说移民工作之难："这是拆人祖屋、挖人祖坟的事，没做过的人是无法体会的。除了靠公平透明的移民政策、实惠合理的移民补偿资金之外，还要靠移民干部做大量细致入微的疏导工作。很多事情，说在嘴上容易，一旦进入操作层面，往往困难重重。"而始于2008年的南水北调中线工程移民大搬迁，可谓是难上加难，因为这次移民规模大、时间紧：湖北、河南两省共需迁安移民34万多人，仅河南淅川一县就需移民16万多人；根据工程建设要求和本省实际，河南省委省政府提出了"四年任务，两年完成"的要求。搬迁安置的时间之短、强度之高，前所未有。然而，如此难上加难的目标任务，居然如期圆满完成了，并且整个集中搬迁过程和谐、顺利、平安，无一例安全责任事故。以至于国务院南水北调办先后三次给河南发来贺电。

那么，广大移民干部是靠什么成功地破解了"天下第一难"？答案是有的，那就是：人民至上的理念。河南省委省政府总结概括了移民迁安精神，称这一精神的实质就是："心中永远装着移民群众。"坚持人民至上，心中永远装着移民群众，这决不仅仅是广大移民干部的响亮口号

---

① 刘慧：《一切为了移民》，《经济日报》2014年12月27日。

和铮铮誓言，更是他们脚踏实地的具体行动。71 岁的王老汉在淅川县鱼关村生活了一辈子，不愿搬迁。村党支部书记王文华先后 7 次登门拜访，但老人一提起搬迁，就老泪纵横，谁去劝说都是两个字：不走。最后一次，王文华劝说老汉搬迁到深夜，可还是没结果，他干脆在老汉家院门外蹲到天亮。当早上王老汉打开院门看见被冻得发抖的王文华，顿时被感动了："牛子啊！你何苦呢？我搬！"在鱼关村搬迁进入倒计时的关键点上，村里一位 80 多岁的老太太却"变了卦"。这位老人 1959 年曾随淅川第一批移民迁往青海，想起那段艰苦岁月，她对王文华说："牛子，搬出去难啊，还是在咱老家放心，搬出去吃不饱饭啊！"王文华跪到了老人面前："搬出去如果让你老吃不饱饭，我牛子养活你！"在淅川县的这次大移民中，类似王文华这样的故事不胜枚举。淅川县滔河乡姬家营村村民张常青被问及为啥要提前搬迁时，他说："移民干部为我们操够了心，白脸晒成了黑脸，黑头发长成了白头发。"迁出地任务繁重，迁入地的工作也不好做。2011 年，影视导演王行来到南阳市宛城区红泥湾镇移民安置点，看到为了协调安置地的事情，当地一位村支书坐在田里嗷嗷直哭。"深知移民牺牲大，村里尽量把最好的土地分给移民，但跟本地村民怎么交代？"由此可见，这些基层干部为移民工作作了多大难啊！然而，再作难也要把工作做好，因为在他们心中移民的利益高于一切。

那么，这些基层移民干部为什么能够如此忠实地践履人民至上的理念和原则？主要在于以下两个方面：一是对党和人民的忠诚。这些基层移民干部都是在党的教育培养下成长起来的，他们深深懂得，坚定理想信念，对党对人民绝对忠诚，是党和人民对自己的基本要求；忠诚于党和人民，必须时刻牢记全心全意为人民服务的根本宗旨，忠实践行党的群众路线，始终把人民放在心中最高的位置，始终以最广大人民根本利益为最高行为准则。这是他们在移民迁安工作中忠实践履人民至上理念和原则的思想基础。二是被移民群众舍家为国的精神所感动。为了国家发展大局，广大移民群众带着无尽的乡愁，告别亲友，离别故土，无怨无悔。移民群众这种舍家为国的精神，使广大移民工作干部为之动容。"我们的移民百姓太可爱了！他们为了国家舍弃小家，无怨无悔，我们只有心贴心服务，才能对得起他们。""故土难离，淹没的不只是老房子，更是心灵的归宿。但是为了工程的顺利实施，他们还是选择离开。车队开动的瞬间，车上车下的泪交织在一起。移民们太不容易，我们做移民工作真要把良心捧在手上。""你要问我移民工作难不难，真难！你要问我为什么能坚持，那是因为我被移民群众感动了，我把他们当亲人！"这些出自基层移民干部的质朴话语，是对他们忠实践履人民至上理念和原则的最好诠释。

三、人民至上是南水北调工程建设者坚守的最高标准

任何一项工程的建设主体都是人。然而，人们的思想道德觉悟水平各有不同，是有层次之分的。由此所决定，作为工程建设主体，他们在推进工程建设过程中秉持的理念和原则也会有所不同，他们完成建设工程的质量和工期就会存在一定差别。如果工程建设者秉持的理念和原则是金钱至上，那么他们就会在工程建设中奉行唯利是图的价值标准，把赚钱放在最高位置，一切为了赚钱，为了赚钱可以不择手段，可以置工程质量甚至人的生命安全于不顾。这是当今社会之所以发生重大工程建设安全事故的重要原因。与之相反，如果工程建设者秉持的理念和原则是人民至上，那么他们就会自觉地以对国家对人民高度负责的态度，把工程质量和施工安全放在首位，精心施工、强化管理，优质高效地推进工程建设。而这种工程建设态度和行为，是我们党和国家一直积极倡导的。

南水北调中线工程，是事关中国发展战略全局、改善和保障民生的

一项重大工程。优质高效地推进这项民生民心工程建设，是秉持人民至上理念和原则的具体体现。对此，2010 年 10 月，时任中共中央政治局常委、国务院副总理、国务院南水北调工程建设委员会主任的李克强同志，在南水北调中线工程渠首所在地河南省南阳市主持召开南水北调工程建设工作座谈会上强调指出："质量是南水北调工程的生命，容不得一丝疏忽，要始终把质量作为工程建设的核心任务，全面加强质量管理，努力把工程建设成为一流工程、精品工程、人民群众放心的工程。"[①] 这是党中央的重托，也是人民群众的期望。

党中央的重托和人民群众的期望，就是南水北调中线工程建设者的责任担当和实际行动。广大工程技术人员和施工单位，深刻了解南水北调中线工程的民生性质和建设这项工程的极端重要性，明了自己肩上所肩负的沉甸甸的使命和历史责任。他们自觉地认为，有机会参与这样一项国字号的重大民生工程，是一生中的荣幸，没有任何理由不去认真做好，不能在工程质量方面留下任何遗憾。中国电建集团是南水北调工程的主要承包商之一，该集团旗下参与建设企业的不少负责人都坦言，面对这项重大战略性工程，确保工程质量是必须不折不扣完成的"硬任务"，"不允许出错"，为此他们"睡不着觉是常有的事"。[②] 他们实行最严格的施工管理，以工程的高标准确保工程的高质量，着力把自己建设施工的工程打造成为精品工程、样板工程，使之能够经得起历史和人民的检验。

---

① 李克强：《把事关发展全局和保障民生的重大工程建设好》，《人民日报》2010 年 10 月 10 日。

② 李晓喻：《南水北调中线工程三问：难度几许？质量如何？有污染吗？》，2014 年 10 月 12 日，见 http://finance.chinanews.com/cj/2014/10-11/6668700.shtml。

第三节　创新求精

南水北调中线工程是中国自行设计建设的规模空前巨大的跨流域饮用水调水工程，建设这样一项工程需要面对从来都未曾遇到过的一系列技术难题。解决这些技术难题，墨守成规、循规蹈矩不行，必须立足于技术创新。与此同时，该项工程又是在新的历史条件下建设的重大系统性工程，顺利推进移民安置、土地征迁，优化配置项目资源，强化施工组织管理等等，都不能固守过去的模式和体制机制，都必须依靠创新求精。创新求精，体现的是一种革故鼎新、精益求精、止于至善的精神。可以说，南水北调中线工程是创新求精的产物和结晶。没有创新求精，就难以解决相关的技术难题，难以摆脱传统的体制机制和组织管理方式模式的束缚，也就不会有南水北调中线工程建设的成功。

一、创新是攻克中线工程技术难关的重要法宝

南水北调中线工程建设，面临着过去从来都不曾遇到过的一系列技术难题，有许多技术难题堪称是世界级的。能否破解这些技术难题，在很大程度上决定着南水北调中线工程建设的成败。面对这些技术"拦路虎"，广大科技和工程技术人员不辱使命、顽强拼搏、勇于创新，攻克一道道技术难关，为南水北调梦想成真提供了有力技术支撑。

丹江口水利枢纽大坝加高工程，需要在几十年前浇筑而成的混凝土老坝体上贴坡培厚、加高，也就是俗话所说的给大坝"穿衣戴帽"。由于新老混凝土弹性模量的差异及新浇混凝土产生的温度应力，在内外部温差的作用下，会对接合面和坝体应力产生影响，影响新旧坝体的紧密接合，势必会给水库大坝埋下渗漏隐患。解决这个技术难题，没有先例

可循，没有现成经验可供参考，唯有依靠自己的力量进行技术创新。作为工程的主要施工单位，葛洲坝集团公司致力于研究解决大坝加高工程新老混凝土接合技术难题，在新老混凝土接合机理研究与工程应用上取得多项科技成果。该集团成立了由 10 多位专家组成的大坝加高专家技术委员会，开展技术攻关，指导大坝施工。所有这些，都为大坝加高工程提供了有力技术保证。

在土木工程界，膨胀土被称为"工程癌症"。因为这种土遇水膨胀，失水收缩，在这种土上建铁路、公路、水利等工程设施，容易造成路基或渠体滑坡垮塌。"晴天一把刀，雨天一团糟"是当地农谚对膨胀土的生动描绘。如何解决膨胀土问题，是一个世界性的技术难题，也是南水北调中线工程建设必须攻克的技术难题。在 1432 公里长的南水北调中线工程总干渠中，穿越膨胀土的渠段累计近 400 公里，约占总干渠长度的 27%。为解决这一世界性技术难题，有关专家组成课题组，到河南两个现场试验基地与工程建设者们进行联合攻关。他们先后进行了现场碾压、人工降雨、充水和退水工况模拟、运行工况模拟、衬砌破坏模拟等多种试验，找到最佳配比和施工方案，使这一世界级技术难题成功告破。

穿黄隧洞工程是南水北调中线总干渠穿越黄河的关键控制性工程。建设这一工程，面临着国内最深的地连墙、最长的过河隧洞、最深的挖方渠道施工等难题。面对这极具挑战性的技术难题，穿黄工程建管部充分发挥专家作用，建立四级层面的专家专题咨询体系，大力开展科技攻关，中国科学院、中国工程院多名院士亲临工程现场出谋划策，进行技术指导。经过携手奋勇攻关，硬是凭借着中国人自己的技术实力攻克了超深地连墙、超深土体加固、超深竖井、大口径盾构机穿过复杂地质层等世界级土建施工难题，取得丰硕科技成果，从技术上为"黄河腹下走青龙"铺平了道路。

二、求精是把中线工程建成优质工程的重要保证

百年大计、质量为本。对南水北调中线工程来说，工程质量极为紧要，用"生命攸关"这个词来形容丝毫也不过分。2010年10月，李克强同志强调指出："工程质量是南水北调中线工程的生命，容不得一丝疏忽，要始终把质量作为工程建设的核心任务，全面加强质量管理，努力把工程建设成为一流工程、精品工程、人民群众放心的工程。"保证工程质量的手段和措施很多。其中，精益求精的态度和精细化的管理不可或缺。为不负国家重托，广大建设者们大力弘扬工匠精神，在施工过程中一丝不苟、精益求精，精心组织、规范管理，加强过程控制，不容许有半点粗放和马虎，千方百计确保工程质量，真正把工程建成了一流工程、精品工程和人民群众放心的工程。

南水北调中线北京段西四环暗涵工程，是世界上第一次大管径浅埋暗挖有压输水隧洞，从正在运营的五棵松地铁站下部穿越，暗涵结构顶部与地铁结构距离仅有3.67米。上面百余吨重的地铁列车不停地呼啸而过，下面开挖隧洞发出地动山摇的轰鸣。在如此复杂环境下施工，不可避免地会使地铁结构出现沉降。问题是能把沉降控制在多大范围内？国际通行标准是7毫米，而号称世界地下工程超级大国的日本能控制在5毫米。"失之毫厘，差之千里。"沉降5毫米，对西四环暗涵工程而言是绝对不行的，那就意味着这里原本运行的地铁要停运，否则可能造成列车脱轨，酿成重大事故。工程技术和施工人员凭着创新技术和精益求精的工匠精神，硬是把地铁结构的最大沉降值控制在了不到3毫米，创造了新的人间奇迹。

日常生活中，不少人对细枝末节的事情容易感到繁琐，不屑一顾。很多事情的结局往往就是这样无情：千里之堤，溃于蚁穴。细节决定了成败。中国古代大思想家老子说过："图难于其易，为大于其细。天下

难事，必作于易；天下大事，必作于细。"这段话的意思是说，在容易之时谋求难事，在细微之处成就大事。天下的难事，必须从容易事做起；天下的大事，必须从细微处着手。习近平总书记曾多次引用老子的这段名言，告诫人们要注重细节，要把小事当作大事干。南水北调中线工程的建设者深知细节决定成败的道理，很清楚工程细节上 1% 的缺陷可能带来 100% 失败的后果。因此，他们杜绝一切粗枝大叶、心浮气躁、急功近利，时刻把工程质量放在至高无上的位置。在他们看来，在南水北调中线工程建设这个问题上，工程质量就是人民利益，坚持工程质量至上就是坚持人民利益至上。他们自觉地在细节上做文章，实现每道工序和施工环节的精细化、精致化。正是有了精益求精、精雕细琢、一丝不苟、追求卓越的匠心及其实践，才有了南水北调中线工程的高质量。

三、创新求精是解决中线工程建设其他许多难题的利器

实现一渠清水润北国，成就南水北调梦想，工程项目建设施工固然重要，同时也离不开其他各方面的跟进配合，尤其离不开移民安置、土地征迁等项工作的先行推进。解决一系列技术难题、建设让党和人民放心的优质工程，需要创新求精；解决移民安置、土地征迁等各项工作中的难题，为工程项目建设施工扫清障碍、奠定基础，同样也必须创新求精。如果说创新是南水北调中线工程攻克技术难关的重要法宝，求精是把该项工程建成优质工程的重要保证，那么，创新求精则是解决中线工程建设其他许多难题的锐利武器。

南水北调中线工程移民工作，实际上经历了改革开放前和改革开放后两个历史时期。因上马兴建丹江口水利枢纽工程，20 世纪 50 年代末开始大规模移民，先是以支援边疆建设之名将 22000 多名河南淅川移民安置于青海省黄南等地，随后又分 3 批将 73000 多名淅川移民安置在湖

北省荆门、钟祥两地。受特定政治形势和经济条件的影响，当时在指导思想上出现严重偏差，采取政治动员和行政命令的方式，实行"重工程、轻移民、轻安置、轻生活、低补偿"的政策，给移民工作留下了深刻的历史教训。始于 2009 年的淅川大移民，又先后搬迁安置了 16 万多人。这次移民工作，在吸取历史经验教训的基础上实现了重大改革创新。首先是彻底摒弃了改革开放前"重工程、轻移民"的观念，确立了以人为本的核心理念，充分尊重人和人的价值，始终把移民和移民利益置于中心位置，实现了移民工作指导思想上的改革创新。在新的理念和原则指导下，这次移民工作一改过去"轻安置、轻生活"的做法，移民群众未到安置地，宽敞漂亮的安置楼房早已建好，静静地等待着主人入住；移民新村全部按照新农村示范村标准建设，公益设施和配套基础设施一应俱全。此外，国家还大幅度提高对移民群众的经济补偿标准，充分体现了党和国家对移民群众的关心和爱护。如果没有改革创新，倘若过去的移民工作指导思想和政策继续得到延续，那就不可能实现和谐搬迁、妥善安置，也根本无法确保移民搬得出、稳得住、能发展、可致富。

在攻克中线工程建设各种难题的利器中，创新居于十分重要的地位，求精也是须臾不可离开的。焦作市是中线工程总干渠唯一从中心城区穿越的城市。在中心城区搞征地拆迁，涉及千家万户，情况十分复杂，需要解决处理的矛盾很多。推进这项工作，容不得有丝毫的粗心大意，必须做到精准、精细、精致、精到。为此，焦作市在征迁工作中切实做到了"六心"：一是耐心讲政策，工作人员对征迁群众一遍遍不厌其烦地宣讲、解惑，不计其数地给予政策咨询。二是细心摸实情，党员干部一趟趟到群众家中了解实情、倾听呼声，做到心中有数。三是真心解难题，对群众反映的一个个问题和困难，都想方设法解决，最大限度维护群众正当利益。四是全心寻资源，全区动员方方面面的力量，一回回寻找可以整合的资源，形成合力，有效突破征迁瓶颈。五是用心搞帮扶，征迁中采取帮扶就业、优先入学等行之有效的办法，成立党员服务队、义务拆迁队等组织，有效推进征迁进度。六是爱心大回访，组织一次次回访活动，并将回访工作制度化、规范化，直至问题得到解决，直至征迁群众搬入新居。这"六心"，彰显着对征迁群众的爱心，凸显了征迁工作的细心。广大征迁干部时刻把征迁群众放在心上，把各项工作做到精准、精细、精致、精到的份儿上。这就是焦作市在难度极大的情况下顺利实现"和谐搬迁、亲情征迁"的秘诀。

第四节　奉献担当

无私奉献、敢于担当，是中华民族的优良传统，更是中国共产党人特别是党员领导干部应有的政治品格。"挽狂澜于既倒，扶大厦之将倾。"正是因为有了无数优秀华夏儿女的奉献担当，中华民族才历经磨难而生生不息、绵延不绝。"沧海横流，方显英雄本色。"正是因为有了无数优秀共产党人的奉献担当，中华民族才得以在伟大复兴的道路上迈出铿锵有力的步伐。在南水北调中线工程建设实践中，广大党员干部和人民群众再次表现出了伟大的奉献担当精神。没有广大党员干部和人民群众的奉献担当，就不会有南水北调的梦想成真。

一、移民群众舍家为国、大爱无疆的奉献担当精神感人至深

建设一个南水北调中线工程，留下了不可计数的动人故事。昼夜奔流北上的丹江水，仿佛在不停地诉说着这里曾经发生的事情。在这无数的动人故事里面，最感人至深的，当属广大移民群众。这些普通得不能再普通的移民群众，以其舍家为国的惊人之举，在新的历史时代续写了中华民族无私奉献、敢于担当的恢宏篇章。

所谓奉献，就是默默地、心甘情愿、不图回报地为他人、为社会付出。"赠人玫瑰，手有余香。"能否自觉地为他人、为社会奉献，反映的是一个人的价值取向，体现的是一个人的道德境界。为了国家发展大局，为了华北、京津不再"干渴"，几十万移民忍痛舍弃了自己的家园，挥泪告别了祖祖辈辈繁衍生息的故土，不图回报，义无反顾，无怨无悔。眼看着祖辈遮风挡雨、生息繁衍的老屋分拆解体，瞬间变成断壁残垣，生活了多少代的绿水青山美好家园沉入深深的水底，那种撕裂般的痛感，没有经历过的人根本无法体会。然而，在博大的爱国情怀驱使下，年逾花甲的老大爷卷起铺盖说走就走了，栽种没几年的果树说砍就砍了；每年数十万元效益的养鱼网箱，说拆就拆了。他们没有豪言壮语，只有默默的实际行动；没有惊天动地，只有轻轻的离乡脚步。"这儿就是座金山银山，为了国家，马上搬。"移民们用默默的行动和朴实的话语，为奉献一词作出了最好的注解。

担当与奉献，既有区别，也有联系。奉献意味着无怨无悔的自觉付出，担当则要求人们承担并负起责任，担当就是责任，担当起该担当的责任。高尚的人们通常会把奉献他人与社会视为自己应当担当的责任，因而在实践中自觉自愿地将这种责任担当起来。面对国家和民族长远发展的需要，面对北国亿万人民生存发展的需要，丹江口库区广大移民群众自觉地认为，建设南水北调中线工程需要我们搬迁，我们搬迁是要让更多的人们更好地生活，为国家舍弃家园、作出牺牲奉献，是我们应尽的责任担当。正是基于这样一种情怀与自觉，这些原本生活在水草丰美、鱼虾肥壮的丹江岸边过着田园牧歌式的宁静生活的移民们，硬是横下了一条心，宁愿让自己和家人承受揖别故土、背井离乡时那撕心裂肺般的痛，也要担当起自己应该担当的责任。这些移民群众凭着对党和国家的一颗赤胆，用自己的铁肩擎起了一渠北上的碧水。从这些移民群众身上，人们都能感受到他们大爱报国、奉献担当的宝贵品质和伟大精神。这些移民群众，是新时代最可爱的人。

二、移民干部殚精竭虑、鞠躬尽瘁的奉献担当精神催人泪下

古有愚公，宁可移山不移民。今有一群体，不安顿好移民不罢休。这个群体，就是奋战在南水北调中线工程移民征迁第一线的广大移民工作干部。移民搬迁犹如一场战役，犹如南水北调中线工程建设的一场攻坚战。在这场没有硝烟的战役中，广大移民工作干部把移民当亲人，倾情服务、激情奉献，迎难而上、勇挑重担，甚至把个人健康乃至生命置之度外，以其殚精竭虑、鞠躬尽瘁的奉献担当精神感动了天下所有的善良人，彰显了他们对党对人民的无比忠诚，体现了他们作为共产党人的先进性和纯洁性。

就移民工作干部而言，他们的无私奉献主要表现为：坚持移民至上理念，始终把移民群众放在最高位置，始终把移民群众的切身利益和安危冷暖放在心上，为了把移民迁安工作做好而废寝忘食、奋不顾身。为把移民搬迁任务完成好，广大移民工作干部跋山涉水、走村串户，热情宣传建设南水北调中线工程的意义和国家的移民政策，耐心说服群众，把党和国家的温暖送到移民心坎上。"宁可苦自己，决不负百姓"、"当百姓贴心儿女，做移民孝子贤孙"是他们的誓言和行动。面对群众的误解和过激言行，他们骂不还口，打不还手，以情感人，以心换心，用一片丹心赢得了乡亲们的信任和支持。他们牺牲自己的节假日甚至休息时间，无暇照看自己的妻儿老小，顾不得自己身患重病，更不论风雨交加、严寒酷暑，"白加黑"、"五加二"、"雨加晴"，把自己的全部精力和心血都放在了移民工作上。他们的一腔热血为移民群众尽情挥洒，他们的爱民之心在为移民搬迁砰砰跳动。这些移民工作干部像焦裕禄同志那样，心里装着一户户移民乡亲，唯独没有他们自己。数十万移民群众搬迁，没有在其过程中发生任何意外，没有让一个移民伤亡，也没有漏

掉一个移民，然而，河南、湖北两省却有 20 余名移民工作干部因过度劳累以身殉职，将自己宝贵的生命永远定格在了移民工作岗位上。他们用心血、汗水乃至生命，谱写了一曲情系移民、无私奉献的壮美乐章。

　　为什么广大移民工作干部会有如此崇高的敬业精神、忘我的牺牲精神、无私的奉献精神？从根本上说，就在于忠诚担当。所谓忠诚，就是忠诚于党，忠诚于党的组织和党的事业。习近平总书记曾强调指出："全党同志要强化党的意识，牢记自己的第一身份是共产党员，第一职责是为党工作，做到忠诚于组织，任何时候都与党同心同德。"①广大移民工作干部之所以能在号称"天下第一难"的工作岗位上作出如此无私的奉献，根本在于他们具有强烈的党的意识，对党无比忠诚。对党忠诚，不是抽象的而是具体的，不是有条件的而是无条件的，必须体现到对党的信仰的忠诚上，必须体现到对党组织的忠诚上，必须体现到对党的理论和路线方针政策的忠诚上。对奋战在南水北调中线工程移民迁安第一线的广大移民工作干部来说，对党忠诚集中体现在勇于担当上。忠诚是担当的根本前提。没有忠诚，就不可能会去担当。担当是忠诚的集中体现。不去担当，半点儿忠诚也谈不上。面对有"天下第一难"之说的移民工作，面对"四年任务，两年完成"的要求，广大移民工作干部深知这是党交给自己的任务，是历史赋予自己的使命，他们不仅没有选择退缩，反而以舍我其谁的气魄和迎难而上、奋勇争先的精神，主动勇敢地担当起了应该担当的责任。这些移民工作干部，也是新时代最可爱的人。

三、建设者倾情付出、攻坚克难的奉献担当精神可歌可泣

　　南水北调中线工程不是简单的、一般意义上的调水工程，而是一项

---

① 《习近平谈治国理政》，外文出版社 2014 年版，第 395 页。

事关中国水资源优化配置、促进经济社会可持续发展、保障和改善民生的重大政治工程。参与建设的广大工程技术人员和工程施工人员，从讲政治、讲大局、讲责任的高度，把南水北调中线工程建成质量优、效益好、惠民生的放心工程作为自己的庄严使命，团结协作、倾情付出，精益求精、攻坚克难，用热血、辛劳和汗水生动地诠释了奉献担当在工程建设领域的时代内涵。

对于建设南水北调中线工程为什么是一项重大的政治任务，普通的工程建设者们可能讲不出多么高深的大道理，但是他们十分清楚地知晓，建设这项工程凝聚着几代中国人的梦想，能给干涸已久的北国土地带来滋润万物的春雨般的甘霖，能让京津冀豫地区的亿万群众用上甘甜放心的清水。能为实现几代中国人的梦想尽心，能为北国万物解除干渴之苦出力，这对广大工程建设者来说，无疑是最大的政治，因此也是自己义不容辞的责任担当。他们为这辈子能有机会参与建设这样一项功在当代、利在千秋的国字号工程而感到非常荣幸，倍加珍惜这次为国圆梦、为民造福的难得机遇。人生能有几回搏，此时不搏待何时？他们异口同声地表示：为了把这项国字号工程建设好，无论自己吃再大的苦，受再大的累，作出多大的牺牲，哪怕是丢掉自己的性命，都值了！

广大工程技术人员和工程施工人员，并没有让上述这些认识仅仅停留在心灵上的一种感知，而是不折不扣地将这些认识化作了具体的现实行动。南水北调中线宝郏段一标项目经理陈学才，就是其中的一个杰出代表。2010 年 12 月，宝郏段一标开工时，陈学才正在安阳五标段当项目经理，此时他已是中国水电十一局四分局副局长、总工程师、一级项目经理。宝郏段一标的工程施工任务非常艰巨。全标段 6.7 公里，地质条件复杂，岩性变化多端，地下水位高，石方爆破量大，高填方段长，工程形式也比较多，既有倒虹吸、河渠交叉、跨渠桥梁，还有铁路交叉工程等。尽管干了 30 多年的水电工程，承建过国内外工程 50 多项，但是，陈学才对干好这个工程还是倍感"压力山大"。为了把工程干好，他每天从早上到深夜都忙碌在施工工地上。他渠上渠下仔细查看工程质量、进度，听带队班长汇报，安排当天的施工任务。这样的巡查，陈学才每天要跑 4 趟，一趟下来两个小时，他衣服几乎没有干过。"我担心有闪失，不在现场不放心。态度决定一切，细节决定成败。"当被问及为啥如此尽心尽力时，陈学才稍加思索地说："因为，建设南水北调工程是我人生最大的骄傲，我一定要向国家交一份圆满的答卷。"①从豫鄂边界到黄河之滨，从豫北平原到燕山脚下，在南水北调中线工程建设工地，像陈学才这样无私奉献、敢于担当的建设者还有许多许多。正是靠着这许许多多陈学才们的奉献担当，才成就了纵跨大河上下的南水北调中线工程。这些陈学才们，同样也是新时代最可爱的人。

---

① 赵川：《筑梦南水北调》，《河南日报》2013 年 7 月 30 日。

第 十 章
南水北调精神的内在联系

恩格斯在描述事物普遍联系的"辩证图景"时指出："当我们通过思维来考察自然界或人类历史或我们自己的精神活动的时候，首先呈现在我们眼前的，是一幅由种种联系和相互作用无穷无尽地交织起来的画面。"南水北调精神是一种内在结构特殊的时代精神，其精神要素之间具有显著的层次性、逻辑性和内在联系性。深入分析和阐明南水北调精神各层面精神要素之间的内在联系，对于在更高层次上深刻理解和把握南水北调精神，在新的历史时期更好地弘扬和践行南水北调精神，具有十分重要的意义。

第一节 人民至上与大爱报国内在一致

南水北调精神是由统筹协调、共建共享的国家精神，舍家为国、无私奉献的移民精神，知难而进、忠诚担当的移民工作精神，以及创新求精、追求卓越的建设精神等诸多精神要素共同构成的精神集合体。在这个精神集合体中，统筹协调、共建共享的国家精神是属于国家层面的精神要素，其余的三种精神要素则是属于社会层面的精神要素。前者与后三者不仅所处的层面不同，而且它们所反映和体现的精神实质也存在差异，前者集中体现的是人民至上，后三者彰显的则是大爱报国。尽管前者与后三者在所处层面和所反映的精神实质与价值内核上不尽相同，但是前者与后三者在本质上却是辩证统一的，具有高度的内在一致性，它们在南水北调工程建设实践中相得益彰、交相辉映。这是南水北调精神的一个显著特征，也是它的巨大魅力所在。

一、人民至上是南水北调在国家层面的精神实质

所谓人民至上，就是把人民及其利益放在高于一切的位置，并以此作为行为准则。中国共产党来自于人民、植根于人民、服务于人民，其根本宗旨就是全心全意为人民服务。人民至上是党的宗旨的集中体现，是党坚定不移的根本价值取向，也是党始终不渝的核心价值理念。党的十八大以来，以习近平同志为核心的党中央始终秉持人民至上理念，并将其作为贯穿治国理政新理念新思想新战略的主旨和主线。在习近平总书记系列重要讲话中，坚持以人民为中心、坚持人民至上，坚持人民立场、坚持人民主体地位，全心全意为人民服务、把人民放在心中最高位置，是始终闪耀真理光辉的关键词。习近平总书记反复教导各级党员干部说：群众在干部的心里有多重，干部在群众心中就有多重；要心里始终装着群众，时刻把群众安危冷暖放在心上，始终与人民心心相印、与人民同甘共苦、与人民团结奋斗。他多次强调说："我们讲宗旨，讲了很多话，但说到底还是为人民服务这句话。我们党就是为人民服务的。中央的考虑，是要为人民做事。"

南水北调中线工程，是党领导人民所从事的实现水资源优化配置、促进经济社会可持续发展、保障和改善民生的重大战略性基础设施。这是一项造福民族、造福人民、功在当代、利在千秋的民心工程。作出实施南水北调中线工程建设这一重大决策本身，就充分体现了党和政府对以人民为中心、坚持人民至上这一核心价值理念的忠实坚守与践行。多

年以来，由于长期严重缺水，中国北方广大地区，特别是包括京津两大都市在内的华北地区，不仅经济社会发展受到严重制约，而且还严重影响到了这些地方的民生。自从新中国成立初期毛泽东同志高瞻远瞩提出南水北调战略构想以来，饮用丹江甘甜水，成为亿万人民群众的梦想，成为他们对更加美好生活的追求。正是为了把人民群众的美好梦想变为光辉的现实，党和政府作出了实施南水北调中线工程建设的重大决策。

人民至上不仅体现党的根本宗旨和执政理念，彰显着一切为了人民、一切以人民为中心的本质要求，而且还意味着对人民主体地位的敬畏和尊重，内在地要求必须始终坚持一切依靠人民。人民至上的这一核心价值理念，不仅贯穿于南水北调中线工程建设决策的整个过程之中，而且也贯穿于国家推进这一工程建设的始终。南水北调中线工程是一项造福人民的建设工程。实施和推进这一工程建设，必须始终坚持一切依靠人民群众。人民群众是建设这一工程的主体和最根本力量。在实施和推进这一工程建设的伟大实践中，党中央国务院和国家有关部门以及地方各级政府，始终坚持人民主体地位，切实遵循党的群众路线，认真倾听人民群众的呼声，及时回应人民群众的关切，注重发挥人民首创精神，充分依靠人民的智慧和力量。这是坚持人民至上理念的重要体现，也是胜利完成这一工程建设的根本保证。

二、大爱报国是南水北调在社会层面的精神内核

大爱报国是对国家大爱无疆的重要内容和核心要义。自古以来，中华民族就有热爱和忠诚于自己祖国的优良传统。长期的小农经济和宗法社会，使我们的先人逐步形成了家国同构的观念。家族是家庭的扩大，国家则是家族的扩大和延伸；家是国之基础，国是家的保障，爱家必须爱国，爱国即是爱家。因此，在中国历史上涌现出了许许多多爱国志士和民族英雄。他们精忠报国，甚至为国捐躯，谱写了一曲曲大爱报国的

英雄赞歌，同时也为中华民族留下了一笔笔弥足珍贵、历久弥新的精神财富。

作为南水北调中线工程的核心水源区和渠首所在地，淅川人民为这一世纪工程建设作出了重大的牺牲和独特的贡献。淅川历史文化源远流长。这里所处的丹淅流域，是楚国早期都城丹阳所在地，也是璀璨楚文化的重要发祥地。崇武爱国是楚文化的一大显著精神特质。在这种精神的滋养哺育下，荆楚大地上曾出现过以爱国诗人屈原为代表的许多风流人物。千百年来，这一爱国精神已经深深地融入到了包括河南淅川在内的荆楚文化血脉之中。在这片土地上，人们都把国家利益看得至高无上，强烈的国家意识和民族意识代代相传。在为实现中华民族伟大复兴的中国梦而奋斗的新的历史时期，这种大爱报国的优良传统和伟大精神在南水北调中线工程建设中得到了新的传承和弘扬。

在建设南水北调中线工程的实践中，广大库区移民群众表现出了极为可贵的大爱情怀和感人至深的报国精神。淅川库区移民为了支持国家南水北调，自觉地以个人小家的利益服从于国家发展的大局，让位于民族发展的长远利益。他们舍家弃业、迁居他乡，不是因为别的，就是因为"北京渴"。南水北调不是为了别的，就是为了"不再渴北京人"。他们发自内心地认为，自己为国家、为民族发展大局作出一点力所能及的牺牲和奉献，是完全应该的，而且也是很光荣的。这些祖祖辈辈生活在山沟里、整日与土地打交道的农民们，虽然讲不出什么大道理，但是受世世代代涌动在他们血脉中的大爱精神和报国情怀所驱使，他们会以这种最实际、最质朴的言语和行为方式来作出自己应有的表达。这既是移民群众特有的情感表达，也是其情感表达的生动内容所折射出的精神的可贵与伟大。移民群众在南水北调建设实践中所表现出的这种大爱精神和报国情怀，是这一伟大实践的精神内核。这一伟大实践的其他精神成果，则是该精神内核的外在表现，或是由该精神内核所支配和决定的。

三、人民至上与大爱报国在南水北调中实现了完美统一

有人可能会提出这样一个疑问：按照这种概括和表述，南水北调精神既包含了人民至上精神，也包括了大爱报国精神；既是人民至上，又是大爱报国。这两个概念放在一起，不是彼此相矛盾的吗？其实，人民至上与大爱报国二者不仅不矛盾，而且还在实践中实现了高度的一致和完美的统一；二者所实现的高度一致和完美统一，不仅是理论上和逻辑上的一致和统一，更是实践上的一致和统一。可以说，实现这样的双重一致和统一，是成就南水北调中线工程和南水北调精神的根本。

首先，从理论和逻辑上说，人民至上与大爱报国二者是高度一致的。世间有真情，人间有大爱。人民至上是国家层面所呈现出来的一种大爱，这种爱是国家对人民的爱。中国共产党是以全心全意为人民服务为根本宗旨的马克思主义政党，她始终把人民放在心中最高位置，始终把为最广大人民群众谋福祉作为自己矢志不渝、孜孜以求的核心价值追求，始终以最广大人民根本利益为最高标准。党的这一根本宗旨与核心价值追求无疑在彰显和表达着一种大爱，即对人民的爱。这是中国共产党人最博大的爱。中国共产党执政后，党的根本宗旨在党的执政实践中经过淬炼，进一步升华为一种国家精神。这种国家精神，就是人民至上。与此不同，大爱报国则是在中华民族优秀传统文化千百年来的熏陶和滋养下，人民群众对真正尊奉和践行人民至上精神的国家所迸发出的炽热的爱的情感，以及在此支配下所付诸的自觉的具体行动。这种从社会层面呈现出来的大爱，与来自国家层面的人民至上之爱是相辅相成的、高度一致的，就如同人们常说的军爱民、民拥军一样。如果没有国家层面的人民至上，也就不可能有社会层面的大爱报国；同样，如果没有社会层面的大爱报国，也就不会存在尊奉和践行人民至上精神的国家。

其次，从南水北调中线工程建设实践看，人民至上与大爱报国二者实现了完美的统一。正是为了优化配置水资源，改善北方亿万人民群众的饮水状况，增进人民福祉，党和国家才作出了建设南水北调中线工程这一重大战略决策。建设这一工程，党和国家首先考虑的就是如何搞好移民搬迁安置工作，如何在实施移民搬迁安置过程中保障移民群众的切身利益，并且明确提出了"实现和谐搬迁、妥善安置，确保移民搬得出，稳得住，能发展，可致富"的要求。中央领导同志亲临移民工作第一线实地考察指导工作，作出重要指示，为科学推进移民搬迁安置工作指明了方向，提供了遵循，并为移民群众送去了温暖。所有这一切，都体现了人民至上的精神。实现库区移民群众和谐搬迁安置，不仅要求党和政府必须把移民群众放在心中最高位置，同时还需要广大移民群众识大体、顾大局地积极配合。现实实践中，广大移民群众在国家和民族利益与个人家庭利益不能两全、无法兼顾、必须作出取舍时，毅然决然地作出了舍小家、为国家的选择，充分展现了他们以民族大义为重的爱国报国情怀。在南水北调中线工程建设实践中，国家层面的人民至上与社会层面的大爱报国两种精神历史地、完美地统一起来了。这个历史的完美的统一，根源于中国特色社会主义制度下人民至上与大爱报国的内在一致性。

第二节　国家统筹与区域协作高度契合

中国是一个地域辽阔的统一的多民族大国。国家统筹是中国政府治理国家与社会的一种重要功能和手段，也是南水北调国家精神的核心内涵。南水北调是一项跨越众多流域、涉及方方面面的异常艰巨复杂的国家重大战略性工程。顺利实施和推进这一重大工程建设，中央政府负有不可替代的通盘筹划、周密协调的责任。同时，由于该项工程又涉及多个行政区域、行业部门，这些行政区域的地方政府和行业部门必须服从并主动配合中央政府的统一调度指挥和统筹安排，各地方政府之间、各行业部门之间、各地方政府与各行业部门之间，也要相互协作、密切配合，这是顺利推进工程建设的重要保证。在南水北调中线工程建设实践中，中央政府充分发挥国家统筹功能作用，各地方政府坚决执行中央政令，各地方政府之间相互沟通协调、密切协作配合，并将二者很好结合起来，在国家统筹与区域协作高度契合方面，为此类重大国家工程建设树立了典范。

一、国家统筹是南水北调精神的核心内涵

所谓统筹，是指统筹主体对某一事情进行通盘筹划安排的行为或活动。国家统筹，顾名思义，就是国家对某一事情进行通盘筹划安排的行为或活动。南水北调中线工程艰巨复杂，是一项系统性工程。该工程贯通长江、淮河、黄河、海河四大流域，跨越鄂、豫、冀、京、津5省市，穿越27处铁路、40多条河流，涉及水利、国土、建设、环保、铁路、电力、电讯等诸多部门。要顺利实施和推进这项工程建设，最终实现工程建设成果由沿线人民群众共享，有许多矛盾、问题需要解决，有大量工作要做。能够统筹协调解决这些矛盾和问题、总揽全局做好这些工作的主体，只能是国家，而不可能是其他任何主体。

南水北调中线工程建设必须由中央政府实施国家统筹，不仅是由该工程建设艰巨复杂的跨流域、跨省区特点所决定的，同时也是由中国的国家结构形式所决定的。中国是统一的多民族国家，各地方行政区域都必须在中央政府统一领导下开展工作。与此相适应，中国依照民主集中制原则处理中央与地方相互关系，既始终坚持中央的集中统一领导，又充分发挥地方的主动性和积极性。在建设南水北调中线工程过程中，这些国家制度为中央政府发挥主导作用，总揽全局、通盘筹划、协调八

方，提供了根本制度保障。

建设南水北调中线工程，中央政府的国家统筹作用可谓发挥得淋漓尽致。从战略构想提出到勘察、规划、论证的完成，从作出工程上马决策到全面开工、工程竣工，国家统筹作用贯穿于工程建设的各个环节和主要方面。南水北调战略构想，是由党的第一代中央领导集体核心毛泽东主席提出来的；工程的勘察、规划、论证工作是在中央政府直接领导下进行的，工程上马的决策是由中央政府在充分发扬民主基础上作出的，工程建设所涉及的方方面面都是由中央政府筹划协调的，工程建设中遇到的许多重大问题都是由中央政府统筹解决的。离开了中央政府的国家统筹，要顺利完成如此艰巨复杂的超大工程是根本无法想象的。以建设工程的勘测、规划、设计和论证工作为例，毛泽东主席提出南水北调构想后，在党中央国务院的直接领导下，国家有关部委、省（自治区、直辖市）和单位在这方面做了大量工作，参与规划与研究工作的科技人员涉及经济、社会、环境、农业、水利等众多学科。在南水北调规划编制过程中，坚持民主论证、科学比选，先后召开了近百次专家咨询会、座谈会和审查会，与会专家近6000人次，其中有中国科学院和中国工程院院士110多人次。国务院南水北调办公室主任鄂竟平同志曾用"两个50、两个100"来概括南水北调论证过程，即前后论证了50年，先后提出了50多个方案，中央层面开了100多次会议，邀请了100多位院士去从事这个论证。如此宏大的勘测、规划和论证工作，如果不是中央政府进行统筹，其他任何机构和组织都不可能协调得了。

在南水北调精神中，国家统筹是核心内涵。国家统筹是南水北调工程建设得以实施和推进的前提和关键。协调是南水北调精神的重要内涵之一，但是，作为国家统筹的一个重要功能和手段，协调既包括在国家统筹之内，作为国家统筹的重要内容而存在，同时又必须在国家统筹大的框架下来发挥作用。推进南水北调工程建设，实现建设成果由人民共享这一目的，国家统筹不仅发挥着十分重要的作用，而且为实现建设成果由人民共享提供了重要保障。因此，国家统筹在南水北调精神的全部内涵中居于核心地位。

二、区域协作是南水北调精神不可或缺的重要内涵

区域协作是区域发展和区域治理的一个重要概念，通常是指在实现区域发展或治理目标过程中，各相关地方政府和部门之间的相互沟通、协调与配合。在建设南水北调中线工程中，这一概念被赋予了另外一层新的含义，亦即各相关地方政府和部门与中央政府和部门之间的相互沟通、协调与配合。这后一层新的含义，在南水北调中线工程建设中显得格外重要。

南水北调中线工程涉及湖北、河南、陕西、河北、北京和天津6个省市，途经河南、河北两省的11个省辖市，连接长江、淮河、黄河、海河四大流域，涉及中央和地方政府的众多行政管理部门。南水北调是一个复杂的、环环相扣的工程建设系统，单靠哪一个层级、哪一个部门、哪一个方面的努力，是根本无法完成的，而是有赖于各层级政府、各相关部门、各相关方面的共同努力。既然南水北调中线工程涉及到如此众多的地方、层级、部门和方面，那么要顺利实施和推进这项工程建设，客观上就有一个区域协作问题，就需要形成一个结构严密的相互配合和支持的组织系统，就必须要有中央与地方以及地方之间的相互沟通、协调与配合，以及各个方面的密切协作。

南水北调中线工程是中国水利建设史上区域协作的经典之作。在实施和推进该项工程建设中，各地方政府及其职能部门严守政治纪律，自觉服从工程建设大局和中央的统一指挥，贯彻执行中央的决策部署和任务安排不走样，积极与中央的行动和举措相配合，有许多地方为了落实

中央部署安排、顾全大局而主动牺牲自己的局部利益。作为南水北调中线工程的渠首所在地，淅川县为确保南水北调水源无污染，先后动迁移民 16 万多人，关停并转企业 300 多家，使全县财政收入一度大幅下滑。中线工程沿线各级政府和部门，也都以工程建设大局为重，彼此之间加强沟通，相互协调配合，及时协商解决工程建设中出现的矛盾和问题，为圆南水北调的民族梦而共同努力。干渠与铁路交叉工程是南水北调工程建设的重要组成部分，涉及到包括相关地方政府在内的诸多部门和行业。南水北调中线工程河南段铁路交叉工程多，任务重。河南省政府积极和铁道部保持顺畅沟通，河南省南水北调办与郑州铁路局加强协调，密切联系，统筹推进交叉工程建设。沿线地方政府扎实推进各项征迁和专项迁建工作，按工程建设需要及时移交建设用地，努力维护良好建设环境；各铁路交叉工程施工单位倒排工期，抢抓进度，严抓质量，确保了铁路交叉工程按时建成，为南水北调中线总干渠顺利建成通水奠定了坚实基础。

三、南水北调是国家统筹与区域协作高度契合的典范

国家统筹和区域协作在理论与逻辑上不属于一个层面上的概念，二者存在很大的不同。首先是行为主体不同。国家统筹是中央政府为推动某件事情的解决或某一目的的达成所付诸的行动，它的行为主体是国家；而区域协作所涉及的则是地方政府及其职能部门之间以及它们与中央政府之间的相互关系问题。其次是行为所涉及的具体内容不同。国家统筹这一行为所涉及的内容，是行为主体为促成某件事情或实现某一目的所作出的通盘考虑和筹划安排；而区域协作所涉及的内容，则是各行为主体为共同促成某件事情或实现某一目的的彼此相互协调和配合。尽管国家统筹和区域协作之间在理论与逻辑上存在上述不同，但并不影响二者在具体行为实施中的相互契合。

在南水北调中线工程建设实践中，中央政府的国家统筹为地方政府及其部门之间的区域协作指明了方向，提供了保障。中央政府的国家统筹是有目标、有方向、有原则的。中央政府在对南水北调中线工程建设作出全盘谋划和部署安排时，对所涉及的方方面面均会提出指导性目标要求以及应当遵循的基本原则和理念。这就为地方政府及其他各个方面的行动和努力提供了遵循。比如，2003 年 8 月中旬，时任国务院总理温家宝主持召开国务院南水北调工程建设委员会第一次会议，对兴建南水北调工程作出了部署安排。温家宝强调："兴建南水北调工程，对国民经济全局和中华民族的长远发展具有重大而深远的意义。要按照'三个代表'重要思想的要求，以对国家和人民负责、对历史负责的精神，精心组织、精心设计、精心施工，努力把南水北调工程建设成世界一流工程。"这就明确提出了兴建南水北调工程的指导原则和总的目标要求。温家宝在讲话中还着重指出："南水北调工程建设必须遵循客观规律，严格按照基本建设程序和原则办事。一要坚持'先节水后调水，先治污后通水，先环保后用水'，始终把节水、治污放在首位。二要严格执行规划，坚持质量第一，高标准、高效率地搞好工程建设。三要充分发挥市场机制的作用，建立良好的筹资、管理、运营机制，把调水工程建设与改革管理体制、水价形成机制结合起来，把水污染防治工程建设同改革排污收费机制结合起来。四要坚持科学民主决策，工程的设计、建设和运行管理，都要建立科学民主的决策程序，完善论证决策的各项制度。"① 这就提出了引领和规范地方政府及其他各方具体工作实践的基本理念和原则要求。

如果说国家统筹是引领和保障的话，那么区域协调就是基础和支

---

① 温家宝：《在国务院南水北调工程建设委员会第一次会议上的讲话》，《人民日报》2003 年 8 月 15 日。

撑。中央政府以国家统筹的方式对南水北调中线工程建设作出的谋划和部署安排，特别是中央政府就此提出的基本理念、指导原则和目标要求，需要地方政府及其他各方通过区域协作来贯彻、来实现。从实际效果看，南水北调中线工程建设之所以能够按时地、高质量地建成通水，在一定程度上，就是南水北调中线沿线各地方政府及相关各方坚决贯彻国家统筹、在中央统一协调下积极开展协作的成果。由此可见，建设南水北调中线工程，中央政府的国家统筹是关键，但国家统筹要充分发挥作用，也有赖于各地方政府和相关方面的积极配合，以及相关地方政府之间的密切协作。在南水北调精神架构中，国家统筹与区域协作尽管处于不同的要素层面，发挥着各自不同的功能作用，但二者又紧密联系、相互依存、相互促进。

第三节　共建共享与市场机制相辅相成

共建共享是南水北调中线工程建设所遵循的一条重要原则。这一原则要求建设南水北调中线工程，必须由沿线各方共同参与、共同建设、共同享有。这一原则既反映和体现了建设南水北调中线工程的根本目的，又指明了推进该项工程建设的基本路径，与以习近平同志为核心的党中央提出的新发展理念是高度吻合的。南水北调中线工程是共建共享的产物，也是共建共享的杰作，为跨流域、跨行政区域建设超大规模水利工程树立了典范。南水北调中线工程建设在遵循共建共享原则的同时，又始终遵循客观经济规律的要求，把市场机制作为配置资源的基本方式和主要手段，从而有效地实现了资源的优化配置，提高了资源的配置效率，并使之与共建共享相互辉映，共同推动和保障南水北调梦想成真。

一、南水北调中线工程彰显了共建共享的国家精神

党的十八大以来，以习近平同志为核心的党中央在新的实践中进一步丰富和发展了马克思主义，强调发展为了人民、发展依靠人民、发展成果为人民所共享，牢固树立和贯彻"创新、协调、绿色、开放、共享"的新发展理念。党的十八届五中全会强调指出："坚持共享发展，必须坚持发展为了人民、发展依靠人民、发展成果由人民共享，作出更有效的制度安排，使全体人民在共建共享发展中有更多获得感，增强发展动力，增进人民团结，朝着共同富裕方向稳步前进。"[①] 在新的历史发展时期，共建共享成为引领中国发展的重要指导原则。南水北调中线工程是共建共享的典范，共建共享成为南水北调精神的重要内涵。南水北调中线工程彰显了共建共享的国家精神。

首先，南水北调中线工程彰显了共享精神。南水北调中线工程是为缓解北方地区水资源严重短缺局面而兴建的大型饮用水调水工程。南水北调中线工程以河南省淅川县丹江口水库渠首为起点，途经豫、冀两省，将水送达终点京津两市，两省两市四地均为中线工程的受水区。按照总体规划，南水北调中线一期工程年均调水量95亿立方米，其中分配给河南37.7亿立方米，河北34.7亿立方米，北京12.4亿立方米，天津10.2亿立方米。截至2017年10月3日，南水北调中线一期工程自2014年12月12日通水以来，共向华北地区调水量逾100亿立方米。南水北送京、津、冀、豫4省市，惠及的人口超过6000万，社会、经济、生态等综合效益十分明显。在北京，南水已占北京城区日供水量的73%，供水范围基本覆盖北京中心城区、丰台河西地区和大兴、门

[①] 《中国共产党第十八届中央委员会第五次全体会议公报》，《人民日报》2015年10月28日。

头沟等地区，中心城区供水安全系数由 1.0 提升至 1.2；在天津，南水加快了滨海新区、环城四区地下水水源转换工作，使地下水位累计回升0.17 米；在河南，11 个地市、37 个县用上南水，1800 万人受益；在河北，用水范围覆盖 7 个地级市、96 个水厂。这表明，南水北调中线工程不是只使个别地区和少数人受益的调水工程，而是一项调水成果由沿线人民共享的工程，充分彰显了共享精神。

其次，南水北调中线工程彰显了共建精神。沿线人民所共享的调水成果，是以沿线人民共建该项工程为前提的。共建是共享的前提和基础。没有沿线人民的共建，就不会有可供人们共享的调水成果，共享也就成了无源之水、无本之木。共享是沿线人民共建南水北调中线工程的结果和归宿。如果沿线人民不能共享调水成果，那就背离了兴建这项工程的初衷。共享需要共建，共建为了共享。为了实现共享，南水北调中线沿线人民携手并肩，共同推进工程建设。河南省是南水北调中线工程的核心水源地，既有干线工程和配套工程，又有移民工程和水源工程，是沿线各省市中工作量最大、任务最重的省份。河北省也是南水北调中线工程的主要承建省，中线总干渠河北段工程全长 596 公里，总投资达 419 亿元。北京和天津承担的任务量虽然相对小一些，但他们发挥各自的优势向河南、河北两省提供大力支援。比如，作为对河南人民的回报，北京与河南签署了"1+6"合作协议。根据协议，两地将全面贯彻落实丹江口库区及上游地区对口协作工作方案，突出强民生、保水质、促转型，推进对口协作互利双赢；推动资源节约集约利用、生态环境保护治理、节能减排提升等方面的合作，共同开展大气污染联防联治，构建南水北调中线生态走廊；共建开放发展平台，共同参与新亚欧大陆桥经济走廊和中蒙俄经济走廊建设；支持和引导北京信息技术、装备制造、商贸物流、教育培训、健康养老、金融后台、文化创意、体育休闲等领域产业向河南转移；等等。

二、市场机制是推进南水北调中线工程建设的强大动力机制

作为一项事关国计民生的国家级重大战略性基础设施，南水北调中线工程首先具有公益性的功能。建设好这样一个工程，首先要注意发挥好政府的宏观调控作用。国内外历史经验表明，推进重大基础设施建设工程，政府的科学决策、统筹协调、宏观保障是关键。按照国际惯例，建设关系国民经济命脉的重要基础设施，政府一般为投资主体。根据规划，南水北调主体工程投资结构为 55% 资本金、45% 贷款，资本金由中央政府和地方政府共同筹集，配套工程投资完全由地方负责筹集。因此，政府特别是中央政府是主体工程的投资主体。同时，水资源归国家所有，水资源优化配置和统一管理要求强化政府职能。因此，推进南水北调中线工程建设，国家的宏观调控至关重要、不可替代。

同时，南水北调中线工程又具有准经营性特点，必须用市场机制调节水资源供需关系。既然具有经营性，那么工程建设就应当按照客观经济规律办事，把市场机制引入工程建设，坚持"谁受益、谁出资"原则，并以此作为在建设和营运该项工程中配置资源的重要方式和手段。市场机制是通过市场自由竞争实现资源优化配置的有效机制。实践证明，国家宏观调控是必要的，它可以弥补市场机制的不足，但更要注重发挥市场机制的作用，让市场在资源配置中起决定性作用。只有通过由市场交换形成的社会生产分工协作机制、由市场竞争形成的奖勤罚懒优胜劣汰机制，以及由市场价格自动调节的供求机制等，使价值规律调节资源配置的功能作用得到充分发挥，才能使稀缺的资源得到最佳配置，实现经济效益的最大化。

在南水北调中线工程建设过程中，市场机制较好地发挥了其在资源配置中的决定性作用。在建设资金筹措方面，成立由国家控股、地方参股的干线调水有限责任公司，实行资本金制度，资本金由中央和地方分

担，中央资本金大于沿线各地的共同出资，实现中央控股；调水有限责任公司负责干线主体工程的筹资、建设、运行、管理和还贷。在建设运行管理方面，实行"政府宏观控制、股份制运作、企业化管理、用水户参与"的模式，根据各省市对需水量的承诺，在工程建设期承担相应投资，并获取相应的股份，在运行期承担相应水费。在建设项目管理方面，严格实行项目法人责任制、招标投标制、建设监理制；项目法人对项目的策划、资金筹措、建设实施、生产经营、债务偿还和资产的保值增值，实行全过程负责。在一期主体工程运行初期供水价格政策方面，中线工程实行两部制水价，基本水价按照合理偿还贷款本息、适当补偿工程基本运行维护费用的原则制定，计量水价按补偿基本水价以外的其他成本费用以及计入规定税金的原则制定。所有这些，都凸显了市场机制在资源配置中的决定性作用，并与政府宏观调控作用的发挥相得益彰。

三、南水北调是共建共享与市场机制深度融合的产物

共建共享作为南水北调中线工程建设的重要指导原则和南水北调精神的重要内涵，它同在工程建设资源配置中发挥决定性作用的市场机制绝不是相互排斥的，而是相辅相成、相互促进的。建设南水北调中线工程，既始终遵循了共建共享的指导原则，形成了共建共享的国家精神，又很好地发挥了市场机制，取得了良好的效益。南水北调是共建共享与市场机制彼此结合融合的产物。把共建共享和市场机制紧密结合起来，使二者形成共振与合力，是推进南水北调中线工程建设的一条重要经验。

共建共享是建设南水北调中线工程遵循的基本指导原则。推进南水北调中线工程建设始终遵循这一指导原则，是由这一建设工程的公益性质所决定的。作为实现水资源优化配置、促进经济社会可持续发展、保

障和改善民生的重大战略性基础设施，南水北调中线工程无疑具有显著的公益性质。兴建南水北调中线工程，首先考虑的不是能取得多大的经济效益，而是它的社会效益和生态效益；不是单纯要使哪一个地方的人民受益，而是要让沿线广大群众都受益。南水北调中线工程的共享性，又决定了该项工程的共建性。只有共建，方能共享。即便在社会主义市场经济条件下，建设公益性工程也必须始终遵循共建共享的原则。

然而，共建共享原则与市场机制二者绝不是完全相排斥的，推进公益性工程建设同样可以借助于市场机制，同样也要以市场机制为动力。共享反映的是公益性工程建设的目的和宗旨，而市场则是建设公益性工程过程中所应当运用的机制。大量历史实践充分证明，建设非营利性的公益工程也要讲求效率和效益，否则资源就难以得到有效配置，就会造成巨大的资源浪费，增加工程建设成本。在建设公益性工程过程中引入市场机制，可以借助市场机制实现资金、技术、人才等宝贵建设资源的优化配置，提升工程建设效率，节约投入成本，从而更好地促进共建共享目的的实现。因此，共建共享原则与市场机制是完全能够相互结合的。南水北调中线工程就是二者彼此结合、共同推动的产物。共建共享原则为南水北调中线工程建设沿着共建共享正确方向推进提供引领和保障，市场机制为该工程共建共享公益目标的更好实现提供强大动力。

第四节　科学求实与开拓创新相得益彰

科学求实是辩证唯物主义和历史唯物主义一以贯之的精神与品格，是中国共产党在领导革命、建设和改革的长期实践中形成的优良传统和作风。创新是一个民族进步的灵魂，是一个国家兴旺发达的不竭动力，也是中华民族最深沉的民族禀赋。在为实现中华民族伟大复兴中国梦而努力奋斗的新的历史时期，只有始终坚持开拓创新，才能克服前进道路上的种种艰难险阻，不断开创中国特色社会主义新局面。在改革开放时代和实现中华民族伟大复兴中国梦的实践中孕育形成的南水北调精神，既是科学求实的产物，也是开拓创新的结果。科学求实精神与开拓创新精神的相互辉映，产生了伟大的南水北调精神。

一、南水北调精神闪烁着科学求实的强大魅力

辩证唯物主义和历史唯物主义，深刻揭示了客观世界特别是人类社会发展的一般规律，是无产阶级政党的科学的世界观和方法论，是指导中国共产党人前进的强大思想武器。科学求实是辩证唯物主义和历史唯物主义一以贯之的精神与品格，它们要求人们要在掌握世界统一于物质、物质决定意识的原理基础上，自觉运用马克思主义科学的世界观和方法论探索社会发展规律，老老实实地按客观规律的要求办事，并善于在具体实践中坚持从客观实际出发制定政策、推动工作。

中国共产党人是坚持科学求实精神的典范。在领导革命、建设和改革的长期实践中，中国共产党形成了科学求实的优良传统和作风。在领导兰考人民同自然灾害作斗争的实践中，县委书记的好榜样焦裕禄同志凡事探求就里，树立了践行科学求实精神的光辉典范。2009 年春，习近平同志在河南考察期间，曾对焦裕禄精神的内涵作出概括，其中的重要内涵之一，就是科学求实。改革开放新时期，科学求实的优良传统和作风，在河南省党员干部中继续得到传承和弘扬。南水北调工程就是传承和弘扬这一优良传统和作风的丰硕成果。

在兴建南水北调工程的过程中，上至国家决策层，下至普通建设者，科学求实精神蔚然成风，得到了很好的传承和践行。南水北调工程总体规划是建设南水北调工程的总依据。为了使规划做到切实可行，从 20 世纪 50 年代开始，国家就开始组织大批科研和工程技术人员进行勘察、调研和反复论证，直到 2003 年才最终编制完成并经中央批准，前

后时间跨度达半个世纪。这既表现出中央对人民、对历史高度负责的态度，也体现了国家决策层科学求实的精神。广大工程建设者在施工中始终把工程质量放在第一位，发扬科学求实优良传统，自觉尊重客观规律，严格按规律办事，科学组织，精心施工，一丝不苟，确保把南水北调工程建设成为质量可靠的放心工程。

二、南水北调精神彰显出开拓创新的巨大威力

创新是马克思主义者和共产党人应有的政治品格。创新赋予马克思主义理论与时俱进的发展活力，是共产党人永立时代潮头的重要保证。马克思、恩格斯、列宁，以及中国共产党的卓越领导人毛泽东、邓小平，都善于根据实际情况的发展变化提出新的思想和理论，为我们树立了坚持科学精神、创新精神的光辉典范。马克思主义是最讲科学精神、创新精神的。坚持马克思主义，最重要的就是要坚持马克思主义的基本原理及其科学精神与创新精神，善于观察和分析把握客观情况的变化，不断研究解决出现的新情况新问题。党的十八大以来，以习近平同志为核心的党中央自觉增强问题意识，坚持以重大问题为导向，善于抓住关键问题进一步研究思考，着力推动解决发展中存在的突出矛盾和问题，不断开创中国特色社会主义事业发展新局面。

创新是中国共产党的优秀品格和活的灵魂，也是中国共产党领导全国人民不断开拓前进的重要法宝。从井冈山道路的开辟到毛泽东思想体系的形成，从改革开放新时期的开启到中国特色社会主义事业的开创，无一不是理论创新和实践创新的结果，均记录着中国共产党开拓创新的历史足迹。进入新的历史时期，习近平总书记更是把创新发展提高到事关国家和民族前途命运的高度，摆到了国家发展全局的核心位置，指出："创新是引领发展的第一动力。抓创新就是抓发展，谋创新就是谋未来。"在以习近平同志为核心的党中央提出的五大新发展理念中，"创

新发展"被排在了首位，凸显了"创新发展"的极端重要性。

南水北调中线工程建设是创新发展的光辉范例。在南水北调中线工程建设过程中，创新的具体事例灿若繁星、比比皆是。从统筹抓好工程进度和质量安全、统筹考虑主体工程和配套建设、统筹安排移民搬迁和后期扶持、统筹兼顾治污环保和沿线发展、统筹协调工程建设和运行管理"五个统筹"方针的制定，到"先节水后调水，先治污后通水，先环保后用水"原则的贯彻实施，从"搬得出、稳得住、能发展、可致富"移民安置工作目标的确定，到工程建设"项目法人责任制、招标投标制、建设监理制、合同管理制"的实行，从"定额用水、差别水价、累进加价"水价形成机制的推出，再到一系列世界级工程技术难题的解决，无不贯穿着创新精神。南水北调中线工程是创新发展的伟大成果，没有开拓创新精神，就难以在工程建设中攻克一道道难关，也就不会有南水北调的梦想成真。经由工程建设的创新实践，开拓创新成为南水北调精神中光彩夺目的重要内涵。

三、科学求实与开拓创新在南水北调精神中相互辉映

在南水北调精神的框架结构中，有诸多的内涵要素彼此相关联、相对应。这些彼此相关联、相对应的内涵要素，既相互联系又相互区别，在南水北调精神中彼此促进、相互辉映，共同构成南水北调精神的重要内涵，共同支撑和推动南水北调精神发挥作用。科学求实与开拓创新，就是这一框架结构中彼此相关联和相对应的一对内涵要素。

科学求实与开拓创新，在内涵和要求方面不尽相同。科学求实的前提是讲究科学，秉持科学精神。坚持科学精神，就要不断深入探求事物发展规律，正确认识和反映客观实际，并在具体的实践中坚持一切从实际出发，按照客观实际来制定路线方针政策。坚持科学精神，关键是要做到求实，敬畏科学，敬畏客观实际，老老实实按规律办事。而开拓创

新则要求人们必须坚持解放思想，做到与时俱进，改变墨守成规、故步自封的精神状态，勇于冲破传统观念和主观偏见的束缚，敢于打破旧的条条框框，使自己的思想认识符合变化了的客观实际，在实践中不断创造出新的东西来。

在南水北调中线工程建设实践中，科学求实与开拓创新实现了内在一致和高度统一。广大建设者在施工过程中秉持和坚守科学求实精神，坚持实事求是，一切从实际情况出发，尊重客观规律，严格按工程技术规范和施工操作规程办事，有力地保障了工程建设质量，圆满完成了中央确定的把南水北调中线工程"建成为质量可靠放心的工程"的目标任务，为南水北调工程的胜利竣工提供了坚实的质量基础。面对丹江口大坝加高扩容、穿黄隧洞工程、膨胀土变形滑坡等一系列人类建筑史上最具挑战性的技术难题，广大工程技术人员没有怯懦和退却，而是继承和弘扬开拓创新的优良传统，大胆解放思想，打破一切条条框框的束缚，锐意探索创新，成功地破解了这些技术难题，为南水北调工程的胜利竣工提供了有力的技术保证。科学求实与开拓创新，犹如一对植根在南水北调中线工程建设实践沃土中的并蒂莲，竞相绽放、相互辉映。

第 十 一 章
南水北调精神的鲜明特征

南水北调精神是历久弥新的井冈山精神、长征精神、延安精神、抗战精神和"两弹一星"精神、载人航天精神、焦裕禄精神、红旗渠精神等革命精神、建设精神在当今时代的传承与弘扬。同时，南水北调精神又是对上述精神的丰富和发展，有其十分鲜明的时代特征。正确认识和把握南水北调精神的基本特征，对于深刻理解和把握南水北调精神的科学内涵，增强继承和弘扬南水北调精神的自觉性，万众一心为实现中华民族伟大复兴的中国梦而奋斗，具有十分重要的现实意义和深远的历史意义。

第一节　大国实力是后盾

俗话讲得好："没有金刚钻，别揽瓷器活。"现实生活中，我们做任何一件事情，都要事先考察一下是否具备把这件事情做好的条件，掂量一下自己是否具备把事情做好的能力。一个人做事情是这样，一个国家做事情也是如此。南水北调可谓是中国人的世纪梦想，但是真正要去实现这个梦想，则需要雄厚的国家经济实力和科技实力来作为支撑。雄厚的国家实力是南水北调梦想成真的必备条件，也是南水北调精神赖以形成的物质技术基础。国家实力在南水北调工程建设中的地位和作用，决定了它对南水北调精神的意义和价值。南水北调精神的历史生成启示我们，对于中国这样一个发展中大国来说，无论做任何事情都要用实力来说话，靠实力做后盾。

一、南水北调为什么历经半个多世纪才梦想成真

从 1952 年金秋 10 月一代伟人毛泽东提出南水北调宏伟构想，到 2014 年 12 月南水北调中线正式建成通水，历史的车轮悄无声息地转动了 60 多个春秋。为什么在毛泽东提出宏伟构想之后国家没有立即大规模开工建设，将这一宏伟构想马上付诸实施，而是在半个世纪以后才把这一宏伟构想变成光辉现实？这就需要从国家经济实力和科技实力的前后变化来加以说明。

南水北调构想形成时期，人民才摆脱剥削和压迫、当家做主人不久，对新成立的中华人民共和国十分热爱，刚刚分到土地的亿万农民群众破天荒第一次为自己的美好生活而劳动，干劲儿可谓冲天，特别是生产资料所有制的社会主义改造基本完成以后，我们提出了一系列振奋人心的发展目标，广大人民群众建设社会主义的热情异常高涨，广大党员干部更是身先士卒，战斗在生产建设的第一线。那时，不能说我们的人民不爱国，不能说广大人民群众劳动热情不高涨，更不能说广大基层党员干部不具有发挥先锋模范作用的思想觉悟和政治觉悟。同样，也不能说当时我们对实施南水北调的愿望和要求不强烈，北国大片大片干涸龟裂的土地急需汨汨而来的南水滋润！那么，为什么当时没有立即大规模地开展南水北调工程建设呢？原因可能是多方面的，但是最重要的原因之一，恐怕就是当时国家的经济实力和科技实力有限，不足以支撑如此艰巨复杂、耗资巨大的工程建设。

新中国成立初期，中国还是一个经济文化十分落后的农业国。当

时，毛泽东用"一穷二白"四个字来高度概括我们的基本国情。他对此解释说："'穷'，就是没有多少工业，农业也不发达。'白'，就是一张白纸，文化水平、科学水平都不高。"①为了使人们对我国"一穷二白"的状况有一个直观的了解，他进一步阐述道："现在我们能造什么？能造桌子椅子，能造茶碗茶壶，能种粮食，还能磨成面粉，还能造纸，但是，一辆汽车、一架飞机、一辆坦克、一辆拖拉机都不能造。"②在当时条件下，要立即上马南水北调工程，开展大规模建设，无疑是天方夜谭。

南水北调工程横跨长江、淮河、黄河、海河四大流域，是迄今为止世界上规模最大的跨流域调水工程。与此同时，该工程也是中国移民数量最大的水利工程之一，仅新世纪南水北调中线工程的移民数量就多达34.5万人。因此，这项水利建设工程耗资非常巨大。仅南水北调中线一期工程的总投资就多达2013亿元。即便以当时的物价水平计算，这个投资量也是一个惊人的天文数字，是20世纪50年代的中国国力无法承受的。不仅如此，建设这一工程的技术难度，恐怕也是当时还无法逾越的"拦路虎"。仅兴建南水北调中线工程，就面临着诸如丹江口水利枢纽大坝加高、在软土富水条件下建造地下隧洞、穿黄工程超深竖井施工等一系列世界级技术难题，而这些技术难题不是当时中国的技术水平所能攻克的。这些技术难题不攻克，南水北调中线工程只能是纸上谈兵。

二、改革开放以来中国综合国力大幅提升为南水北调奠定坚实基础

实现中华民族伟大复兴是中华民族近代以来最伟大的梦想，南水北调梦想是中华民族伟大复兴中国梦的一个重要组成部分。为了实现中华

---

① 《毛泽东文集》第7卷，人民出版社1999年版，第44页。
② 《毛泽东文集》第6卷，人民出版社1999年版，第329页。

民族伟大复兴的中国梦，党的十一届三中全会以来，中国共产党团结带领全国各族人民自强不息，砥砺前行，在中国特色社会主义道路上进行改革开放新的伟大革命，极大地解放和发展了社会生产力，使人民生活得到显著改善，综合国力得到显著增强。

首先，经济实力显著增强。1952 年中国国内生产总值仅为 679 亿元，1978 年也只有 3645.22 亿元，2001 年首次突破 10 万亿元，2015 年更是达到 67.67 万亿元，经济总量位居世界第二位。随着经济快速发展，中国的国家财力也显著增强。1952 年全国财政收入仅为 173.94 亿元，1978 年也只有 1132.26 亿元，1999 年首次突破 1 万亿元，2015 年则达到 15.22 万亿元。强大的经济实力，为实施南水北调工程提供了雄厚的物质基础。

其次，科技实力显著增强。20 世纪 50 年代，中国科技水平十分低下。那时，发展国民经济主要依靠从苏联等国引进技术装备。后来，严峻的国家安全形势迫使中国重点发展军事国防技术，并在原子弹、洲际导弹和人造地球卫星等方面突破尖端技术，取得显著成就。党的十一届三中全会后，我们党依据国际形势和世界格局发生的深刻变化，改变了战争不可避免的估计，认为世界大战短时间内打不起来，并在此基础上作出了"和平与发展是当今时代的两大主题"科学判断。此后，我国将大量的科技力量投入到社会主义现代化建设上来。经过坚持不懈努力，在包括水利工程建设在内的许多领域取得了举世瞩目的重大技术突破，为实施南水北调工程提供了可靠的科技支撑。

再次，文化软实力显著增强。文化软实力是一个国家综合国力不可或缺的重要组成部分。旧中国，在经济剥削和精神摧残的双重重压下，国人形成了如鲁迅所说的"麻木、愚昧、无知"国民劣根性。新中国成立后，人民虽然当家做了主人，但整个社会不可避免地在精神和道德方面还带着它脱胎出来的那个旧社会的痕迹，人们普遍缺乏理性、科学和自信，而更多的则是狂热和盲从。因此从总体上说，国家还不具备实施南水北调工程的文化软实力。改革开放30多年来，伴随着中国经济硬实力的增强，文化软实力也得到大幅提升。中华优秀传统文化得到大力弘扬和广泛传播，社会主义核心价值观日益成为人们共同的价值追求，文化教育事业发展取得举世瞩目的成就，广大人民群众对中国特色社会主义道路、理论、制度和文化愈益充满自信，过去那种萎靡麻木等精神状态已经得到根本转变。所有这些，都为实施南水北调工程提供了强大的文化软实力。

三、国家实力是实施南水北调的必备条件

历史唯物主义认为，人们自己创造自己的历史，但是他们并不是随心所欲地创造，并不是在他们自己所选定的条件下创造，而是在直接碰到的、既定的、从过去继承下来的条件下创造。"人们为了能够'创造历史'，必须能够生活。但是为了生活，首先就需要吃喝住穿以及其他一些东西。因此第一个历史活动就是生产满足这些需要的资料，即生产物质生活本身，而且，这是人们从几千年前直到今天单是为了维持生活就必须每日每时从事的历史活动，是一切历史的基本条件。"[①]

唯物史观的基本原理告诉我们，无论人们从事任何一个历史活动，推进任何一项伟大事业，首先都必须具有与之相适应的物质基础。如果没有与之相适应的物质基础，单凭良好的主观愿望和巨大的政治热情，不管人们付出多么大的努力，都是注定不会成功的。比如20世纪50年代，我们在不具备相应的经济基础的情况下，人为地去推动生产关系变革，搞所谓的"穷过渡"，结果造成了十分严重的后

---

① 《马克思恩格斯选集》第1卷，人民出版社2012年版，第158页。

果。同样，在当年国家经济基础还十分薄弱、无力支撑建设南水北调工程所需要的巨大财政支出的情况下，如果不顾客观实际硬是凭着一股热情去强行推进这一工程建设，不仅这项工程建设本身搞不好，还会影响全国经济建设大局。因此，任何时候都要自觉遵循客观规律，一切从现阶段经济社会发展的实际状况出发，坚决不做超越国家经济实力的不切实际的事情。

科技实力是国家综合国力的核心。科技发展水平综合反映国家现代化程度，是衡量一个国家综合国力的关键性指标，也是人们想问题、作决策、办事情必须认真加以考量的重要因素。推进南水北调这样艰巨复杂的超大型工程项目，必须要有足以支撑其实施的技术实力。如果没有足够的技术实力，相关技术难题没有解决，工程项目是无论如何不能上马的。否则，如果单凭一股高昂的爱国热情去蛮干，不仅工程项目搞不好，还会酿成可怕的恶果。因此，我们任何时候推进任何一项重大工程，都要事先考量一下相关技术难题尤其是关键技术解决了没有。假如没有，绝对不能盲目上马，必须待具有了足够的技术实力后方可付诸实施。

推进南水北调这样艰巨复杂的超大型工程项目，必须要有足够的经济技术硬实力。同样，推进如此艰巨复杂的超大型工程项目，与之相匹配的文化软实力也必不可少。文化软实力与经济技术硬实力，二者相互促进、相辅相成。缺失相应的文化软实力，经济技术硬实力的作用就难以得到充分发挥。任何一项重大工程项目，都是靠人来建设的，人是工程项目建设的主体。如果一个建设者缺乏正确的理想信念，缺乏对当代中国价值观的认同，缺乏对中国特色社会主义的"四个自信"，甚至缺乏做中国人的骨气和底气，那他就会对工程建设缺乏应有的责任心和使命担当，在经济技术硬实力有可靠保障的情况下，可能会酿成重特大责任事故，危及人民生命财产安全。

第二节　大爱无疆是灵魂

所谓大爱无疆，是对博大之爱的一种形容，意指真正的爱是在时空上具有无限性的爱，是没有国别、疆域、种族、肤色、语言、宗教等界限之分的爱，是超越自我、心系苍生、胸怀家国天下的爱。在南水北调中线工程建设实践中，数十万库区移民群众表现出的顾全大局、舍家为国精神，广大移民工作干部表现出的忠诚担当、无私奉献精神，广大工程技术和施工人员表现出的精益求精、为国圆梦精神，是对大爱无疆最生动、最直观的诠释。这种大爱无疆精神生动地体现和反映了库区移民群众、移民工作干部、工程技术和施工人员的核心价值观，是整个南水北调精神的灵魂和核心，是推动南水北调中线工程建设的强大精神动力。大力弘扬这一大爱无疆精神，对于构筑中国精神和中国价值、汇聚实现中华民族伟大复兴中国梦的磅礴力量，具有重要的现实意义。

一、大爱无疆是南水北调精神中最感人至深的部分

南水北调精神是多层面、多维度的，但是其最感人至深、最具有强大震撼力和感召力的内涵，则是大爱无疆。大爱无疆是南水北调精神的实质，最能反映库区移民群众、移民工作干部、工程技术和施工人员博大胸怀和崇高境界。

穷家难舍，故土难离。然而，为了南水北调这一国家和民族发展的长远大计，数十万丹江口库区移民义无反顾地作出了离乡别土、举家外迁的抉择，携家带口挥泪踏上前往陌生安置地的路途，尽管他们内心里还带着对故土的眷恋和浓浓的乡愁。在做这些事情时，这些朴实的山民和庄稼汉们不曾有过什么豪言壮语，有的只是默默无言的行动。那么，是什么力量促使他们作出如此抉择和举动？答案是非常肯定的、明确的，那就是寄寓他们灵魂深处的家国情怀，也就是对国家和民族的深情

大爱。对这种大爱，老实巴交的他们不善用语言来表达，不过如果真要把他们问急了，也会从其嘴里蹦出感人的一言半语。何兆胜是淅川县沿江村村民，为了南水北调他曾先后三次搬迁，在跨越黄河最后迁至辉县时已年逾古稀。翌年，在他魂归天堂前，曾有记者采访过他。当被问到"以后还搬不搬家了"时，这个为一泓清水进京津漂泊了一生的庄稼汉脸上写满了坚毅："国家需要，我还搬！"盛湾镇姚营村有位 91 岁的老人，也在南水北调中线工程全面开工建设的这次移民搬迁之列。当有人问他"知道为什么让您搬家吗"时，这位老人颤抖着双唇嗫嚅地回答说："北京渴！南水北调！"再问："您愿意搬吗？""咱总不能渴北京人吧？"普通百姓的话语就是这样的简单和朴实。然而，这里面饱含着多么厚重的大爱深情啊！

移民难，移民难，南水北调中线移民难上加难！始于 2008 年岁末的这次丹江口库区移民大迁安，不仅动迁人口多、时间非常紧、迁安强度大，而且大约有一半移民是二次搬迁，有的甚至是三次搬迁。面对如此众多穷家难舍、眷恋故土的移民群众，要做到"四年任务，两年完成"，达到"不伤、不亡、不漏、不掉一人"要求，其难度之大可想而知。然而，在这难上加难的硬任务、死任务面前，以党员干部为核心、为骨干的广大移民工作干部们没有丝毫退缩，而是毫不犹豫地挺起脊梁冲上前去，用铁一般的肩膀硬是把任务扛了起来。他们忠实践行"一切服务移民群众、一切为了移民群众、一切围绕移民群众"理念，把移民当亲人，用真情换真心，"五加二"、"白加黑"，忘我地工作在迁安第一线，殚精竭虑、忍辱负重、无怨无悔，用对党对国家的绝对忠诚、对移民对人民的一片赤诚，用自己的一腔热血乃至宝贵生命，创造了世界水利移民史上的奇迹，谱写了大爱无疆的壮美华章。

南水北调梦想成真，离不开广大库区移民群众、移民工作干部的担当与牺牲，同时也离不开广大工程技术人员和建设施工人员的奋斗与奉献。为了把南水北调中线工程建设好，使之成为质量可靠的放心工程，广大建设者始终把质量摆在首位，发扬工匠精神，精益求精、追求卓越，以经得起历史检验的优质工程向国家和人民交上了一份合格答卷。穿黄工程是南水北调中线总干渠的咽喉工程和控制性工程，技术规范要求非常高，施工难度非常大，其中 4250 米的穿黄隧洞工程对掘进精度要求十分苛刻。在业主、监理和建设者的共同努力下，硬是将测量误差控制在了 50 毫米以内，创造了中国地下隧洞掘进的一项奇迹。穿黄工程项目部工程师李连朝的一番话，表达了广大建设施工人员对祖国和人民的深情大爱。他说："既然干了，就要精益求精干好，容不得丝毫懈怠，对工程负责就是对国家负责。"在工程建设中，许多工程技术人员和建设者不计名利、不图回报，顽强拼搏、奋不顾身，完全把个人与家庭抛在了脑后。在他们心目中，只有国家和人民的利益才是至高无上的。在许多建设工地和施工现场，到处都回荡着袒露建设者赤诚之心的豪言壮语："能赶上南水北调这样的国家工程，那绝对是自己的幸运和光荣"，"这辈子能碰上南水北调工程，值了！"

二、大爱无疆在南水北调精神中居于不可替代的灵魂地位

大爱无疆是对国家和民族的深情大爱，是南水北调精神内涵的灵魂，也是南水北调精神各构成要素的核心，决定着南水北调精神的形成及其历史面貌。

在发展社会主义市场经济、倡导和培育社会主义核心价值观、致力于实现"两个一百年"奋斗目标和中华民族伟大复兴中国梦的当今时代，作为南水北调精神灵魂与核心的大爱，更多的是人们对国家、对民族、对人民的深情大爱。这种大爱，不是柏拉图式的虚幻抽象的爱，也不是纳喀索斯式的以自我为中心的自恋之爱，而是以国家富强民族复兴人民幸福为价值追求、充满亲民为民之情、恪尽兴国安邦之责、甘愿牺

牲奉献的具体的现实的爱。每个人的前途命运都与国家和民族的前途命运紧密相连。"国家好,民族好,大家才会好。"① 这是广大库区移民群众、移民工作干部、工程技术和施工人员都深深懂得的道理,也是支撑和推动他们以各自不同的角色为南水北调梦想成真作出贡献的强大精神动力。

南水北调精神是由多元精神要素共同聚合而成的有机集合体。在这个集合体的整体架构中,既包含有统筹协调、共建共享的国家精神,舍家为国、无私奉献的移民精神,也包含有知难而进、忠诚担当的移民工作精神,创新求精、追求卓越的建设精神。上述这些精神要素中,无不贯穿着对国家、对民族、对人民的深情大爱,无不贯穿着大爱无疆这个灵魂。所有这些精神要素,都是大爱无疆这一灵魂的具体表现,都是由大爱无疆这一灵魂所统摄,并在其引领下发挥作用。没有大爱无疆这一灵魂,就不会有这诸多的精神要素,也就不可能有作为建设南水北调超大工程强大动力的南水北调精神。

在南水北调精神框架结构中,大爱无疆这个灵魂居于不可替代的统摄地位,发挥着极其重要的导向和引领作用。假如国家和各级政府没有对国家、对民族、对人民的深情大爱,没有这种深情之大爱作为精神动力和支撑,就很难在南水北调中线工程的规划、决策和推进过程中真正贯彻统筹协调、共建共享的理念,就可能会使南水北调中线工程建设中出现许多问题。如果广大库区移民群众没有对国家、对民族、对人民的深情大爱,没有这种深情之大爱作为精神动力和支撑,就很难在国家和民族长远发展与个人及家庭眼前利益不能完全兼顾的情况下作出舍家弃业、背井离乡的选择。假如广大移民工作干部没有对国家、对民族、对

---

① 《习近平关于实现中华民族伟大复兴的中国梦论述摘编》,中央文献出版社 2013 年版,第 3—4 页。

人民的深情大爱，没有这种深情之大爱作为精神动力和支撑，他们也难以如此自觉地做到忍辱负重、奉献牺牲。假如广大工程技术和施工人员没有对国家、对民族、对人民的深情大爱，没有这种深情之大爱作为精神动力和支撑，就不会有他们追求卓越、争创一流的实际行动。

三、弘扬南水北调精神必须大力传承弘扬大爱无疆精神

中华民族历来强调自强不息、厚德载物。大爱无疆、仁者爱人。在悠悠数千载的历史发展中，从中华民族家庭伦理文化中衍生出了为其所特有的家国情怀。在这种特有社会价值逻辑框架下，家国同构、家国一体，家是缩小的国、国是放大的家，家是国的细胞、国是家的集合。个人和家庭与国家和民族同是一个命运共同体。国之不存，家将焉附？忧国如忧家，为国舍小家。这一社会价值要求人们，必须把对自己血亲家族的认同上升为对国家和民族的认同，把孝亲敬老、兴家乐业的义务升华为济世救民、匡扶天下的责任担当。这是家国情怀的精髓，也是大爱无疆的核心要义。

作为南水北调精神的灵魂，大爱无疆在当今中国具有重要的时代价值。我们弘扬和践行南水北调精神，就应当大力弘扬和践行以家国情怀为底色的大爱无疆精神。作为一种国家层面的精神，统筹协调、共建共享是同中国共产党的根本宗旨和执政理念紧密联系在一起的，其本身就是大爱无疆精神的本质体现。广大移民群众舍小家为国家的感人壮举，广大移民工作干部知难而进、忠诚担当，广大工程技术人员和建设施工人员创新求精、追求卓越，在其内心深处都能感受到大爱无疆的身影与作用。如果没有大爱无疆精神作为动力和支撑，如果不是为国为民圆上南水北调梦，移民群众会如此这般地舍家弃业、背井离乡吗？移民工作干部会如此这般地鞠躬尽瘁、牺牲奉献吗？广大工程技术人员和建设施工人员会如此这般地精雕细琢、追求完美吗？正是有了他们这种

用燃烧自己照亮别人的大爱精神，才成就了南水北调工程，成就了南水北调精神。

一个时期以来，受多重因素的影响，大爱精神被一些人所遗忘、所背离。少数人缺乏责任意识，缺乏对生命的关怀和敬畏；无视人的尊严和价值，对他人的命运安危漠不关心；不懂得什么叫作奉献牺牲，不愿为报效祖国、服务社会尽一份力量，有极少数人甚至还丧失做人的最起码良知，干出图财害命、卖国求荣等不齿之事。时代呼唤我们必须大力弘扬以大爱无疆为灵魂的南水北调精神，这是培育和践行社会主义核心价值观的迫切要求，也是全面从严治党、实现中华民族伟大复兴中国梦的迫切需要。

第三节　大国工匠是关键

所谓工匠精神，是指工匠在生产或制作产品过程中所体现出来的精益求精、认真负责、精雕细琢、追求完美的精神。工匠精神绝不意味着因循守旧，而是内在地要求传承基础上的创新。追求工艺更加完美，就须不断创新。唯有不断创新，方能愈益求精。中华民族历来有着无法割舍的大国情怀。而这种大国情怀一经同精益求精的实践相结合，就会产生大国工匠和大国工匠精神。在南水北调中线工程建设施工过程中，大国工匠精神得到了令人欣喜的弘扬和彰显。大国工匠精神是南水北调梦想成功的关键。没有至精至细、至善至美的大国工匠精神，就不会有南水北调中线工程的成功与辉煌。推进中国特色社会主义事业，实现中华民族伟大复兴的中国梦，实现国家富强、民族振兴、人民幸福，需要越来越多的大国工程，因此必须大力弘扬大国工匠精神。正因为如此，国务院南水北调办在工程施工期间一直强调把"负责、务实、求精、创新"作为南水北调精神。

一、大国工匠精神在南水北调中得到彰显和弘扬

中华民族是一个有着深厚工匠精神传统基因的伟大民族。中国自古就有"家有良田万顷，不如薄艺在身"之说。《考工记》记述说："知者创物，巧者述之守之，世谓之工。百工之事，皆圣人之作也。"其大意是：具有卓越智慧的人创造了各种为人使用的精美器物，心灵手巧的人把制作工艺流程记录下来、传承下去，人们把这些人称作工匠。这些身怀绝技的工匠制作的精美器物，均是智慧超人者的创造物。在制作器物过程中，工匠们所体现出来的精益求精、认真负责、精雕细琢、追求完美的精神，便是人们常说的工匠精神。

在数千年的华夏文明发展进程中，工匠精神宛若湍湍溪流，一直流淌在中华民族的血脉里，涌现出了灿若星辰的工匠人物，如春秋时期的鲁班，战国时期的李冰父子，西汉时期的丁缓，东汉时期的魏伯阳，隋代的李春、宇文恺，北宋时期的李诫，元代的黄道婆，明代的蒯祥，等等。这些工匠大师以精雕细琢、精益求精的精神，创造了令人惊艳的文明，在中华文明乃至世界文明发展史上写下了浓重的一笔。在新中国社会主义建设实践中，先后涌现出了孟泰、倪志福、马学礼、赵梦桃、许振超、高凤林、胡双钱等一大批工匠大师，使工匠精神得到传承和弘扬，他们为国家富强、民族振兴、人民幸福作出了杰出贡献。

中国历史上的这些工匠大师不仅有着对精湛技艺的执着追求，更有着济世利人、匡扶天下的奉献精神和博大胸襟。这种奉献精神和博大胸襟，是同深受大一统文化滋养的大国情怀紧密联系在一起的。在大一统文化滋养下，工匠大师们心系苍生、心系天下，立志以自己的精湛技艺和产品造福人类。这种与大国情怀彼此交融在一起的工匠精神，就是大国工匠精神。大国工匠精神不同于一般工匠精神的显著特点，就在于它所饱含着的奉献精神和济世情怀。工匠大师们执着追求精湛技艺，并不

单纯是为了养家糊口,而是将其同济世利人、匡扶天下的理想和抱负联系在一起。正是因为有了这一情怀与境界,他们才会更加敬畏职业,更加专注于工艺的改进和产品的制作,更加将心比心地为消费者考虑和着想,从而内生出强烈的责任感和使命感。

在社会主义市场经济条件下,大国工匠精神并未泯灭,它在南水北调中线工程建设施工中得到了令人欣慰的传承、彰显与弘扬。在万千建设者看来,南水北调中线工程是千秋伟业,关乎上亿黎民百姓的饮水安全,必须确保工程质量。为此,他们传承和弘扬大国工匠精神,以"干一项精品工程,铸一座百世丰碑"、"把丰碑树在青山里,把责任刻在工程上"等作为励志誓言,以宗教般的虔诚对待自己的职业岗位,把严谨和专注倾注于施工作业的每道工序,精雕细琢、精益求精,注重每一个细节,不放过哪怕是十分细微的瑕疵,砥砺传承、匠心筑梦,在中国水利建设史上书写了新的辉煌。作为方城六标段项目经理,陈建国对工程质量要求极为苛刻,几近达到"冷酷"的程度。筑渠施工中有道工序是用压路机碾压填筑材料,压实度要达到98%。有次夜巡时发现一作业队压实度与规范要求相差0.1%,他不惜个人损失2万元,立即责令施工人员推倒重来。类似如此事迹,在南水北调工程建设中可谓是俯拾皆是。正是这种大国工匠精神,为一泓清水进京津提供了重要保证。

二、大国工匠精神在南水北调精神中居于关键地位

大国工匠精神是南水北调精神基本内涵的重要基础,对于南水北调精神各构成要素功能的发挥具有不可小觑的关键作用。在南水北调精神整体架构中,除了舍家为国、无私奉献的移民精神以外,统筹协调、共建共享的国家精神,知难而进、忠诚担当的移民工作精神,创新求精、追求卓越的建设精神,这些精神要素要很好发挥其功能作用,都离不开大国工匠精神。国务院南水北调办对工程建设施工提出的理念始终是

"负责、务实、求精、创新"。这些理念，实际上就包含和体现了当今中国的大国工匠精神。

统筹协调、共建共享，是中央和相关区域地方政府在规划、决策和推进南水北调中线工程建设实践中所体现出来的一种理念和精神。要使清澈的丹江水按照人们的意愿顺利安全地流到北京，实现半个多世纪以来的南水北调梦，首先就要进行科学谋划，还要进行复杂艰巨的组织协调。做好这些工作，单有一颗爱民为民之心还远远不够，还必须要有一颗精心谋划、精细操作、精准发力的匠心。国家层面需要统筹考虑和安排好政策制定、项目规划、资金筹备、考核评价、总体运筹等项工作，地方政府需要做好目标确定、项目下达、资金投放、组织动员、检查指导等工作。如果缺乏一颗精心谋划、精细操作、精准发力的匠心，谋划不够细致、做不到位，操作不够细心、出现疏漏，发力不够精准、出现偏差，就很难把南水北调中线工程建设的各项工作和各个方面统筹好、协调好，也难以将共享理念变成老百姓的获得感。

知难而进、忠诚担当，是广大移民工作干部在组织动员、劝导说服移民群众并为其搬迁提供服务过程中所体现出来的一种理念和精神。要在较短的时间内把散居在淅川沟沟坎坎里的16万多移民群众组织动员起来，实现和谐易地搬迁，其复杂程度和艰巨程度是不言而喻的。做好这项工作，实现这一目标，仅靠一腔心系苍生、为民服务的热情不行，必须专注于移民工作的每一个环节细节，精确把握每一户移民群众的所思所求，尤其是要精准洞悉移民群众思想情绪抵触波动的不同症结心结，精心引导，耐心说服，通过深入细致的工作逐渐打开移民群众的心锁。在这里，来不得半点儿的粗心大意、简单粗暴，否则就不可能实现和谐安置搬迁。在实施移民搬迁过程中，移民工作干部牢固树立精准意识和精准思维，精准摸清移民群众的基本户情和思想情绪，因户施策、因人施策，帮扶帮到点子上，思想工作做到心坎里，在精准施策上出实招，在精准推进上下实功，在精准落地上见实效，从不大而化之。

创新求精、追求卓越，是广大建设者在南水北调中线工程建设中规划设计、技术创新与应用和建筑施工精神过程中所体现出来的一种理念和精神。工程质量是建设工程的生命。南水北调中线工程是保障和改善民生、利国利民的百年大计。要把这一工程建设成为经得起历史考验的优质工程，不仅要有一颗爱国济民之心，更要有一种严谨、细致、专注、负责的态度和精雕细镂、精益求精的理念，切实做到技术精湛、操作精细、精雕细琢，追求卓越、极致和完美，确保没有任何瑕疵、不留任何遗憾。施工企业必须自觉增强精准意识和精准思维，统筹做好进度安排、项目落地、资金使用、人力调配、推进实施等工作，同时还要做到分工明确、责任清晰、任务到人、考核到位。在建设施工中，广大工程技术人员和建设施工人员正是凭着这样一种工作态度与理念，使南水北调中线工程成为党、国家和人民的放心工程。

三、弘扬南水北调精神必须大力传承弘扬大国工匠精神

现在，全党全国各族人民在以习近平同志为核心的党中央的坚强领导下，正在为全面建成小康社会、实现中华民族伟大复兴的中国梦而努力奋斗。要实现我们的宏伟目标，必须坚持以经济建设为中心，加快推进社会主义现代化。南水北调精神是在现代化建设实践中产生的，反过来又成为推动这一实践的强大精神动力。大国工匠精神是南水北调精神的关键。弘扬南水北调精神，就必须大力弘扬大国工匠精神。这是实现中华民族伟大复兴中国梦的客观要求。

大国工匠精神是华夏文明的瑰宝，值得传承和弘扬。然而，一个时期以来，在急功近利不良倾向的影响下，这种弥足珍贵的精神却在令人痛心地流失。一些人赚钱心切、贪图眼前成效和利益，不愿再脚踏实地去创新、专注和坚守，而是工于心计、投机取巧耍小聪明。于是，冒牌

模仿、粗制滥造成风，伪劣山寨产品充斥市场，以致我们制造的产品一度成为廉价制造、山寨制造的代名词。一个人制作的产品，体现这个人的职业道德乃至个人素质。而一个国家的产品质量，则关乎该国的国家形象和民族尊严。如果任由这种状况延续下去，不仅我们的制造强国梦想难以实现，就连我们大国崛起的战略目标也会打水漂。

大国工匠精神是生产建设领域实践的产物，对生产建设领域的实践具有一定反作用。但是，大国工匠精神的精神支撑和动力作用不只是适用于生产建设领域，同时也适用于其他许多领域。各行各业乃至全社会，尤其是各级领导干部，都需要传承和弘扬大国工匠精神。2016 年 5 月习近平总书记在黑龙江考察调研期间强调："领导干部对待工作也要有'工匠精神'，善于在精细中出彩。"他提出："要倡导精细化的工作态度，掌握情况要细，分析问题要细，制定方案要细，配套措施要细，工作落实要细。"① 只要各级领导干部率先垂范，带头传承和弘扬大国工匠精神，并使之在全社会蔚然成风，中华民族伟大复兴的中国梦就一定能够如期实现。

第四节　大义担当是支撑

这里所说的大义，是指体现正道、代表正义的道理和气节，而担当则是指敢于承担、勇于担责的态度与行动。大义还意味着奉献，奉献本身就是一种大义。大义担当体现和彰显的是匡扶正义、担当大任的胆识和气魄，是铁肩担道义、敢为天下先的伟大精神。中华民族是一个有着大义担当优良传统的伟大民族。在五千年文明发展历程中，中华民族之所以能够愈挫愈奋、历久弥坚，就在于这一优良传统不断得到传承和弘

---

① 《领导干部要有"工匠精神"》，《黑龙江日报》2016 年 7 月 8 日。

扬。敢于担当是中国共产党人在实践中培育和锻造起来的一种政治品格，是一个党员干部必须具备的基本素质。回顾我们党 90 多年的奋斗历程，担当精神一直是共产党人不怕牺牲、奋发进取、义无反顾、勇往直前的强大精神支柱和力量源泉。南水北调精神是这一优良传统和政治本色在新时代的彰显与弘扬，大义担当是南水北调精神的鲜亮底色和强力支撑。弘扬南水北调精神，必须大力弘扬大义担当精神。

一、大义担当精神在南水北调工程建设实践中熠熠生辉

在悠久的历史发展长河中，中华民族既创造了令世界惊艳的辉煌，也曾屡经磨难和沉沦。无论是历史辉煌的创造，还是在磨难沉沦中奋起，在其背后都能够看到有一种伟大的精神支撑。这个精神就是大义担当精神。正是在这种大义担当精神的支撑和推动下，许多古代圣贤留下了"路漫漫其修远兮，吾将上下而求索"、"虽体解吾犹未变兮，岂余心之可惩"、"先天下之忧而忧，后天下之乐而乐"、"天下兴亡，匹夫有责"、"人生自古谁无死，留取丹心照汗青"等洋溢着担当精神的千古绝唱。

中国共产党人是中华民族优良传统的忠实继承者和弘扬者。建党初期，革命先驱李大钊就发出了"冲决历史之桎梏，荡涤历史之积秽，挽回民族之青春"的惊天呐喊。青年毛泽东在湘江之畔吟唱的"问苍茫大地，谁主沉浮"的诗句，充分表达了他对拯救国家与民族的强烈使命感和责任感。面对敌人的屠刀，革命烈士夏明翰挥笔写下了"砍头不要紧，只要主义真。杀了夏明翰，还有后来人"的不朽诗句；革命先烈周文雍、陈铁军在刑场上正式结为革命夫妻，举行了悲壮的婚礼，并慷慨激昂地宣布："当我们把自己的青春生命都献给党的时候，我们就要举行婚礼了。让反动派的枪声，来做我们结婚的礼炮吧！"为着实现民族独立和人民解放，无数共产党人和革命先烈前仆后继、慷慨赴死，铁肩

担道义、热血铸忠诚，壮怀激烈，气贯长虹，充分展现了他们的大义担当。

大义担当精神是中华民族和我们党宝贵的精神财富。在中国特色社会主义进入新的发展阶段的重要历史时期，大力传承和弘扬大义担当精神具有十分重要的现实意义，将为实现中华民族伟大复兴的中国梦提供强大的精神动力和精神支撑。值此重要历史时刻，习近平总书记对全党同志尤其是各级领导干部在弘扬大义担当精神方面提出了更高要求，他把敢于担当作为新时期好干部的"五条标准"中的一条。他明确提出："为了党和人民事业，我们的干部要敢想、敢做、敢当，做我们时代的劲草、真金。"①

在南水北调中线工程建设实践中所形成的南水北调精神，就是大义担当这一中华民族优良传统在新的历史时期得到传承与弘扬的真实写照。这种大义担当精神，既体现在统筹协调、共建共享的国家精神和知难而进、舍家为国、无私奉献的移民精神之中，也体现在忠诚担当的移民工作精神和创新求精、追求卓越的建设精神之中。

二、大义担当精神在南水北调精神中居于支撑地位

在南水北调精神这个有机集合体中，大义担当精神是其基本内涵的重要支撑。从南水北调精神的整体架构来看，无论是统筹协调、共建共享的国家精神，还是舍家为国、无私奉献的移民精神，无论是知难而进、忠诚担当的移民工作精神，还是创新求精、追求卓越的建设精神，所有这些精神要素要发挥充分其各自的功能作用，都需要由大义担当精神来作为支撑。

前面已经论述和阐明，大爱无疆是南水北调精神的灵魂，它贯穿于

---

① 《习近平谈治国理政》，外文出版社 2014 年版，第 416 页。

整个南水北调精神的各个方面和全部过程，决定着南水北调精神的历史形成及其整个面貌。而大义担当精神与大爱无疆精神二者是紧密联系、相互贯通、相互作用的，大爱无疆是大义担当的基石和灵魂，大义担当是大爱无疆的张扬和体现。义和仁相通，二者可以并称为仁义，而仁义则有仁爱与正义之意。仁爱即为仁者爱人，正义则意味着责任担当。担当是为着践履大义，大义包含并彰显着大爱。缺失了大爱无疆这一基石和灵魂，就不可能会有什么大义担当。试想，如果一个人没有对国家、对民族、对人民的深情大爱，他怎么可能会为国家富强、民族振兴、人民幸福而承担责任、负起使命，为此作出奉献和牺牲呢？而假如一个人缺失了大义担当的气节和行动，那么他的大爱无疆精神又该如何体现，从何处体现呢？

具体到南水北调精神来说，国家和各级政府、库区移民群众、移民工作干部、工程技术人员和建设施工人员，这些南水北调中线工程建设的不同主体，从不同的方面或层面为工程建设履行了自己的责任，作出了应有的贡献。他们在履行自己责任、作出各自贡献时，既是满怀着对国家、对民族、对人民的深情大爱而为之，更是为着把这种深情大爱变为国家富强、民族振兴、人民幸福的实际行动的大义担当。由于这些主体的角色不同，他们对工程建设的责任和使命担当也有所区别。国家以实现统筹协调、共建共享为担当，库区移民以实现舍家为国、无私奉献为担当，移民工作干部以任劳任怨、鞠躬尽瘁为担当，工程技术人员和建设施工人员则以创新求精、追求卓越为担当。

南水北调中线工程艰巨复杂，是一个系统工程。该工程涉及长江、淮河、黄河、海河四大流域，跨越河南、河北、北京、天津四个省市，涉及水利、国土、建设、环保等诸多部门。如何统筹协调好这项工程建设，最终实现工程建设成果由沿线人民群众共享，面临许多困难、矛盾和问题，这就要求国家和相关地方政府不辱使命，担负起自己应负的责任。是否忠实履行责任担当，直接关系其工作目标能否实现。如果说各级政府的担当是付出的话，那么广大库区移民群众的担当则主要表现为舍弃，也就是为了国家和民族发展的长远利益，他们要舍家弃业，离开祖祖辈辈生息的故土，远走他乡。付出不容易，舍弃更悲壮。舍己为国，舍家取义，这是一种多么至高的仁爱，是一种多么大义的担当。移民工作干部、工程技术人员和建设施工人员，也同样以他们各自不同的角色方式，为成就南水北调梦想负起了使命，践行了责任担当。

在当今中国，实现中华民族伟大复兴的中国梦是最大的义，因为实现这一伟大梦想就是实现国家富强、民族振兴、人民幸福。实现中国梦不仅是当今中国最大的义，也是当今时代全体华夏儿女共同的责任担当。我们每个人所处的社会地位不同，工作岗位迥异，但都对实现中国梦负有使命和责任担当。全国各族人民都要紧密团结起来，汇聚成实现中国梦的磅礴力量，为践行自己的使命担当而不懈努力。"人民对美好生活的向往，就是我们的奋斗目标。"[1]执政为民是中国共产党的执政理念。这个执政理念"概括起来说就是：为人民服务，担当起该担当的责任"[2]。敢于担当是中国共产党人鲜明的政治品格，也是中国共产党人不变的政治本色。有多大的担当才能干多大的事业，尽多大的责任才会有多大的成就。全党同志特别是各级领导干部要以舍我其谁的精神，在实现中华民族伟大复兴这一新的长征路上不忘初心、永葆锐气，勇立潮头、敢于担当，切实担负起人民赋予的神圣使命和历史责任。

① 《习近平谈治国理政》，外文出版社2014年版，第424页。
② 《习近平谈治国理政》，外文出版社2014年版，第101页。

第十二章

南水北调精神的时代价值

南水北调精神是当代中国共产党人团结带领广大人民群众在加快推进社会主义现代化、实现中华民族伟大复兴中国梦的实践中孕育形成的新时代精神，是对以爱国主义为核心的民族精神和以改革开放为特征的时代精神的传承和发展。这一伟大精神同井冈山精神、延安精神和焦裕禄精神、红旗渠精神等国家和民族精神一样，成为我们党、国家和民族的宝贵精神财富，以其特有的内涵和特征融入了中国共产党人和中华民族的精神家园。大力弘扬南水北调精神，对于全党和全国人民紧密团结在以习近平同志为核心的党中央周围，更加自觉地增强道路自信、理论自信、制度自信、文化自信，更加信心百倍地进行伟大斗争、建设伟大工程、推进伟大事业、实现伟大梦想，具有重大的现实意义和深远的历史意义。

第一节 南水北调精神为增强"四个自信"提供强力支撑

坚定中国特色社会主义的道路自信、理论自信、制度自信和文化自信，是中国共产党领导中国人民从"站起来"、"富起来"到"强起来"的精神写照，是实现中华民族伟大复兴的底气所在。正是因为走在中国特色社会主义道路上，我们党和人民才有实力、有能力把南水北调从浪漫设想变成光辉现实。南水北调工程是在"四个自信"的强大支撑下逐步推进的，在这一伟大工程建设实践中铸就的南水北调精神，也必将为进一步增强"四个自信"提供强力支撑，激励人们在实现中华民族伟大复兴的历史征程中开拓更加光明而美好的未来。

一、"道路正确"的有力证明

中国特色社会主义道路是近代以来中国人民经过艰辛探索最终选择的现代化道路，是中国共产党和中国人民在长期实践中逐步开辟出来的道路。这条道路，是一条民族复兴之路、国家富强之路、人民幸福之路，是一条顺应时代潮流、符合人民愿望、符合社会发展规律的正确道路，是实现中华民族伟大复兴中国梦的必由之路。新中国成立以来，特别是改革开放以来，中国取得的举世瞩目的发展成就，反复地证明了中国特色社会主义道路的正确性。南水北调中线工程这一世纪工程的建成和竣工，是对中国道路之正确再一次的有力证明。

南水北调工程的辉煌建设成就充分证明，中国道路是国家富强之路。一个国家要实现国家现代化，一个民族要实现本民族的伟大复兴，必须找到一条既适合自己国情、又符合时代要求的正确发展道路。在当代中国，这条道路就是中国特色社会主义道路。中国特色社会主义道路是引领中国发展进步的唯一正确道路，只有沿着这条道路前进，才能实现国家的现代化和中华民族的伟大复兴。作为实现中国水资源优化配置、促进经济社会可持续发展、保障和改善民生的重大战略性基础设施，南水北调工程是加快推进中国社会主义现代化、实现中华民族伟大复兴的中国梦不可或缺的重大国家工程，对于实现国家富强具有重大而深远的意义。华北和京津地区是中国经济发展最活跃的地区之一，国内生产总值在全国占有很大比重。该地区位于首都经济圈，是中国东部三大经济增长极之一，在全国发展中具有重要引领作用。然而，这里水资源极其匮乏。水资源短缺，已经严重制约了这一地区的经济社会发展。国家要富强，民族要复兴，客观上要求华北和京津地区必须可持续发展。要做到这些，就必须解决困扰这一地区发展的水资源短缺问题。而要有效解决这一问题，就必须建设南水北调工程，把南方丰沛的水资源引到干涸的华北和京津地区来，在全国范围内进行水资源统一调配，实现跨流域调水。而要兴建这样一项世界上覆盖区域最广、调水量最大、移民任务最重、工程施工难度和水质保障要求最高的调水工程，在其他国家是不可想象的。只有在坚持中国特色社会主义道路的当今中国，才能顺利推进这一重大的跨流域调水工程。

南水北调工程的辉煌建设成就充分证明，中国道路是人民幸福之路。为政之道，以顺民心为本，以厚民生为本。中国特色社会主义道路的成功，不仅表现在经济快速发展上，而且表现在民生持续改善和社会和谐有序上。党的十八大以来，以习近平同志为核心的党中央，把"人民对美好生活的向往"作为奋斗目标，将"以人民为中心"的发展思想贯穿于治国理政的各个方面。惠民举措陆续出台，民生改革不断深化，人民群众的获得感、幸福感不断增强，极大地凝聚了人心、提振了信心。南水北调工程，实质上就是惠民工程。通过南水北调，让清澈甘甜的丹江水流进豫、冀、京、津的千家万户。为了保证水质，中线水源区及沿线地区采取强有力的治污环保措施，建立了完善的水质保护与监测网络体系，丹江口库区水质长期稳定达到国家地表水环境质量标准Ⅱ类以上，可直接饮用，沿线居民的自来水水质得到明显改善。"水碱少了，口感甜了"是北京居民的普遍感受。根据北京市自来水集团的监测显示，使用南水北调水后，北京自来水硬度由原来的 380 毫克每升降至 120—130 毫克每升。清冽、甘甜是河北居民喝上丹江水后的普遍感受。南水北调结束了沧州、衡水、邢台、邯郸等地区人民祖祖辈辈饮用苦咸水、高氟水的历史，受水区城市不少家庭净水器具下岗，打开自家水龙头就能喝到纯净的丹江水。

南水北调实现了人水和谐，改善了人民的生活环境。南水北调工程的首要目的是解决华北地区严重的缺水问题，担当着水利工程和生态工程的双重使命。保护生态环境是实施南水北调工程的基本前提和重要目标。开工建设前就对生态环境保护问题进行了充分研究，制定了水资源保护规划、生态环境保护规划和水土保持规划，明确相应措施。南水北调中线工程通水后，受水区和输水区的生态环境得到了明显改善。以南阳市为例，为了保证水质，全市关闭了 800 多家污染企业，西峡县大力发展以猕猴桃为主的林果业和山茱萸种植为代表的生态产业，淅川县大力发展软籽石榴和中药材种植，昔日荒山荒沟变为绿水青山、"金山银山"，多年不见的"神鸟"斑尾塍鹬又飞回了丹江口库区，水清民富在这里变成了现实。①

人民是历史的创造者，是我们党强大的执政根基，是我们一切工作的出发点和落脚点。调水为了人民，建设依靠人民，成果由人民共享。人民的幸福就是南水北调工程的根本追求。南水北调精神就是中国道路自信最生动的写照。南水北调工程再次向世人证明：中国特色社会主义道路，是实现国家富强、人民幸福的康庄大道。

二、"理论正确"的现实印证

所谓中国理论，就是作为马克思主义中国化的最新成果，包括邓小平理论、"三个代表"重要思想、科学发展观以及习近平总书记系列重要讲话精神在内的中国特色社会主义理论体系。这个理论系统地回答了什么是社会主义、怎样建设社会主义，建设什么样的党、怎样

---

① 高帆、冷新星:《河南淅川：移民大县的绿色选择》,《人民日报》2013 年 5 月 12 日。

建设党，实现什么样的发展、怎样实现发展等根本问题，以全新视野深化了对共产党执政规律、社会主义建设规律、人类社会发展规律的认识。中国特色社会主义理论来源于中国特色社会主义伟大实践。南水北调工程是在中国特色社会主义理论指导下进行的，是这一理论在指导水利建设中取得的又一重大实践成果。南水北调工程的建设成功，南水北调工程建成后所产生的巨大社会效益、经济效益和生态效益，再一次印证了中国特色社会主义理论的科学性，对于人们坚定理论自信具有现实说服力。

人民至上、以人民为中心是中国特色社会主义理论根本的价值取向。南水北调是国家工程，移民迁安是国家行动。移民安置是否妥当，直接关系到国家工程能否顺利推进。淅川移民干部把以人为本作为迁安工作的第一价值取向，提出"把百姓当父母、视移民为亲人"的工作理念，1000多名干部深入移民群众的农家小院，给移民讲政策、讲意义、讲形势，比补偿、比规划、比发展前景，"磨破嘴皮子，跑烂鞋底子"，用真情融化群众心中坚冰，打开移民心锁；为了保障移民合法权益，组织每个移民村选出移民代表，组成移民迁安委员会，任何有关移民利益的工作，没有移民代表的签字认可，下一道工序便不能进行；为了保障移民得到妥善安置，从搬迁安置到帮扶就业、发展致富，党委、政府、移民干部每个细节都要帮移民想到办到、落实到位。

整个南水北调的和谐大移民，是贯彻落实中国特色社会主义以人为本发展理念的生动体现，更是对中国理论正确和科学的现实印证。保护生态环境、实现绿色发展、建设生态文明，是中国特色社会主义理论的重要理念和内容。党的十八大以来，习近平总书记高度重视生态文明建设，围绕生态环境保护、推进绿色发展、建设美丽中国、实现中华民族永续发展，发表许多重要讲话，阐明了一系列重要理念，提出了一系列新思想新观点，进一步深化了人与自然和谐发展规律的认识，为我们推进生态文明建设、努力建设美丽中国指明了方向，提供了遵循。南水北调既是水利工程，也是民生工程、生态工程。早在规划论证阶段就制定了"先节水后调水，先治污后通水，先环保后用水"的原则，把节水、治污、生态环境保护作为一个完整的系统开展总体规划。为了保护好京津人民的"大水缸"，淅川县以壮士断腕的决心和气魄，关停并转造纸、冶炼等污染严重企业，积极探索发展生态产业，从而促进并实现了全县产业结构的转型升级。今天的丹江口库区，青山环抱碧水，人民安居乐业。绿色发展不仅使淅川完成了水质保护的政治责任，也让当地的移民群众得到了实实在在的利益。绿色发展既取得了巨大社会经济效益，也赢得了党心民心。面对责任豪迈担当、倾情奉献，面临困境不屈不挠、开拓创新，淅川人民用自己的绿色选择，诉说着对中国理论的坚定自信。

我们党已经走过了 90 多年的奋斗历程。"95 年来，中国共产党之所以能够完成近代以来各种政治力量不可能完成的艰巨任务，就在于始终把马克思主义这一科学理论作为自己的行动指南，并坚持在实践中不断丰富和发展马克思主义。"[1]建设南水北调工程，是全面建成小康社会、加快推进社会主义现代化的一项战略性基础工程，成果来之不易。这一工程之所以能够成功实施，根本在于中国特色社会主义这一创新理论的武装和指导。南水北调工程再次印证了中国理论的正确和科学，使我们对这一理论更加充满自信：在这一科学理论的指导下，我们一定能够实现中华民族伟大复兴。

---

① 习近平：《在庆祝中国共产党成立 95 周年大会上的讲话》，《人民日报》2016 年 7 月 2 日。

三、"制度优越"的再次彰显

中国是一个拥有 13 亿多人口的社会主义大国，具有集中力量办大事的制度优越性。习近平总书记指出："我们最大的优势是我国社会主义制度能够集中力量办大事。这是我们成就事业的重要法宝。"① 他还强调说，过去我们搞"两弹一星"等靠的是这一法宝，今后我们推进创新跨越也要靠这一法宝。正是靠着这一法宝，靠着在此基础上形成的大国统筹优势，南水北调工程才得以顺利推进，才催生了弥足珍贵的南水北调精神。

实践是检验真理的唯一标准，也是检验制度的唯一标准。中国制度的优越性，是在长期社会实践中逐步展现出来的。中国制度具有无可比拟的凝聚力，它能够广泛调动和整合各种社会资源，实现资源的有效配置，最大程度地凝聚推动经济社会发展的力量。新中国成立后，社会主义基本制度一经建立，其优越性和凝聚力便迅速显现，为改变中国"一穷二白"的面貌提供了重要制度保障。进入改革开放新的历史时期，中国的制度优势更加凸显，为经济社会快速发展和中国的迅速崛起提供了强大的制度支撑。与此同时，中国制度也在改革开放中日益发展和完善。当代中国发展所取得的巨大成就，包括南水北调工程建设取得的巨大成功，就是这个制度优势的最好体现。

人民在国家制度框架中的地位和作用，是衡量一个国家制度优劣的重要标志。中国制度的本质是人民当家作主。人民代表大会制度是人民当家作主的根本途径和最高形式，这一根本政治制度保障了人民作为国家和社会主人的地位及其权利，有利于调动和充分发挥广大人民群众建

---

① 习近平：《为建设世界科技强国而奋斗——在全国科技创新大会、两院院士大会、中国科协第九次全国代表大会上的讲话》，《人民日报》2016 年 6 月 1 日。

设社会主义的积极性、主动性、创造性。这是我们之所以对中国制度充满自信的根本所在。如果把南水北调工程建设成功的原因归结到一点，那就是尊重人民意愿，善于集中民智，充分保障人民当家作主的权利。

国家治理能力是一个国家制度执行力的集中体现。而国家治理的主体是人民，人民参与、拥护和支持国家治理过程的程度，是决定国家治理体系和治理能力现代化成效的根本。美国著名社会心理学家阿列克斯·英格尔斯曾经指出："如果一个国家的人民缺乏一种赋予制度以真实生命力的广泛的现代心理基础，如果执行和运用现代制度的人，自身还没有从心理、思想、态度和行为方式上都经历向现代化的转变，再完美的现代制度也会成为废纸一堆。"[①]制度自信的关键在于制度体系的执行力。执行力是制度体系的生命。强大的制度执行力，是中国特色社会主义制度优势得以充分发挥、党和国家事业顺利发展的重要因素。南水北调的建设过程就是人民群众在优越的中国制度下拥护、参与和支持国家建设的过程。

从 1952 年一代伟人视察黄河提出的浪漫设想，到 2014 年 12 月南水北调中线工程正式通水，几代中国人魂牵梦萦的调水梦终于变成现实。半个多世纪，国家有关部委、长江水利委员会等单位做了大量规划、设计和论证工作，参与规划与研究的工作人员涉及经济、社会、环境、农业、水利等众多学科。特别是在南水北调工程 10 余年建设中，来自全国的 100 多万名建设者齐心合作，日夜征战，国字号企业成为工程建设的"领头羊"，地方企业成为渠道、管道和配套等工程的主力军，为了南水北调通水的那一刻，许多人从黑发变成了白发，甚至倒在了工作岗位上，这是多么强大的凝聚力！南水北调工程在建设规模和工程难度方面国内外均无先例，然而我们却克服了困难和挑战，实现了一个

---

① ［美］英格尔斯:《人的现代化》，四川人民出版社 1985 年版，第 3 页。

又一个世界之最，这是多么强大的实力支撑！南水北调工程是多学科、跨地区、宽领域合作的典范，支撑这一建设工程成功的是中国强大的综合国力和强大的制度执行力、凝聚力。南水北调是中国制度优势的又一有力明证。

2011 年 6 月，世界银行原社会政策与社会学高级顾问、美国乔治·华盛顿大学教授迈克尔·M.塞尼博士在考察丹江口库区移民工作后说："中国有世界上最优惠的移民政策，收到了最好的效果。丹江口库区移民是一项伟大的工程，这项工程只有在中国才能够完成，其他国家都应该向中国学习！"①

一部人类社会发展史，就是一部社会制度变迁史。一个政党和国家实现自己的既定目标，不仅要有正确道路引领和科学理论指导，同时还必须拥有强有力的制度保障。对一个政党和国家来说，无论是选择正确道路还是推进理论创新，都必须要有制度来作为保障。制度更带有根本性、全局性、稳定性和长期性。制度问题关系党和国家的前途命运。坚定的道路自信和理论自信，必然体现为坚定的制度自信。中国制度是在我们党团结带领全国人民在中国特色社会主义建设实践中逐步探索出来的。一个个中国奇迹的出现向全世界证明：中国特色社会主义制度是符合中国国情、符合中国人民利益、充满生机活力的制度体系，这样的制度必将为中华民族伟大复兴中国梦的实现提供强有力的制度保障，中国人民对其充满自信。这种自信不是盲目的，而是经历了充分实践检验的理性选择。

南水北调中线工程建设，无论是时间跨度之久、涉及范围之广，还是实施难度之大、利益牵扯之复杂，在以往的工程建设中都是不曾遇到

---

① 曲昌荣等：《心中永远装着移民百姓——写在河南省南水北调丹江口库区移民搬迁基本完成之际》，《人民日报》2011 年 8 月 29 日。

的。特别是在移民迁安工作中，鄂、豫两省以超乎常规的节奏和效率向党和国家交出了一份满意的答卷，让世人惊叹不已。如果没有强有力的制度保障支撑，南水北调中线工程不可能在如此短的时间内如此完美地建成。这再次有力印证了中国制度具有不可比拟的优越性。

四、"文化先进"的魅力映现

文化自信是一个民族、一个国家对其自身所禀赋的生存方式和价值体系的充分肯定，是对自身文化生命力、创造力、影响力的坚定信念。[①] 社会主义先进文化是中华民族独特的精神标识，是在中华民族5000年文明发展历程中萌发的，是在我们党团结带领全国人民争取民族独立、人民解放、国家富强的奋斗中孕育出来的。江河有源，草木有根。任何一种精神的产生都离不开文化滋养。南水北调精神是在社会主义先进文化的滋养中形成的，同时也是社会主义先进文化在新的历史时期的丰富和发展，是文化自信的魅力映现。

南水北调精神蕴含着对中华优秀传统文化的坚定自信。中华优秀传统文化是我们民族的"根"和"魂"，是海内外中华儿女共同的精神家园，是增进文化认同和价值认同的最大公约数。在中华民族数千年的发展历程中，中华优秀传统文化积淀着中华民族最深沉的精神追求，为中华民族发展壮大提供了丰厚滋养。以爱国主义为核心，以团结统一、爱好和平、勤劳勇敢、自强不息为价值取向的中华民族精神，成为多元一体的中华民族和中华文化生生不息的内在精神动力。[②]

南水北调精神中闪烁的国家至上、无私奉献精神，正是对中华民族优秀文化高度自信的表现。面对国家需要，朴实善良的移民群众强忍着

---

① 冯鹏志：《文化自信是实现中华民族伟大复兴的强大精神动力》，《求是》2017年第8期。

② 苗利明：《文化自信从何而来》，《党的生活（青海）》2016年第8期。

痛苦，背井离乡。"北京能喝上咱家的水，也是咱的光荣，不要让国家作难了，走吧。"这是淅川县鱼关村 70 岁的老人吴姣娥，强忍着骨肉分离之痛说出来的话。简单、朴素的一句"不要让国家作难"，透露出老人对国家最深沉的爱。马有志，是淅川县因过度劳累而永远倒在移民工作第一线的基层干部。他有 6 大本工作生活遗稿，扉页上摘录了艾青的一句诗："为什么我的眼里常含泪水？因为我对这土地爱得深沉……"大爱无言，淅川人民和南水北调中线工程的建设者用巨大牺牲和无私奉献表达着对国家的浓浓深情，他们血脉之中奔腾的爱国主义基因汇聚成的伟大南水北调精神，必将永远被后人所铭记。

南水北调精神张扬着对中国革命文化的自信。革命文化植根于中华优秀传统文化，产生于战火纷飞的革命战争年代并延续至今，是一个博大精深的思想文化体系。中国共产党之所以有坚定的文化自信，就是在于我们有中华优秀传统文化的深厚土壤，有用血与火凝成革命文化的红色基因，有社会主义先进文化的引领。南水北调精神是中国共产党人在新的历史时期铸造的精神丰碑。当人们喝上清澈甘甜的丹江水时，不能忘记有多少人为了这一渠清水北流受苦流泪、付出心血汗水，有多少建设者离开都市的繁华全身心投入到工作当中，有多少党员干部在父母久躺病榻时不能床前尽孝，他们默默地"五加二"、"白加黑"，夜以继日地工作。为了国家和人民利益，他们舍身忘我，用拳拳赤子之心，用汗水、鲜血甚至生命，诠释着什么叫作大爱报国。

"四个自信"是中国共产党人继续前进的精神动力。南水北调精神，是我们探究"四个自信"缘由的一个窗口，是洞悉"四个自信"精髓的管道，也是进一步增强"四个自信"的强大动力。高扬南水北调精神旗帜，坚定"四个自信"，中国特色社会主义事业必将凝聚更加强大的精神感召力，在续写中华民族辉煌史诗的同时，为人类文明进步提供充满自信的中国方案。

第二节　南水北调精神极大丰富了社会主义核心价值观

社会主义核心价值观是中国特色社会主义最深层次的精神内核。富强、民主、文明、和谐，自由、平等、公正、法治，爱国、敬业、诚信、友善，是社会主义核心价值观的基本内涵。作为时代精神、民族精神重要组成部分的南水北调精神，既是社会主义核心价值观的生动体现，也是践行社会主义核心价值观的重要成果。价值观念作为精神和意识形态，既指导和引领实践，又在实践中丰富和发展。培育和践行社会主义核心价值观，不能单靠面对面的讲道理，更不能靠空对空的贴标语，要有抓手，要接地气，要紧密联系实际，找准找好载体。南水北调工程就是建设现代化国家的鲜活现实，就是实践社会主义核心价值观的重要载体。大力宣传、倡导南水北调精神，是在全社会培育和践行社会主义核心价值观的有效途径。

一、国家统筹、人民至上精神践行了社会主义核心价值观

习近平指出："培育和弘扬核心价值观，有效整合社会意识，是社会系统得以正常运转、社会秩序得以有效维护的重要途径，也是国家治理体系和治理能力的重要方面。历史和现实都表明，构建具有强大感召力的核心价值观，关系社会和谐稳定，关系国家长治久安。"[①]社会主义核心价值观在国家层面的价值导向集中为富强、民主、文明、和谐。南水北调工程建设就是党和政府在社会主义核心价值观引领下，追求富强、民主、文明、和谐的伟大实践过程。国家坚持一切为了人民，一切

---

① 《习近平谈治国理政》，外文出版社 2014 年版，第 163 页。

依靠人民，站在国家全局高度最大可能为人民群众谋求利益，而人民对国家的拥护、支持、配合，又使国家工程获得巨大的动力，充分体现了国家利益和人民利益的高度一致性，而这正是社会主义核心价值观的核心所在。

中国国土面积幅员广阔，南北资源禀赋差别较大，由此也带来了南北发展存在显著的不平衡。在众多资源禀赋中，南方和北方水资源差别就比较突出。水资源匮乏在一定程度上影响了北方的经济社会发展和人民安居乐业。解决这一矛盾和问题，就必须坚持富强、民主、文明、和谐的价值导向，以南水北调为重要抓手，坚持国家统筹、国家谋划、国家意志、国家协调和推进，实现国家对各方面资源和力量的整合与利用。南水北调工程持续进行 60 多年，穿山越岭，跨江过河，工程建设艰辛繁难，在水利工程专家眼中，其复杂性远远超过三峡、小浪底等大型水利工程。加之工程建设又处在经济建设高速发展期、改革攻坚期和矛盾凸显期，涉及众多地区、众多部门利益关系的调整。在这种背景和条件下，从中央到地方各级政府，认真践行富强、民主、文明、和谐的社会主义核心价值观，在国家统筹协调背景下，自上而下万众一心、服务大局、自觉行动，各级各部门齐抓共管、勇于担当、特事特办，以实际行动践行了富强、民主、文明、和谐的价值追求。

南水北调过程中广大移民干部顾全大局、勇于担当的精神践行了社会主义核心价值观。万众一心、团结统一、众志成城，是中华民族精神的重要内容，也是社会主义核心价值观的基本元素。习近平指出，以爱国主义为核心的团结统一、爱好和平、勤劳勇敢、自强不息的中华民族精神，深深熔铸在我们的民族意识、民族品格、民族气质之中，成为中华民族之魂。在社会主义核心价值观中，最深层、最根本、最永恒的是爱国主义。我们要弘扬社会主义核心价值观，弘扬以爱国主义为核心的民族精神和以改革创新为核心的时代精神，不断增强全党全国各族人民的精神力量。南水北调这一宏大的国家工程，最艰巨、最繁重的就是移民工作。没有广大移民工作者艰苦卓绝的努力，就不可能突破"金窝银窝，舍不掉穷窝"这一几千年来的思想传统，就不可能由库区到干渠工程建设的顺利进行。广大移民工作者就是通过忠诚担当、众志成城，破解了移民工作这个最大的难题，深刻践行了社会主义核心价值观。

移民工作是对以人为本、执政为民、和谐理念的实践和检验，亦体现了平等、公正、友善等社会主义核心价值观的基本内涵。政策制定者、规划设计人员、专家学者、地方政府在共绘蓝图、协作共进中，也无时无刻不在践行着社会主义核心价值观。在移民发展与工程建设中，他们努力体现平等与公正，在安置区与库区建设中他们体现平等与公正，在工程建设与区域发展中他们体现平等与公正。从事移民的基层干部感受最深和说得最多的是移民太难了，称其"天下第一难"。难在哪里？主要是如何实现平等、公正，把握政策刚性与操作柔性的度；处理群体利益的一致性与个体诉求的差异性；应对移民工作非常规性、突发性和紧急性。为此，实现平等、公正与友善，他们既要"磨"，动员移民群众在规定时间内搬迁，其中难免有不解，甚至误会；也要"求"，呼吁地方政府和有关部门给移民更多的关怀，为移民呐喊，为移民做好"鼓"与"呼"。做到在困难中坚持，在委屈中反省，在摸索中前行。

二、舍家为国、牺牲奉献精神践行了社会主义核心价值观

爱国是社会主义核心价值观对公民个人最基本的导向要求。在几千年的文明中，爱国这一品质一直是中华民族的传统美德。正是靠着这种传统美德，中华民族永远一脉相承，并创造了丰富灿烂的华夏文明。在新的历史条件下，爱国主义这一伟大的精神品质，又成为一种特有的精神状态和核心价值观念，在中国特色社会主义建设进程中不断得到践行。

在世人瞩目的南水北调工程建设中，几十万库区移民用自己舍家为国、无私奉献的实际行动，进一步丰富了爱国主义的精神内涵，使爱国主义精神在新的历史条件下与时俱进，增添了新的时代内容。河南、湖北近百万移民，从1959年开始搬迁，持续移了几十年。就淅川移民来说，到青海、到荆门、到钟祥、到大柴湖，最后一大批移到全省8个市25个县，万千移民为了国家"舍小家为大家"，无怨无悔。河南省南阳市淅川县丹江口库区移民历史上数次搬迁，又多次返迁，艰辛尤甚。丹江口水利枢纽初建时期，远迁青海和湖北大柴湖的移民，面对恶劣的生存条件，面对生活的百般磨难，以博大的胸怀、超常的意志，默默地承受了下来。今天，为了南水北调工程建设，为了一库清水送北方，再把异乡作故乡。因为搬迁，移民不仅失去了原有的房屋和土地等财产，而且使他们失去了绿水青山的故乡，打破了他们的社会网络和地缘亲情，这种无形资产和情感却是难以用数字来衡量、难以用金钱来补偿的。这种没有苛求回报的默默付出，是对社会主义核心价值观的最生动体现。

南水北调沿线征迁群众的大爱报国精神丰富了社会主义核心价值观。2014年5月4日，习近平总书记在纪念"五四"运动95周年与北京大学师生座谈时指出："核心价值观，其实就是一种德，既是个人的德，也是一种大德，就是国家的德，社会的德。"社会主义核心价值观与中华传统美德有着不可分割的内在联系。中华传统美德的一个重要的基本的特征，就是注重整体、顾全大局、家国一体。在南水北调工程实施过程中，千里干渠用地、沿途施工用地、移民安置用地等，需要征迁和短期借用土地上百万亩。在土地资源日益紧缺，每家每户三五亩口粮田的背景下，其困难程度可想而知。但是在国家工程面前，在对待国家和民族的大爱面前，沿线万千群众选择了奉献，选择了对国家需要的服从，从而保证了沿线工程的顺利实施，也使中华传统美德放射出新的光芒。在南水北调沿线广大土地征迁群众的观念中，家固然重要，利固然重要，但在国家利益和民族大义面前，在国家利益、个人利益不能兼得的时候，他们勇于舍小家，顾大家，为国家，敢于在"小利"和"大义"面前舍"利"取"义"，深明大义地选择国家和民族的利益，用实际行动铸造了一座永恒的丰碑，诠释了以国家利益为重的伟大民族精神；他们这种"国家兴亡、匹夫有责"、"苦了我一家、幸福全中国"的内心境界，给社会主义核心价值观提供了活生生的精神资源。

三、敬业苦干、创新求精精神践行了社会主义核心价值观

在社会主义核心价值观的众多内涵中，敬业、诚信在南水北调工程建设中体现得淋漓尽致。敬业、诚信等优秀品质既是南水北调精神的主要内涵，也是保证南水北调工程成功的重要因素。而敬业、诚信这些工程建设精神，则源于各方面专家和工程建设者们对祖国的大爱与忠诚，对人民的大爱与忠诚，是对爱国、敬业、诚信等社会主义核心价值观基本理念的崭新阐释。

南水北调是再造中华水脉的巨大工程，是一项改天换地的历史壮举。没有对祖国的大爱，没有对人民的大爱，就不可能完成这项艰巨的历史使命，就不可能扛起这沉甸甸的历史责任。在整个工程建设过程中，工程建设者们不断优化施工方案，破难关、克天堑，经过几十万大军历经10年艰辛奋战终于建成通水。南水北调工程是国家的千秋大计，必须把工程质量放在第一位。因为工程细节上任何1%的缺陷，就会带来整个工程的100%的失败。面对如此苛刻得不能再苛刻的技术要求，工程建设大军中的每个人都坚持细致入微、精益求精，以高度负责的态度、以精准到毫厘的匠心，精心设计、细致施工，有些施工环节甚至不惜若干次返工重来，最终确保了引水干渠的每一处都在质量要求的范围之内，以特有的南水北调工匠精神，赋予了社会主义核心价值观爱国、敬业、诚信新的内涵。

第三节　南水北调为践行新发展理念提供了成功范例

党的十八大以来，以习近平同志为核心的党中央在深刻总结国内外发展经验教训、分析国内外发展大势的基础上，提出了创新、协调、绿色、开放、共享的发展理念。这一新发展理念，凝聚着对经济社会发展规律的深入思考，体现了"十三五"乃至更长时期我国的发展思路、发展方向、发展着力点。南水北调精神契合着新发展理念的基本精神，印证了新发展理念的科学和正确，为贯彻落实新发展理念树立了典范。

一、南水北调彰显创新发展的无穷魅力

在新发展理念中，创新发展居于首要位置。创新发展，就是要把创新摆在国家发展全局的核心位置，不断推进理论创新、制度创新、科技创新、文化创新等各方面创新，让创新贯穿党和国家一切工作，让创新在全社会蔚然成风。创新是引领发展的第一动力。抓创新就是抓发展，谋创新就是谋未来。习近平总书记曾经指出："在五大发展理念中，创新发展理念是方向、是钥匙。"纵观人类发展历史，创新始终是推动一个国家、一个民族向前发展的重要力量，也是推动整个人类社会向前发展的重要力量。当今世界，一个国家要走在世界发展前列，根本靠创新；一个民族要屹立于世界民族之林，根本靠创新。当今中国要实现民族伟大复兴、跻身世界先进行列，必须把创新发展摆在国家发展全局的核心位置。

创新是南水北调工程建设的灵魂，是引领这一举世闻名的重大水利工程得以顺利建成的第一动力。毫不夸张地说，没有各个方面的开拓创新，就不可能有南水北调工程，也就不会有南水北调精神。

南水北调工程是迄今为止世界上最大的调水工程，在工程设计和建设施工方面面临着许多技术挑战，许多硬技术和软科学难题都是世界级

的。面对诸多的工程技术难题，广大工程建设者特别是科技工作者顽强拼搏，全力开展科技攻关，蹚出了一条突破常规的创新之路。工程建设之初，国务院南水北调办公室研究制定了详细的科技工作计划，加大投入力度。在工程建设施工过程中，坚持走产学研相结合的道路，既解决了工程建设中的实际问题，又锻炼了队伍，提升了自主创新能力和水平。加强国内外技术合作，借鉴国内外成功经验，促进技术消化、吸收及再创新，南水北调工程不仅攻克了诸多技术难题，而且也创下多个国际国内之最。如：世界首次大管径输水隧洞近距离穿越地铁下部——中线北京段西四环暗涵工程，世界规模最大的 U 型输水渡槽工程——中线湍河渡槽工程，国内最深的调水竖井——中线穿黄竖井工程，国内穿越大江大河直径最大的输水隧洞——中线穿黄隧洞工程，国内规模最大的老旧大坝加固加高工程——丹江口大坝加高工程，等等。此外，科技工作者在高填方渠道防范"挂瀑"、攻克膨胀土等许多方面也取得了领先世界的成果。

南水北调工程的创新还体现在制度特别是管理体制、机制创新方面。国务院南水北调办公室原主任张基尧曾撰文指出，南水北调工程所具有的特殊性和特点，决定其建设管理必须走创新的道路。南水北调工程是一项规模宏大、投资巨额、涉及范围广的战略性基础设施，其本身具有的特点决定了在管理体制上，既不能沿用长江干堤维修加固工程的线型管理体制，又不能用三峡水利枢纽的独立工程的管理模式。南水北调主体工程的建设施工，紧密结合工程建设实际，积极探索建立了与社会主义市场经济体制相适应的"项目法人直接管理、代建制、委托制"相结合的管理模式。委托制，是指项目法人以合同的方式，将部分工程项目委托给项目所在省（市）建设管理机构组织承担。代建制，是指项目法人通过招标方式择优选择具备项目建设管理能力、具有独立法人资格的项目建设管理机构，承担南水北调工程中一个或若干个单项、设计单元。事实证明，这种管理体制能够充分发挥地方作用，广泛挖掘社会资源，有效弥补项目法人建设管理力量的不足，减少了项目法人直接派往现场的管理人员，促进了管理水平的提高。南水北调工程的成功是社会治理模式创新的鲜活案例。

弘扬南水北调精神有助于全面推动创新发展。创新是南水北调精神的核心价值理念。弘扬南水北调精神，就要在全社会积极倡导开拓创新、锐意进取精神。南水北调精神蕴含的创新理念启示我们，加快推进社会主义现代化，实现"两个一百年"奋斗目标，实现中华民族伟大复兴，必须坚定不移实施创新驱动发展战略，充分发挥创新第一动力的作用。科技兴则民族兴，科技强则国家强。科技创新是社会活力的重要标志，是提升国家核心竞争力的重要因素，是其他一切创新的引擎。习近平总书记强调指出："当今世界，科技创新已经成为提高综合国力的关键支撑，成为社会生产方式和生活方式变革进步的强大引领，谁牵住了科技创新这个牛鼻子，谁走好了科技创新这步先手棋，谁就能占领先机、赢得优势。"他强调，要瞄准世界科技前沿，全面提升自主创新能力，力争在基础科技领域作出大的创新、在关键核心技术领域取得大的突破。

南水北调精神蕴含的创新理念还告诉我们，必须坚持方方面面的创新。创新是一个系统工程，需要统筹兼顾、整体布局、协调推进。要坚定不移地推动以科技创新为核心的全面创新，在大力推进科技创新的同时，不断推进理论创新、制度创新、科技创新、文化创新等各方面创新，让方方面面的创新贯穿党和国家一切工作，让创新在全社会蔚然成风。

二、南水北调体现了协调发展的内在要求

坚持协调发展，就是要注重经济社会发展的整体性，着力解决发展

的不平衡问题。南水北调工程着眼于全国一盘棋，重点统筹协调区域之间、城乡之间发展，同时兼顾经济社会发展中其他方面的均衡问题。南水北调工程运行以来，在统筹协调区域、城乡发展，推进"四化"同步协调发展，促进人与自然协调发展等方面发挥了重要作用，产生了巨大而深刻的影响。在今后的发展实践中弘扬南水北调精神，有助于正确处理改革发展中的重大关系，统筹协调各个方面的发展，体现发展的整体性。

改革开放以来，中国取得了举世瞩目的成就，成为世界第二大经济体。与此同时，发展不平衡、不协调问题日益凸显，特别是区域发展不平衡、城乡发展不协调、产业结构不合理、社会发展滞后于经济发展等问题比较突出，由此引发了一系列矛盾。要实现科学发展，就要坚持统筹兼顾的科学方法论，推进协调发展。习近平总书记强调指出：协调既是发展手段又是发展目标，同时还是评价发展的标准和尺度，是发展两点论和重点论的统一，是发展平衡和不平衡的统一，是发展短板和潜力的统一。我们要学会运用辩证法，善于"弹钢琴"，处理好局部和全局、当前和长远、重点和非重点的关系，着力推动区域协调发展、城乡协调发展、物质文明和精神文明协调发展，推动经济建设和国防建设融合发展。[1] 南水北调工程的实施，为推动经济社会协调发展提供了经验和启示。

建设南水北调工程是实现区域协调发展的重要实践。南水北调工程的实施，对实现水资源南北空间上的优化配置，具有重大而深远的意义，既可有效缓解广大北方地区的缺水之困，又能使长江流域特别是辽阔的汉江中下游地区乃至大武汉地区大大减轻洪灾压力。俞正声同志

---

[1] 习近平：《在省部级主要领导干部学习贯彻党的十八届五中全会精神专题研讨班上的讲话》，《人民日报》2016 年 5 月 10 日。

在湖北工作期间曾动情地说："我们汉江平原，包括我们武汉周围，几十年的时间，汉江没有大水，得益于丹江口水库。如果没有柴湖移民的搬迁，就没有南水北调工程的建设；如果没有柴湖移民的搬迁，也就没有汉江下游数百万人民的安居乐业。"① 这足以说明南水北调工程在防洪、发电、调水等方面的综合协调功能。在缓解北方地区水资源短缺方面，南水北调中线工程每年可为河南、河北、北京、天津等地供应饮用水 95 亿立方米。中线工程的施工建设，还有效改善了受水区生态环境和投资环境，推动中部地区、华北地区的经济社会发展。中线工程受惠最大的地区是河南。这一工程使清澈甘甜的丹江水给数千万中原人民带来了极大的福祉。南水北调中线工程无疑会带动河南生态环境改善和相关产业的发展，可以直接或间接地拉动经济增长。通过中线干渠把丹江水北调，使在南方可能酿成洪灾的害水变成润泽北方大地的福水，这就是协调发展的真谛。

南水北调工程有利于协调中西部农村发展。南水北调工程无论是东线还是中线，都经过人口稠密的广阔农村地区，为流经地区新农村建设创造了重要的契机。中西部地区城镇化率低，农村人口占很大的比重，而且城乡差别较大，全国贫困人口大多数集中在这一地区。南水北调工程的实施，必将改善水源地和工程沿线地区的基础设施，农村地区的生产条件和公共服务设施也随之改善。在工程运行以后，沿线地区的用水条件改善，特别是地下水位显著回升，生态环境质量将不断提高。这些都将极大地推动中西部地区新农村建设的进程。

南水北调工程将有利于城市经济社会协调发展。由于水资源这一瓶颈的制约，中西部地区大量缺水城市经济社会发展受到很大限制。随着南水北调工程进入运行期，许多城市的用水短缺问题得到缓解，产业结

---

① 转引自《党的光辉照柴湖》，中国文化出版社 2014 年版，第 11 页。

构升级的速度将加快。以河南为主体的中原城市群和京津冀城市群都将因为有优质水源保障而稳步发展。南水北调工程可以促使劳动力从农业人口向非农业人口转移，促进人口向城市集聚，从而加快中部地区和华北地区的城市化进程。

三、南水北调贯穿了绿色发展的永恒主题

绿色发展就是人与自然的和谐发展，其实质就是促进生态平衡，建设美丽中国。习近平总书记强调指出："推动形成绿色发展方式和生活方式是贯彻新发展理念的必然要求，必须把生态文明建设摆在全局工作的突出地位，坚持节约资源和保护环境的基本国策，坚持节约优先、保护优先、自然恢复为主的方针，形成节约资源和保护环境的空间格局、产业结构、生产方式、生活方式，努力实现经济社会发展和生态环境保护协同共进，为人民群众创造良好生产生活环境。"[1]

人类发展活动必须尊重自然、顺应自然、保护自然，否则就会遭到大自然的报复。只有尊重自然规律，才能有效防止在开发利用自然上走弯路。改革开放以来，我国经济社会发展取得历史性成就，这是值得我们自豪和骄傲的。同时，我们在快速发展中也积累了大量生态环境问题，成为明显的短板，成为人民群众反映强烈的突出问题。这样的状况，必须下大气力扭转。南水北调工程不仅是一个重大的水利工程，而且也是一个伟大的环保工程。保护生态环境是实施南水北调工程的重要目标之一。南水北调工程建设始终坚持"先节水后调水，先治污后通水，先环保后用水"的原则。"三先三后"原则中贯穿的一个核心理念，就是保护生态环境，就是绿色发展。

建设南水北调工程是绿色发展的生动实践。南水北调工程投入运

---

[1] 《人民日报》2017 年 5 月 28 日。

营，对于改善生态环境特别是涵养北方生态环境，促进人与自然的和谐发展具有深远的影响。《南水北调工程总体规划》明确提出，南水北调的根本目的是改善和修复黄淮海平原和胶东地区的生态环境。南水北调工程总体规划严格贯彻"三先三后"原则，按照调水对不同区域的生态环境影响的特点，划分水源区、线路区、用水区，又分别制定了生态环境保护规划。规划就中线工程对长江中下游的生态环境影响等问题，都作出明确部署并妥善解决。

南水北调的实践就是绿色发展的实践，南水北调的成功就是绿色发展理念的成功。弘扬南水北调精神将对推进绿色发展产生积极深远的影响。南水北调工程开工建设以来，不论是水源区还是受水区的干部群众，保护生态环境的意识在提高，自觉行动在增强。南阳市在中线工程建成通水之后两年多时间内，先后关停企业 800 多家，由政府出资帮助企业转产、职工转业、渔民上岸，淅川县库区周围群众连养猪、养鸡都不允许。在治污的同时，还把打造绿色水源地作为重要目标，植树造林，构建生态屏障。截至 2017 年 3 月 21 日第 47 个"世界森林日"，南阳全市森林覆盖率达到 36.56%，整个丹江口库区森林覆盖率达到 54%。湖北十堰市以高度的政治担当，大力整治生态环境、绿色发展，确保了丹江口库区湖北境内始终保持 Ⅱ 类及以上水质。陕南的汉中、安康和商洛三市在水污染防治、产业结构调整、垃圾处理、水土保持、森林管护等方面投入大量资金。宁强县汉源镇马家河村党支部书记王光俊介绍说，如今在马家河，250 户村民户户整洁，他们像呵护孩子一样守护着河水，成为不拿工资的水源地义务宣传员和守护者。河南、河北、北京、天津等受水区在调水沿线积极实施清水廊道工程，通过建立绿化带等措施保证调水水质。沿线不少居民主动承担起廊道两侧的环卫工作。今后，随着南水北调精神的广泛宣传，更多的人会意识到生态环境保护的重要性并积极投身于环保工作。

四、南水北调回应了共享发展的时代课题

我们所说的共享发展，是人人享有、各得其所，而不是少数人共享、一部分人共享。"共享理念实质就是坚持以人民为中心的发展思想，体现的是逐步实现共同富裕的要求。"①党的十八届五中全会指出："坚持共享发展，必须坚持发展为了人民、发展依靠人民、发展成果由人民共享，作出更有效的制度安排，使全体人民在共建共享发展中有更多获得感，增强发展动力，增进人民团结，朝着共同富裕方向稳步前进。"②

南水北调不仅是一项规模宏大的水利工程，更是一项泽被苍生的民生民心工程。从宏观意义上看，南水北调对于扩大社会就业、提高居民收入、改善人民生活、缩小地区差别，最终实现共同富裕具有深远的影响。它体现了以人民为中心的发展思想，彰显了发展的出发点和落脚点。南水北调工程建设中对库区移民和沿途拆迁群众的关注、关心和帮扶，集中体现了这种共享精神。在经济社会发展的过程中，必须把增进包括移民群众在内的更多人民的福祉作为出发点和落脚点，通过人人参与、人人尽力、人人享有，使全体人民在共建共享中有更多获得感。大力弘扬南水北调精神，有助于逐步实现共同富裕。

南水北调有助于让更多人口受益。南水北调是一项造福亿万人民群众的民心民生工程。通过南水北调，受水区、水源区和汉江下游的群众直接受益。仅南水北调中线一期工程通水后，就基本解决了北方几十座城市人口的水资源短缺问题，直接受益人口超过 1 亿人。南水北调中线工程建成后，丹江口水利枢纽拦洪储蓄能力进一步增强，汉江中下游

---

① 习近平：《在省部级主要领导干部学习贯彻党的十八届五中全会精神专题研讨班上的讲话》，《人民日报》2016 年 5 月 10 日。
② 《中国共产党第十八届中央委员会第五次全体会议公报》，《人民日报》2015 年 10 月 30 日。

700万人面临的洪水威胁大大减轻，历史悲剧将不再重演。中线调水区的移民搬迁使数十万移民过上更好的生活。正如媒体报道："新世纪库区移民乡亲，在中国经济快速发展的宏大背景下，他们享受到了改革发展所带来的文明成果。"①

南水北调有助于提高人民生活水平。南水北调将显著改善人民生活环境，提高城乡居民生活质量，使人民生活更加幸福。南水北调通过改善水资源条件促进生产力的发展，推动城市经济的可持续发展。南水北调可有效改善北方人民饮水质量，解决北方一些地区地下水污染造成的水质问题，大幅度增加华北地区城市绿地面积，把替代下来的当地水更多地改作景观用水，从此扭转地下水超采局面，改善北方地区的生态环境，提高人民的身心健康和生活满意度。河南省许昌市原来属于严重缺水城市，在引来南水北调饮用水之后，将原来用于饮用水的本地水源改作生态景观用水，着力打造扮靓城市的生态水系，用更为宜居的生态环境造福于全市人民。经过三年努力，该市现已成为全国知名的水生态文明城市。而作为南水北调总干渠唯一一个穿越中心城区的城市，焦作市自2016年以来克服重重困难，加大拆迁力度，对南水北调渠道两侧实施更大规模旧城改造，拓宽生态廊道，增加文化设施，建设5A级生态文化旅游带，极大提升焦作市城市品位。

第四节　南水北调充分显示了党的坚强领导作用

在长期的革命、建设和改革实践中，中国共产党形成了理论优势、政治优势、组织优势、制度优势和密切联系群众优势等五大优势。这五大优势，是中国共产党的独特优势。"正是这些优势的全面形成和坚持

---

① 《南阳日报》2012年9月5日。

发挥，使我们党能够由小到大、由弱到强，团结带领全国各族人民谱写了中国革命、建设、改革的壮丽篇章，根本改变了中国人民和中华民族的前途和命运。"① 举世瞩目的南水北调工程是在中国共产党坚强领导下建成的。各级党组织和各条战线的共产党员不忘初心，坚定理想信念，充分发挥战斗堡垒和先锋模范作用，用他们的激情奋斗乃至鲜血生命，挺起了工程建设的坚强脊梁，诠释了共产党人的政治担当，彰显了我们党无与伦比的独特优势。

一、党的政治优势谱写新华章

政治优势是中国共产党的独特优势之一。习近平总书记指出："坚定崇高的政治理想和政治信念以及由此产生的百折不挠的革命意志，始终是中国共产党人战胜各种艰难险阻，不断夺取革命、建设、改革胜利的强大力量源泉，也是我们党的巨大政治优势。"② 南水北调工程的建设过程，就是党的政治优势得到充分发挥的过程。

南水北调梦想的提出和工程论证、设计过程，集中展现了中国共产党人的崇高的政治理想和政治信念，展现了中国共产党人百折不挠的革命意志。1952 年，毛泽东主席在视察黄河时即以气吞山河之雄心壮志和博大胸怀，提出了南水北调的宏伟梦想。从此，实现南水北调梦想，便成为我们党不可动摇的坚定的政治理想和信念。因为我们党深深懂得，实现这一宏伟梦想对于造福人民的巨大作用和重大意义。由于种种原因，从 20 世纪 50 年代后期开始，我们先后经历了从"大跃进"、人民公社化运动到"文化大革命"等一系列曲折和挫折，尽管如此，建设南水北调工程的理想信念始终没有被动摇过，南水北调的勘察论证、工

---

① 习近平:《始终坚持和充分发挥党的独特优势》,《求是》2012 年第 15 期。
② 习近平:《始终坚持和充分发挥党的独特优势》,《求是》2012 年第 15 期。

程设计工作也一直在极其艰难的境况下向前推进着。1980 年 7 月，邓小平同志亲临丹江口水利枢纽工程视察，为抓紧做好南水北调准备工作指明了方向。这种矢志不移地追求理想和信念，这种以百折不挠的革命意志推进南水北调相关前期工作的历史事实，充分彰显了我们党特有的政治优势。

南水北调工程的建设过程，集中展现了中国共产党人的崇高的政治理想和政治信念，展现了中国共产党人百折不挠的革命意志。推进南水北调工程建设，首先碰到的是号称"天下第一难"的移民工作，要将数十万库区群众从他们世世代代繁衍生息于此的热土上搬迁安置到一个陌生的地方去，而且还要做到"亲情搬迁、平安搬迁、和谐搬迁"，做到"不伤一人、不亡一人、不掉一人、不漏一人"，做到"四年任务，两年完成"，这无疑是非常困难的。但是以共产党员为核心的移民工作干部硬是靠着坚定的理想和信念，靠着百折不挠的革命意志，圆满地完成了党和人民赋予自己的责任和使命。同时，推进南水北调工程建设，还在工程技术和施工技术方面遇到了一系列世界级难题。然而，以共产党员为核心的工程技术人员和工程施工人员并没有被这一个个艰难险阻所吓倒，而是以一往无前的精神大胆创新、勇于实践、攻坚克难，硬是凭着坚定的理想信念和百折不挠的革命意志，创造了一个个"全国第一"和"世界第一"，为南水北调工程建设提供了可靠的强大技术支撑。

二、党的组织优势结出新硕果

作为马克思主义执政党，我们党力量的凝聚和运用在于科学的组织。我们党按照马克思主义建党原则，建立了由党的中央组织、地方组织和基层组织构成的科学严密的组织体系，使全党形成一个统一整体，为实现共同目标而奋斗，这就形成了我们党的组织优势。组织优势，是我们党的又一独特优势。习近平总书记在谈到党的组织优势时指出："充分运用党的组织资源，把各级党委的核心领导作用和基层党组织的战斗堡垒作用进一步发挥好，把广大党员的先锋模范作用和领导干部的骨干带头作用进一步发挥好，党和国家事业发展就有了可靠的组织保证。"①

南水北调这样一个人类历史上最宏大、最复杂、最艰巨的水利工程之所以能够顺利建设成功，得益于各方面的因素，但最根本的，在于各级党委领导核心作用、基层党组织战斗堡垒作用和共产党员先锋模范作用的充分发挥。党的组织优势的彰显和发挥，为整个南水北调建设提供了有力的组织保证。

在南水北调工程中，移民工作是最艰巨的工程之一。发挥基层党组织在移民工作中的战斗堡垒作用，是决定移民工作成败极其关键的因素。为此，南水北调库区、干渠沿线和移民接纳地，都根据移民工作的特点和开展移民工作的实际需要，本着有利于加强党对移民工作的领导、有利于党的基层组织在移民工作中开展活动和发挥作用、有利于党员干部为移民提供服务的原则，灵活设置移民党组织。湖北省丹江口市在市、乡两级移民指挥部成立了临时党委，在移民村成立由乡镇和市直驻村干部、村党支部成员、村党员代表构成的临时移民党总支或党支部，在移民党员相对集中的组成立移民党小组或组建党员小分队。全市共成立 9 个移民党委、56 个移民党总支（党支部）、122 个移民党小组、203 个移民党员小分队，构建了"横向到边、纵向到底"的移民组织网络，使党的基层组织和党的工作覆盖到移民工作的每一个角落，使党支部在移民工作中的领导核心作用和党员的先锋模范作用体现到移民工作的方方面面，真正做到"哪里有党员，哪里就有党组织"、"哪里有移民任务，哪里就有党组织"。同时，在移民领导班子建设中实行"五个

---

① 习近平：《始终坚持和充分发挥党的独特优势》，《求是》2012 年第 15 期。

优先"，即在移民机构和移民乡镇、村的领导职数、人员编制、干部使用、力量调配等方面优先考虑、优先考察、优先研究、优先配备、优先使用，引导各级党员干部在移民工作一线建功立业。

在移民搬迁工作中，广大基层移民干部饱尝了各种酸甜苦辣。"迁安两地难，干部忙不完，榨菜缸、意见箱，酸甜苦辣一肚子装。"这句顺口溜，就是描绘移民干部工作的真实写照。然而，广大移民干部以坚定的决心顶住了来自方方面面的压力，确保了各项移民工作的完成。浙川县老城镇安洼村搬迁时正值酷暑，开水和食物都供应不足，面对搬迁过程中群众忍饥受渴的不满情绪，时任镇长赵炜与移民干部自掏腰包从临街食堂购买食品，并号召干部以及工作人员一定要让移民群众先吃。直到移民工作结束，乡镇移民干部们也没有吃到一口热饭。在搬迁过程中，为方便车队行驶，上级调来一辆大铲车铲除路障，不想蹭住某移民祖坟的一角。在该移民不依不饶时，为了不误搬迁大局，移民干部、共产党员安建成在坟头烧纸磕头，最终用真情感动了该移民，从而保障了移民工作的顺利进行。

发挥党员的先锋模范作用是党的组织优势，也是南水北调工程顺利完成的重要法宝。弘扬求实作风，发扬奋斗精神，以党和人民的事业为最高追求，这些震撼人心的英雄本色和精神风貌，是南水北调工程一线党员群体留下的宝贵财富，也是铸在人民群众心中的巍峨丰碑。

三、党密切联系群众优势再传新佳话

密切联系群众是中国共产党的优良传统和作风。毛泽东同志曾把密切联系群众同理论联系实际、批评和自我批评一起，确立为我们党的三大作风。习近平总书记指出："我们党是在同人民群众的密切联系中成长、发展、壮大起来的。人民是党的力量之源和胜利之本。没有人民的支持，党就不可能生存和发展，就一事无成。因此，密切联系群众是我

们党的最大优势。"① 这种优势包括全心全意为人民服务的根本宗旨，一切为了群众、一切依靠群众，从群众中来、到群众中去的工作路线，以及党的一切工作体现人民意志和利益的根本要求。南水北调中线工程，无论从工程建设的目的上看，还是从工程建设的依靠力量上看，都生动体现了党的密切联系群众的特殊优势。

一切为了群众，是我们党全部理论和实践的根本出发点和落脚点，也是南水北调工程的根本出发点和落脚点。为什么我们能在很短时间内实现丹江口库区几十万移民的和谐搬迁，说到底就是因为南水北调工程是为人民谋福利的大工程，是为国家，为上亿人口带来好处的大工程，实施这样的工程，得到了广大移民群众的拥护、认可、支持，他们愿意舍小家、为大家、为国家。

新中国成立初期，在条件十分困难的情况下，以毛泽东同志为代表的中国共产党人，就把南水北调问题作为国计民生的头等大事摆上议事日程。60 多年来，无论形势和任务怎样发生变化，我们党解决北方水资源匮乏的追求一直没有松懈，各级各部门对南水北调工程的不断酝酿、考察、论证、决策、实施，无时无刻不印证着全心全意为人民服务的根本宗旨，无时无刻不印证着一切为了群众的不懈追求。

南水北调工程建设涵盖了征地移民、生态环境保护、施工建设、水污染治理等多方面工作，任务艰巨，困难很多。在工程建设过程中，各级党组织和共产党员始终坚持一切从人民利益出发，通过复杂而艰苦的工作，不仅使北调的南水完全符合饮用标准，而且使数量庞大的移民群众能够顺利安置、安居乐业。在这里，最能体现为人民服务情结的是移民安置工作。据统计，河南、湖北两省累计有近 10 万名党员干部投身移民工作。以作为中线工程核心水源地的河南省淅川县为例：为了使广

---

① 习近平：《始终坚持和充分发挥党的独特优势》，《求是》2012 年第 15 期。

大移民能够搬得出、稳得住、能致富，该县组织上千名党员干部深入到群众中去，与移民群众打成一片，并在移民搬迁中身先士卒、以身作则，带头搬迁，以自己的实际行动维护和执行党的政策。这些党员移民工作干部用真情和汗水乃至生命，书写了一段段殚精竭虑为搬迁、一心一意为移民的佳话。

在移民搬迁这一最艰巨的环节和任务面前，淅川县各级党组织和党员移民工作干部忠实践行党的群众路线，深入广大移民群众之中，仔细倾听群众的愿望和呼声，详细了解各移民户的困难和疾苦，耐心细致做移民群众的思想工作，并不断创新工作方式，采取与移民互动、协商的民主方式，与移民共商搬迁事宜，最终形成群众满意的移民工作方案，极大地调动了移民搬迁的积极性和主动性，从而完成了他们由"要我搬"到"我要搬"的转变。

南水北调这一巨大工程的顺利推进，与充分发挥我们党密切联系群众优势密不可分，与充分调动人民群众积极性密不可分，与充分尊重移民的意愿诉求密不可分。正是在这些密不可分中，获得了人民群众最根本、最广泛、最有力的支持。可以说，所有工作的顺利推进和工程任务的圆满完成，都得益于党的群众路线的特殊优势，得益于将群众路线充分贯彻在实际工作的点点滴滴之中。

第 十 三 章
大力弘扬南水北调精神

当前，全党全国人民正满怀信心地在以习近平同志为核心的党中央领导下，为全面建成小康社会、实现"两个一百年"奋斗目标、实现中华民族伟大复兴的中国梦而奋斗。伟大的事业需要伟大的精神，伟大的精神推动伟大的事业。实现中国梦必须弘扬中国精神。习近平总书记强调："全国各族人民一定要弘扬伟大的民族精神和时代精神，不断增强团结一心的精神纽带、自强不息的精神动力，永远朝气蓬勃迈向未来。"[①]南水北调精神是在国家工程建设中形成的伟大精神成果，它和其他伟大精神一样，成为我们国家和整个中华民族精神的重要组成部分。南水北调精神已经超越了水利工程建设领域，超越了它孕育产生的历史时空，成为我们推进中国特色社会主义事业、实现中华民族伟大复兴的强大精神动力和精神支撑。我们要倍加珍惜这一来之不易的宝贵精神财富，以精益求精的匠心把南水北调精神概括好、提升好，在推进中国特色社会主义事业中把它运用好、传承好。

[①] 《习近平谈治国理政》，外文出版社2014年版，第40页。

第一节　把南水北调精神确立为新时期国家精神民族精神

南水北调中线工程全线正式通水以来，极大地缓解了北方地区的严重缺水问题。追溯历史，饮水思源。在举国上下奋力实现中华民族伟大复兴中国梦的关键时刻，重温南水北调工程半个多世纪的建设历程，发掘提炼移民群众、移民干部和建设者们在南水北调工程建设过程中孕育而生的爱国情怀、奉献精神和崇高操守，有助于让后人铭记这段历史，传承这种精神，推动世纪工程留给我们的宝贵精神财富载入中华民族的发展史册，成为新时期国家精神和民族精神的重要组成部分，为中华民族伟大复兴提供不竭精神动力。

一、把南水北调精神提升为国家精神民族精神意义重大

从南水北调工程建设实践中，人们不难发现精神因素在其中所发挥的重要作用。这些精神因素聚合起来，就是南水北调精神。南水北调精神犹如一种神秘的发酵剂，在社会实践中发挥着集体认同和激励导向作用。马克思曾说过："人的本质不是单个人所固有的抽象物，在其现实性上，它是一切社会关系的总和。"[1]精神因素，特别是被集体认可的国家精神和民族精神，在调和社会关系、凝聚社会发展合力方面具有不可替代的作用和价值。实践证明，南水北调精神已经具有这种国家精神民族精神的特质。

把南水北调精神提升为国家精神民族精神，是增强中华民族自豪感和民族自信心的现实需要。按照辩证唯物主义的观点，精神是在物质运动中形成的，是客观实在在人们大脑中的反映。因此，物质决定精神，精神对物质具有能动的反作用。习近平总书记在 2015 年 1 月 23 日中共

---

[1] 《马克思恩格斯选集》第 1 卷，人民出版社 1995 年版，第 60 页。

中央政治局第二十次集体学习时强调指出：“辩证唯物主义并不否认意识对物质的反作用，而是认为这种反作用有时是十分巨大的。我们党始终把思想建设放在党的建设第一位，强调‘革命理想高于天’，就是精神变物质、物质变精神的辩证法。”作为南水北调工程建设实践的产物，南水北调精神必将对人们的社会实践产生巨大的激励和引领作用。民族精神是经过长期社会实践形成的一种价值观念。它是一个民族生存发展的精神支柱，是一个民族生命力、创造力和凝聚力的核心。人无精神则不立，国无精神则不强。“精神是一个民族赖以长久生存的灵魂，唯有精神上达到一定的高度，这个民族才能在历史的洪流中屹立不倒、奋勇向前。”[①]伟大的南水北调精神，是在全民族引以为豪的世界最大调水工程中产生的精神成果。这一伟大精神，是中国共产党人团结带领人民艰苦奋斗风范的生动反映，是中华民族自强不息的民族品格的集中展示，同时也是以爱国主义为核心的民族精神的最高体现。国家精神和民族精神是国家存在的守护神，是民族底蕴的内核。正如恩格斯所说：“只要这些民族存在，这些神也就继续活在人们的观念中；这些民族没落了，这些神也就随着灭亡。”[②]我们的国家精神和民族精神就是中华民族的守护神，是实现大国崛起的内生动力。南水北调精神一旦上升为国家精神民族精神，更能唤醒人们的国家意识、增强全民族的自信心。

把南水北调精神提升为国家精神民族精神，是进一步发挥社会主义制度优越性的现实需要。伟大的精神源于推进伟大事业的伟大实践。没有南水北调工程建设的伟大实践，就不可能有光耀千秋的南水北调精神。这项迄今为止全世界规模最为宏大的调水工程之所以能够顺利建成，最根本的是得益于社会主义制度的优越性。美国比我们国家国力强

---

① 习近平：《在纪念红军长征胜利80周年大会上的讲话》，《人民日报》2016年10月22日。

② 《马克思恩格斯选集》第4卷，人民出版社1995年版，第254页。

盛、技术先进，但是他们近些年想修一条贯穿东西部的高铁，构想提出了多年却仍然难以落地，就是因为他们缺少有效协调配置各种资源的统筹动员能力。我们是社会主义大国，具有集中力量办大事的制度优越性。凭借这一制度优势，我们能够办成许多国家办不成的大事。把南水北调精神上升为国家精神民族精神，不仅能够很好地彰显社会主义制度的巨大优越性，而且能够增强人们的集体主义观念和意识，全国上下众志成城，集中各方面的资源要素，去干有利于国家和民族发展的大事业。

把南水北调精神提升为国家精神民族精神，是实现中华民族伟大复兴中国梦的现实需要。将美好的梦想变为客观的现实，不但需要物质的力量，而且也需要精神的力量。南水北调，起初是一代伟人毛泽东提出的一个美好梦想。在长达半个多世纪的筑梦过程中，对工程建设起到推动作用的因素是多方面的，既有物质的因素，也有技术进步的因素，更有精神的因素。大国统筹、人民至上、求精创新、奉献担当，各层面的精神要素汇聚在一起，形成了推动伟大工程的巨大精神力量。实现中华民族伟大复兴是一项光荣而艰巨的事业，需要一代又一代中国人共同为之努力。人具有一定的主观能动性。人的主观能动性是人类特有的能力与活动，它主要包括互相联系着的三个方面：人类认识世界的能力以及人们在社会实践的基础上能动地认识世界的活动；人类改造客观世界的能力以及人们在认识的指导下能动地改造客观世界的活动；人类在认识世界和改造世界的活动中所具有的精神状态。由此可见，精神因素是人的主观能动性的重要组成部分。在实现中华民族伟大复兴中国梦的进程中，能不能充分发挥人的主观能动性，充分调动各方面的积极性、主动性和创造性，关键在于人们的精神状态。习近平总书记多次强调说，人民有信仰、民族有希望、国家有力量。实现中国梦，必须弘扬中国精神。这种精神，就是包括南水北调精神在内的，以爱国主义为核心的民族精神，以改革创新为核心的时代精神。从南水北调工程建设实践看，这一精神在其中很好地发挥了感染人、激励人的作用。这种精神提升为国家精神民族精神后，也必然能够成为凝聚起实现中华民族伟大复兴中国梦的强大力量精神。

二、把南水北调精神提升为国家精神民族精神理所应当

国家精神和民族精神，是引领一个国家和民族发展进步的精神因素，是民族意识中的精华部分。张岱年先生认为："民族精神必须满足两个条件，才可以成为民族精神。一是具有广泛的影响，为大多数人所接受。二是能促进社会的发展，是推动社会前进的精神力量。"[1] 他说："民族精神必然是文化学术中的精粹思想，在历史上曾经具有激励人心的作用，只有这样，才能称之为民族精神。"[2]

中华民族精神是在实践中不断丰富和发展的。新中国成立后，在社会主义建设实践中孕育形成了许多宝贵的精神财富。比如：大庆精神。伴随着大庆油田的开发建设，形成了"为国争光、为民族争气的爱国主义精神；独立自主、自力更生的艰苦创业精神；讲究科学、'三老四严'的求实精神；胸怀全局、为国分忧的奉献精神"。作为民族精神的瑰宝，大庆精神已经成为激励人们奋进的不竭动力，激励着一代又一代人顽强拼搏、为国奉献。再比如："两弹一星"精神。在为"两弹一星"事业进行奋斗中，广大研制工作者培育和发扬了一种崇高的精神，这就是"热爱祖国、无私奉献，自力更生、艰苦奋斗，大力协同、勇于攀登"的"两弹一星"民族精神。此外还有，雷锋精神、三峡精神、载人航天精神等等。这些具有时代特征的宝贵精神财富，不断上升为国家精神民

---

① 《张岱年全集》第 7 卷，河北人民出版社 1996 年版，第 220 页。
② 《张岱年全集》第 7 卷，河北人民出版社 1996 年版，第 221 页。

族精神，丰富了中华民族精神的内涵，成为激励国人自强不息、艰苦奋斗的强大精神动力和精神支撑。

在社会主义建设实践中，河南人民也创造出了很多精神成果，其中最具有代表性的是焦裕禄精神和红旗渠精神。习近平总书记把焦裕禄精神概括为"心中装着全体人民，唯独没有他自己"的公仆情怀，凡事探求就里、"吃别人嚼过的馍没有味道"的求实作风，"敢教日月换新天"、"革命者要在困难面前逞英雄"的奋斗精神，艰苦朴素、廉洁奉公、"任何时候都不搞特殊化"的道德情操。他强调指出："虽然焦裕禄离开我们 50 年了，但焦裕禄精神是永恒的。焦裕禄精神和井冈山精神、延安精神一样，体现了共产党人精神和党的宗旨，要大力弘扬。只要我们搞中国特色社会主义，只要我们还是共产党，这种精神就要传递下去。"20世纪 60 年代，在党的领导下，河南林县人民在生产力水平相当低的条件下，凭着自己的双手，修建了举世闻名的红旗渠。在这场气壮山河的伟大实践中，孕育、形成了以"为了人民、依靠人民，敢想敢干、实事求是，自力更生、艰苦奋斗，团结协作、无私奉献"为基本内涵的红旗渠精神。习近平总书记曾经指出，红旗渠精神是我们党的性质和宗旨的集中体现，历久弥新，永远不会过时。可以说，这些精神成果已经成为国家精神和民族精神的有机组成部分，并在中国特色社会主义建设实践中发挥着凝聚人心、激励斗志的作用。

南水北调精神的形成与国家精神和民族精神的传承密切相关。南水北调工程经过了设想、酝酿、动员、实施等不同的环节和过程，其中每个环节都是有国家精神和民族精神在发挥着无形的作用。南水北调工程就是新时期国家层面的红旗渠，就是新的历史条件下"愚公移山、改造中国"的重大成果。可以说，南水北调精神，就是愚公移山精神、红旗渠精神、焦裕禄精神等宝贵民族精神财富在新的历史条件下的发扬光大，是中华民族精神的集中体现。我们完全有理由把南水北调精神与这些精神相提并论，使它和这些精神一起成为国家精神和民族精神的重要组成部分。中华民族精神集中体现在"天行健，君子以自强不息；地势坤，君子以厚德载物"这句话中，即中华民族既具有发愤图强、刚健勇猛的进取精神，又具备厚实和顺、厚德载物的优良品质，这种精神和品质可以概括为刚柔相济、吃苦耐劳、勤劳勇敢、不畏艰辛，等等。这些优良品质在南水北调精神中都有体现。从创新发展角度看，南水北调精神不仅把民族精神落实到了实处，还赋予了民族精神新的时代意义。所以，把南水北调精神提升为国家精神民族精神是理所应当的。

三、把南水北调精神提升为国家精神民族精神的实践途径

把一种精神提升为国家精神民族精神，都需要有一个过程，需要国家层面的宣传推动。无论是大庆精神、"两弹一星"精神，还是焦裕禄精神、红旗渠精神，上升为国家精神民族精神也经历了这样的过程。比如：大庆精神。1964年4月19日，中央人民广播电台播出新华社记者采写的长篇通讯《大庆精神大庆人》，首次披露中国已有大庆油田。1964年4月20日，《人民日报》全文发表，并配发"编后话"指出："大庆精神，就是无产阶级的革命精神。大庆人，是特种材料制成的人，就是用无产阶级革命精神武装起来的人。这种精神、这种人，正是我们学习的崇高榜样。"[1] 文章发表后，在全国引起强烈反响。再比如：焦裕禄精神。1966年2月7日，《人民日报》刊发了新华社记者穆青等采写的长篇通讯《县委书记的榜样——焦裕禄》，向全国人民讲述了焦裕禄同志的感人事迹。2014年3月，在调研指导兰考县党的群众路线教育实践活动期间，习近平总书记曾动情地追忆起当时的情景以及这篇通讯对他产生的震动和影响。他说："记得一九六六年二月七日，《人民日报》

---

[1] 《人民日报》1964年4月20日。

刊登了穆青等同志的长篇通讯《县委书记的榜样——焦裕禄》，我当时上初中一年级，政治课老师在念这篇通讯的过程中几度哽咽，多次泣不成声，同学们也流下眼泪。特别是念到焦裕禄同志肝癌晚期仍坚持工作，用一根棍子顶着肝部，藤椅右边被顶出一个大窟窿时，我受到深深震撼。"他还强调指出："我们这一代人，是深受焦裕禄同志的事迹教育成长起来的。几十年来，焦裕禄同志的事迹一直在我脑海中，焦裕禄同志的形象一直在我心中。"① 可见，这些国家层面的宣传，对于大庆精神和焦裕禄精神深入人心，被广泛接受，进而成为国家精神和民族精神具有不可替代的重要推动作用。

把南水北调精神提升为国家精神民族精神，同样需要经过上述途径来完成。对于南水北调精神的归纳提升，国务院南水北调工程办公室、中线工程渠首丹江口水源地政府，以及关心关注南水北调这一伟大事业的研究者已经做了大量的工作。下一步，应该在概括提升和宣传普及方面下功夫。应该在南水北调工程建成通水几年，综合效益突出显现之后，组织开展大规模、高层次的研讨和宣传，在《人民日报》、《光明日报》、《求是》杂志这样的国家级重要报刊上持续组织刊发关于南水北调精神的文章，以期产生更为深远的影响，让人们在饮用源源不断丹江水的同时，感受南水北调精神，受到这种精神的滋润和鼓舞。

南水北调工程是国家工程，南水北调精神不仅仅属于哪个省，而是属于全党和全国人民。最好在适当时机，由党和国家领导人批示或者出台国家层面关于弘扬南水北调精神的决定。这样，就会更有利于使南水北调精神成为举精神之旗、立精神支柱、建精神家园的重要精神元素，发挥南水北调精神在实现中华民族伟大复兴进程中的激励和鞭策作用。

---

① 习近平：《在河南省兰考县委常委扩大会议上的讲话》，2015 年 9 月 8 日，见 http://news.xinhuanet.com/politics/2015-09/08/c_128206459.htm。

第二节　在重大国家工程建设实践中大力弘扬南水北调精神

实现中华民族伟大复兴的中国梦，必须要有坚实的物质文化基础，必须全面推进社会主义经济建设、政治建设、文化建设、社会建设、生态文明建设，促进人的全面发展。这就要求我们必须坚持发展是硬道理的战略思想，坚持以经济建设为中心，实现科学发展。而要做到这一切，势必要有更多的像南水北调这样的国家重大工程建设项目上马。推进国家重大工程建设，需要强大的精神动力和精神支撑。作为新时期中华民族精神的重要组成部分，南水北调精神是在重大国家工程建设实践中孕育形成的，反过来又对新的国家重大工程建设实践具有重要的推动和支撑作用。要在新的国家重大工程建设中，大力弘扬和倡导南水北调精神。

一、实现中华民族伟大复兴需要更多的国家重大工程

国家重大工程，一般是指列入国家重点投资计划、投资额度大、建设周期长，由中央政府全部投资或者参与投资的工程。该类工程通常是由政府主导的对国民经济和社会发展具有重大影响的骨干项目，主要包括涉及能源、交通、水利、军工等重要基础设施的大型项目以及基础产业和支柱产业中的大型项目、高科技并能带动行业技术进步的项目、跨地区并对全国经济发展或者区域经济发展有重大影响的项目、对社会发展有重大影响的项目等。国家重大工程关乎经济社会发展全局，在各领域发展中具有基础性、关键性、引领性、战略性作用。抓好国家重大工程项目的落实，就等于抓住了经济社会发展的牛鼻子，对实现国家现代化和中华民族伟大复兴具有重大意义。如果我们把民族复兴比作一艘巨轮，那么国家重大工程就是它的引擎。

新中国成立以来，政府批准实施了大批国家重大工程，有力地促进

了经济社会发展，极大改善了人民生活，增强了综合国力。20 世纪 50 年代初，在物资非常匮乏的情况下，国家制定了第一个五年计划并依靠苏联的帮助，建立了鞍山钢铁公司、长春一汽、洛阳一拖、武汉钢铁公司等大型工业企业，推动了 156 项国家工程，这些工程的建成投产，奠定了中国初步工业化的部门经济基础。后来在全面建设社会主义时期，国家陆续实施了"两弹一星"工程、三门峡水利枢纽工程、大庆油田会战工程以及康藏、青藏公路工程，宝成、兰新铁路工程等国家重大项目，取得了社会主义建设的重要成就，提高了中国的国际地位。

进入改革开放新时期，国家加快推进重大工程建设，其中相当一部分属于超级国家工程，如长江三峡水利枢纽工程、黄河小浪底水利枢纽工程、西气东输工程、西电东送工程、载人航天工程、C919 大飞机工程、青藏铁路工程、港珠澳大桥工程等等。这些超级工程，创造了一个个人间奇迹，创造了一个个世界之最，使世界为之震撼，使许多国家羡慕不已。这些超级工程，托举着中国快速崛起，助推着实现中华民族伟大复兴的中国梦。这些国家重大工程的实施，在拉动经济社会快速发展的同时，进一步增强了中国的综合国力，极大地提升了中国在国际社会的话语权和影响力。

实现中华民族伟大复兴，是近代以来中国人民最伟大的梦想。"经过鸦片战争以来 170 多年的持续奋斗，中华民族伟大复兴展现出光明的前景。现在，我们比历史上任何时期都更接近中华民族伟大复兴的目标，比历史上任何时期都更有信心、有能力实现这个目标。"[1] 为实现中华民族伟大复兴而奋斗，客观上要求我们建设更多的国家重大工程。目前，作为世界第二大经济体，中国拥有巨大的物质生产能力，积累了丰裕的资金，又有充裕的人力资源，有比较完善的社会主义市场经济体

---

① 《习近平谈治国理政》，外文出版社 2014 年版，第 35—36 页。

制，具备了大干工程、干大工程的条件和能力。此外，中国幅员辽阔，具备建设重大国家工程的空间条件。可以预言，在不远的将来，中国将会推出更多的像南水北调这样宏大的国家工程。

空谈误国，实干兴邦。历史从来不会等待一切犹豫者、观望者、懈怠者。我们要加快民族伟大复兴，就必须有勇气、魄力和智慧推进更多的国家重大工程建设。要担负起历史和人民的重托，以"铁肩担道义"、"舍我其谁"的气概，充分发挥制度优势，承前启后、继往开来，敢为人先、奋发有为，加快建设推进和支撑民族伟大复兴的国家重大工程。

二、国家工程建设需要南水北调精神提供强大支撑

唯物辩证法既要求人们必须尊重客观规律，按客观规律办事，又要充分发挥人的主观能动性。马克思有句名言："批判的武器当然不能代替武器的批判，物质力量只能用物质力量来摧毁；但是理论一经掌握群众，也会变成物质力量。"[1]毛泽东同志也充分肯定人的主观能动性。在他看来，人的主观能动性，主要体现为能够用来指导实践，即能够见之于客观的思想。他说："思想等等是主观的东西，做或行动是主观见之于客观的东西，都是人类特殊的能动性。这种能动性，我们名之曰'自觉的能动性'，是人之所以区别于物的特点。"[2]他强调指出："代表先进阶级的正确思想，一旦被群众掌握，就会变成改造社会、改造世界的物质力量。"[3]大量历史事实证明，这些思想论点和基本原理都是正确的。新民主主义革命时期，中国共产党依靠坚定的理想信念，崇高的革命精神，战胜了无数的艰难险阻，最终推翻了国民党的反动统治，建立了新中国。张闻天同志在谈到长征时曾说，没有理想，红军连一千里都走不

---

[1] 《马克思恩格斯文集》第 1 卷，人民出版社 2009 年版，第 9 页。
[2] 《毛泽东选集》第 2 卷，人民出版社 1991 年版，第 477 页。
[3] 《毛泽东文集》第 8 卷，人民出版社 1999 年版，第 320 页。

了。美国著名记者史沫特莱见证了中国共产党在条件艰苦、物质贫乏的陕北由弱变强、从小到大的历程。她认为，中国共产党成功的奥秘，在于共产主义信仰。

过去我们搞革命，需要充分发挥人的主观能动性，充分发挥革命精神；现在我们坚持和发展中国特色社会主义、推进国家重大工程建设，同样需要充分发挥人的主观能动性，充分发挥包括南水北调精神在内的时代精神和民族精神的作用。

国家重大工程建设的复杂性和艰巨性，要求我们格外重视精神的振奋、情绪的理顺和正能量的培育。兴建国家重大工程，内容千头万绪，情况错综复杂，矛盾冲突尖锐，困难接踵而至。我们必须大力弘扬南水北调精神，坚持以人为本，统筹协调各方面关系，充分发挥人的主观能动性，最大限度地调动人的聪明才智，尽可能地激发人的全部潜能。国家重大工程从酝酿、设计、施工到维修、保养等各个环节都离不开人，特别是离不开人的积极性和创造性的发挥。工程建设的领导者一定要高度重视思想政治工作，确保建设者们能够以饱满的热情积极投身于工程建设之中。

强化国家重大工程建设的精神支撑，也是源于社会主义市场经济条件下的现实需要。国家重大工程建设，无论是征地、拆迁、移民，还是施工、管理、监督，关键在人，关键在于人们以什么样的精神状态对待国家重大工程。只有广大干部群众任劳任怨、无私奉献，才是顺利推进工程建设的决定性条件。过去，国家一声号召，干部群众挺身而出，义无反顾，无怨无悔。在改革开放和社会主义市场经济条件下，人们的思想观念和价值取向发生了重大变化，考虑问题更多关注于自身经济利益。在这样的背景下，更加需要倡导南水北调精神，唤起人们的国家意识、集体意识、协作意识，提振人们的爱国精神、实干精神、牺牲精神、奉献精神、担当精神。特别是在涉及土地征用、房屋拆迁、利益补偿、就业安置等等一系列十分复杂问题上，国家与地方、局部与全局、集体与个人的关系十分复杂。要保证国家重大工程的顺利推进，一方面要制定科学合理的政策，充分尊重群众的产权和利益；另一方面必须大力倡导南水北调精神，弘扬淅川移民精神，强化国家意识和主人翁意识，努力培育人们的中国特色社会主义理想，爱国主义、集体主义观念，顾全大局、无私奉献精神，为国家重大工程建设注入强大的精神动力。

第三节　在推进重大水利工程建设中大力弘扬南水北调精神

国家重大水利工程建设，是泽被后世、造福子孙的民心事业，功在当代，利在千秋。推进重大水利工程建设，需要伟大的精神做支撑。孕育产生于国家重大水利工程建设之中的南水北调精神，是中华民族精神的重要组成部分。它的产生，必将为重大水利工程建设提供强大的精神动力。

一、大力弘扬南水北调开拓创新精神，为重大水利工程建设注入鲜活动力

开拓创新是南水北调精神的主线和灵魂。南水北调工程是一座创新的丰碑，科技创新、管理创新、人才创新、理论创新、实践创新等各个方面的创新铸就了这座巍巍丰碑。没有创新，就不可能完成南水北调这一人类水利史上最杰出的工程。以技术创新为例，南水北调工程解决了许多技术难题，创下多个全国之最、世界之最，如：世界首次大管径输水隧洞近距离穿越地铁下部的中线北京段西四环暗涵工程，世界规模最大的 U 型输水渡槽的中线湍河渡槽工程，国内最深调水竖井的中线穿黄竖井工程。这些工程规模之大、开挖之深、地质条件之复杂、工作难

度之高，均居国内之最。这样的例子不胜枚举，体现了工程建设者们在科学大道上不畏艰险、创新求精的胆识和魄力。

国家重大水利工程建设的一个突出的特点是技术条件复杂，在兴建过程中会遭遇各种各样的技术难题。新中国成立以来，我国兴建了不少闻名全国甚至名扬世界的水利工程，如葛洲坝水电站、三峡工程、小浪底工程、红旗渠等，特别是南水北调工程。这些水利工程在建设过程中都面临着一个共同的问题：技术难关。能否攻克一道道技术难关，决定着工程建设的速度和质量。正是由于广大水利科技工作者和工程建设者知难而进，刻苦钻研，化解了一系列技术难题，才确保了各项工程圆满完成。

当前，中国进入加快建设重大水利工程的历史阶段，就南水北调东线、中线而言还有后续工程，西线调水正在准备，在设计、勘探、施工、保养等各个环节，必然会遇到前所未有的技术难题，且部分难题国内外均缺乏成熟经验。这就需要在全国水利系统大力弘扬南水北调精神，激励广大工程建设者发扬顽强拼搏的精神，锲而不舍、自强不息，勇攀科技高峰，用自己的心血、汗水乃至生命，努力探索、发现、创新。马克思曾经说过："在科学上没有平坦的大道，只有不畏劳苦沿着陡峭山路攀登的人，才有希望达到光辉的顶点。"[1]创新不是一朝一夕之事，需要淡泊名利，耐得住寂寞，抵得住诱惑，经得起清贫，坚韧不拔，物我两忘。水利工程的建设者只有始终秉承自强不息的拼搏精神，滴水穿石，才能攻克一道道难题，不断研发和推广应用新材料、新技术、新工艺，走出一条勇攀水利科技高峰的创新之路。

---

① 《马克思恩格斯文集》第 5 卷，人民出版社 2009 年版，第 24 页。

二、大力弘扬南水北调无私奉献精神，为重大水利工程建设传递强大正能量

无私奉献是南水北调精神所包含的一种崇高精神境界。在南水北调工程的兴建过程中，广大移民和奋战在不同战线上的干部群众，不计个人得失，任劳任怨，忘我工作，默默地奉献自己的智慧和力量，一些人甚至不惜牺牲生命。南水北调工程的决策者们，为了国家利益，为了造福百姓，反复规划，殚精竭虑；广大科技工作者埋头攻关，废寝忘食，呕心沥血；千千万万的移民干部，反复奔走，不辞辛劳；数以万计的移民群众，舍小家为大家，割舍乡土情、家族情、邻里情，拜别祖坟，怀揣乡土，远离故园。一些地方，为了整体利益，自觉牺牲局部利益；为了长远利益，忍痛放弃当前利益。正是这种牺牲奉献精神凝聚起干事创业的强大正能量，确保了南水北调工程的顺利进行。

无私奉献是中华民族的传统美德。从古到今，难以计数的优秀中华儿女，为了国家和人民无私奉献，无怨无悔。从大禹治水三过家门而不入，到诸葛亮鞠躬尽瘁、死而后已；从范仲淹"先天下之忧而忧，后天下之乐而乐"，到雷锋"我要把有限的生命投入到无限的为人民服务之中去"；一曲曲奉献之歌在中华大地奏响。无私奉献是社会责任感的集中体现。一个人只有常怀奉献之心，才能不计较个人得失，看淡名利，努力做好每一件事情，全心全意、无怨无悔地付出自己的所有而不求回报。无私奉献也是汇聚社会正能量的重要途径。一个国家、一个地区，如果人人讲奉献，比付出，那么这个国家和地区就会风清气正，时时处处洋溢着正能量，从而为经济社会发展创造良好的氛围。

国家水利工程建设往往牵涉面广，难度大，工期长，迫切需要各行各业的人们发扬无私奉献的精神，舍身忘我，努力工作。"春蚕到死丝方尽，蜡炬成灰泪始干。"有了高尚的奉献精神，在国家水利工程建设

过程中，就没有克服不了的困难，就没有迈不过去的坎。建设国家水利工程，有时候需要牺牲局部利益，如关闭某些企业，动用某些资源，地方政府需要发扬奉献精神，为了国家整体利益，敢于牺牲、甘于付出。国家水利工程建设在特殊情况下还需要移民，广大移民群众在"搬与不搬"的艰难抉择上，需要舍小家为大家，付出物质上乃至精神上的牺牲。只有大力弘扬在南水北调过程集中表现出来的无私奉献精神，国家水利工程建设才能凝聚起方方面面的正能量，确保工程建设的顺利推进。

三、大力弘扬南水北调团结协作精神，为重大水利工程建设汇聚强大合力

团结协作是南水北调精神的重要内涵。在南水北调工程兴建过程中，国家有关部门、长江水利委员会等水利部门、地方各级党委政府、社会各界人士、各级干部和广大移民群众同心同德、万众一心，共同谱写出一曲同心协力、众志成城的集体主义精神的时代赞歌。党中央国务院深谋远虑、科学决策，加强领导、周密部署；各级党委政府服从中央、顾全大局，精心谋划、果断决策。规划设计人员、专家学者、地方政府和移民群众团结一心，共谋大业。以河南淅川移民为例，为了把16万多移民顺利搬迁，水利部、国务院南水北调办、河南省、南阳市多次共同协商，各部门、各系统、各乡镇要人出人、要物出物、要钱出钱，实现了工程建设与移民搬迁的双赢。

万众一心、众志成城是克服困难的重要途径。俗话说，"众人拾柴火焰高"、"上下一心，其利断金"。团结一致，心往一处想，劲往一起使，就能凝聚起无坚不摧、战无不胜的强大力量。万众一心也是我们取得革命、建设和改革成功的重要条件。特别是改革开放以来，我们在坚持和发展中国特色社会主义的过程中，遭遇过许多难以预见的困难和问

题，如 1998 年的特大洪水，2003 年的"非典"疫情，2008 年的汶川大地震，正是靠着全国人民的齐心协力，才战胜了各种困难，取得了一次又一次战胜自然灾害的伟大胜利。

国家水利工程建设往往是十分复杂的系统工程，涉及到征地、拆迁、移民、修路、架桥、环境保护以及水资源涵养等方方面面问题，在工程建设中又涉及到铁路、交通、电信、水利、电力等部门。这就需要各个地区、各个部门、各个行业通力合作，互相支持，精诚团结，为了共同的目标而团结奋斗。国家水利工程建设同时也是一项异常艰巨的任务，工程浩大，任务繁重，困难重重。这就迫切需要弘扬万众一心，众志成城精神，把方方面面的积极性调动起来，形成团结协作、共建共享的良好局面。

四、大力弘扬南水北调务实担当精神，为重大水利工程建设提供坚强政治保证

务实担当是南水北调过程中各级干部的突出表现，彰显着一种可贵的时代精神。在南水北调工程的酝酿、规划、施工等各个阶段，广大领导干部自觉承担起自己的责任，冲锋在前，享乐在后，自始至终发挥着先锋模范作用，用实际行动诠释了他们"铁肩担道义"的担当精神和为国为民的公仆情怀。党和国家领导人不负人民重托，高瞻远瞩，深谋远虑，排除各种非议，作出一系列事关重大水利工程建设的决策。这些重大决策的出台，深刻体现了心系国家、心系群众的公仆精神和责任意识。各省、市、县乃至乡村基层干部服从中央安排，精心组织、统筹安排、科学管理，抓进度、抓质量、抓效率，义不容辞、自觉自愿地肩负起自己的使命。可以说，各级领导干部的忠诚担当、履职尽责，务实重干、率先垂范，是南水北调工程顺利实施的根本保证。

务实担当是中国共产党人的优秀品格，是党员干部先进性和纯洁性

的重要表现。是否具有担当精神，是评判一个干部优劣的重要标尺。习近平总书记指出："看一个领导干部，很重要的是看有没有责任感，有没有担当精神。"他强调："做人一世，为官一任，要有肝胆，要有担当精神。"敢于担当，体现的是一种责任意识，一种使命感。领导干部有了担当精神，就会时时处处牢记自己的使命，在其位而谋其政。在大事难事面前，勇挑重担、敢于负责；在急事危事面前，挺身而出、冲锋在前；在名利地位面前，不计得失、顾全大局。

国家水利工程建设的成败，关键在于领导干部。领导干部是国家水利工程建设的主心骨和顶梁柱，是政策的决策者、执行者、监督者。在实际工作中，领导干部需要做好规划、组织、协调、宣传、检查等一系列工作，可谓任重道远。做好方方面面的工作，敢于担当、奋发有为尤为重要。面对责任和使命，领导干部要弘扬担当精神，以"舍我其谁"的英雄气概和"我不下地狱谁下地狱"的非凡胆略，把责任放在心上、扛在肩上，勤勤恳恳、兢兢业业地工作，在不同的岗位上为党和人民建功立业。各级领导干部要秉承"为官一任，造福一方"的宗旨意识和服务理念，为官有为，"干"字当头，实实在在地谋事创业，做出无愧于时代、无愧于党、无愧于人民的业绩。

第四节　在南水北调运行工作中大力弘扬南水北调精神

南水北调工程的通水，标志着几代中国人的调水梦从宏伟设想变为现实。但作为造福当代、泽被后人的千秋伟业，南水北调工程的通水不是终点，而是一个新的起点。水质保护、工程运行管理和移民发展，都是今后必须面对的长期课题。南水北调精神曾激励着一代又一代南水北调人为了国家梦想无私奉献、开拓进取，它不仅属于历史，更属于现在和未来。立足实践，把南水北调精神融入到通水后的运行工作中，是对南水北调精神最好的继承和弘扬。要贯彻好、宣传好、弘扬好南水北调精神，把南水北调精神转化为巨大的创造力量，在实践中将南水北调精神不断发扬光大。

一、在守护润泽北国的绿色生命线中持续弘扬南水北调精神

南水北调成败在水质。回顾南水北调工程建设历程，就会深切感受到优质水是萦绕在每个人心中不解的情结。为了一渠清水北送，无论是党员干部还是普通群众，由心而发所展现出的那种顾全大局、忠诚担当的英雄主义气概，让南水北调这项困难重重的水利工程成了人们守护绿水青山的竞技场。在这场标准严苛的水质保卫战中，南水北调精神，不仅激发了广大党员干部持之以恒、自我突破的韧劲，还激发了他们转换思路的灵感和动力，坚定了他们不畏挑战、攻坚克难的信心。如今，一渠清澈的丹江水让干涸的华北大地焕发出勃勃生机，也让南水北调精神在千万人心田里生根发芽。这一渠清水，是对所有为了南水北调事业倾尽所有、无私奉献的人们最好的慰藉，也是对南水北调精神最生动的写照和印证。要在守护好这条润泽北国的绿色生命线的过程中，持续弘扬南水北调精神。

水质保护是一项动态性、常态性和持久性的工作，牵涉到水源地及沿线地区干部群众利益，责任重大，任务艰巨。我们要把南水北调精神融入到水质保护工作的方方面面，发扬顾全大局、忠诚担当的奉献精神。顾全大局、忠诚担当是以爱国主义为核心的中华民族精神的质朴表现，也是南水北调精神的核心内涵。在南水北调工程中，水源地及沿线地区干部群众充分发挥顾全大局、忠诚担当的奉献精神，把保护水质当作政治使命，以壮士断腕的气魄重拳治污，甚至对污染水质的地方支柱产业进行全面清理，凭借惊人的勇气和毅力实现转型升级，破茧重生，换来了今天的清水长流。当前，水质保护的攻坚战仍在持续。我们要继

续发扬顾全大局、忠诚担当的奉献精神，始终保持锲而不舍的精神状态，做好库区及沿线地区的生态环境保护工作，加快生态修复，持续强力治污，推动高效生态产业发展，走水清民富之路，以昂扬的斗志去迎接和战胜前进途中的一切艰难险阻，带着强烈的责任心和使命感，守护润泽北国的绿色生命线。

要在对口协作中大力弘扬南水北调精神。南水北调是实现水资源优化配置、促进经济社会可持续发展、保障和改善民生的重大战略性工程，不仅实现了南北水资源的优化调配，也促进了沿线地区的情感交流。我们要弘扬南水北调精神，就要以互利共赢、共建共享的态度加强沿线地区的沟通协作。南水北调通水后，沿线各省市的合作交流日渐频繁，但从总体上看，库区水源地各省市的经济实力还不够强，生态保护和改革发展面临的问题和困难还比较多，同受水区各省市存在的差距还比较大。互利共赢、共建共享是贯彻新发展理念的必然要求，也是南水北调独特的精神品格。我们要坚持以互利共赢、共建共享的态度，持续加强水源地和受水区的情感交流，积极发展对口协作关系，不断提升合作方式，深化双方经济技术合作，充分利用受水区技术、资金、教育等方面优势，为水源地地区经济社会发展提供有力的人才支援和智力支持，努力形成"南北共建、互利共赢"的区域发展格局，让全体人民共享发展成果。

二、在打造规范高效的黄金新水脉中持续弘扬南水北调精神

南水北调精神诞生于南水北调工程建设的伟大实践，是数百万南水北调人的独特精神标识，激荡着一代代南水北调人的情感共鸣。南水北调工程是谋划半世纪、历时十几年修建而成的浩大水利工程。这一超级国家工程的修建，是对我们党和政府执政能力的综合考量，是对广大党员干部群众凝聚力和向心力的现实验证，也是对工程建设者能力的极限

挑战。是什么支撑着他们无私无畏、奋勇向前呢？正是南水北调精神。今天，一渠清水已源源不断流入北京，南水北调工程由建设阶段进入后期发展阶段。在看到丹水北上给沿线城市发展和群众生活带来的巨大变化同时，我们也面临着前所未有的压力。持续释放工程巨大的经济、社会和生态效益，实现工程持久稳定运行，仍需要新时期南水北调工作者持之不懈的努力。南水北调精神是南水北调的伟大实践中诞生的时代精神，是直达南水北调人内心和灵魂的价值理念。把南水北调精神贯穿于工程运行管理工作中，保障工程持久安全稳定运行，将南水北调工程打造成科学规范、效益显著的黄金新水脉，是对南水北调精神最好的传承和弘扬。

办好中国事情，关键在党，关键在人。我们要以传承和弘扬南水北调精神作为打造黄金新水脉的强大精神动力和精神支撑，深化教育、普及宣传、增强认同。南水北调工程是广大党员干部群众一点一滴干出来的，南水北调精神与千万南水北调人的心血和汗水一起镌刻在千里干渠之上，融入在碧水蓝天之中。可以说，南水北调工程既是造福万代的水利工程，也是光耀千秋的精神丰碑。我们要弘扬南水北调精神，就要把南水北调精神作为激励后来人振奋精神、砥砺前行的旗帜和标杆，教育引导广大党员干部始终保持忠诚担当、创新求精、奋发进取的精神状态。要善于把弘扬南水北调精神同广大干部群众的现实生活结合起来，以生动感人、通俗灵活的方式展现南水北调精神的丰富内涵，让人们便于参与其中，乐于自觉践行，以理性的思维、昂扬的斗志、务实的行动，传承和弘扬南水北调精神，为打造黄金新水脉凝聚精神力量。

任何一种精神都离不开实践的沉淀。我们要弘扬南水北调精神，就要在实践中自觉践行南水北调精神，以求真务实、精益求精的作风，推动工程运行管理规范化、高效化。要保持求真务实、精益求精的作风，确保每个环节、每个细节不出差错，使工程运行管理真正落实在统一、标准、规范之中，确保工程持久安全高效运行。同时，要以善于开拓、勇于创新的勇气，推动工程管理的科学化、高效化。我们要积极运用现代科学技术，建立智能化的信息服务平台，对工程运行、水量水质等实现全面监控，加快完善配套设施建设，促进水源的高效合理调配，构建安全优质、畅通高效的新水网，更加精准地发挥南水北调工程对城市经济社会发展和区域协同发展的先行引导作用，使南水北调工程成为造福子孙后代的黄金新水脉。

三、在帮助移民创造美好生活过程中持续弘扬南水北调精神

每每重温南水北调的建设过程，脑海中都会浮现出一个平凡而伟大的群体——移民群众。无论是历经多次搬迁顾虑重重的耄耋老人，还是涉世未深、天真可爱的孩童，由心而发所展现出的那种舍小家、为大家的大爱报国、无私奉献的移民精神，让这项宏伟壮阔的水利工程展现出一幅幅动人的温情画面，成为南水北调精神中最为光辉的部分。移民是南水北调工程中最伟大也是最弱势的群体，他们为了国家需要，将自己"连根拔起"迁往他乡，但却缺乏足够的能力去应对搬迁后情感割裂的痛苦和生存发展的困难。南水北调工程是水利工程，同时也是民生工程。满足人民生存发展需要是南水北调工程的根本出发点和归宿。搬迁仅仅是移民工作的第一步，如何实现迁出地几十万搬迁移民以及迁入地不计其数的"滚地"、挪地"隐形移民"的稳定发展，开辟移民"搬得出、稳得住、可发展、能致富"的阳光快车道，是南水北调通水后工作中必须解决的问题，也是弘扬南水北调精神的本质要求。

马克思、恩格斯曾经说过："思想本身根本不能实现什么东西。思想要得到实现，就要有使用实践力量的人。"① 毛泽东同志也曾指出："我

---

① 《马克思恩格斯文集》第1卷，人民出版社2009年版，第320页。

们的第一个方面的工作并不是向人民要东西，而是给人民以东西。我们有什么东西可以给予人民呢?""就是组织人民、领导人民、帮助人民发展生产，增加他们的物质福利"。① 南水北调工程之所以成功，从根本上说，就是因为它能够造福民族、造福人民，能给人民群众带来实实在在的利益。今天，我们弘扬南水北调精神，首先就是要把人民主体地位落到实处，牢固树立马克思主义群众观点，自觉坚持马克思主义群众路线，真正把人民当英雄来敬畏、当先生来请教、当主人来尊重、当亲人来对待。同时，还要坚持人民至上，切实把实现好、维护好、发展好广大移民群众的根本利益作为我们一切工作的出发点和落脚点，为移民发展致富提供良好的发展环境和有力的帮扶引领，使移民群众能真切感受到自己不仅是南水北调工程的参与者，也是这一千秋伟业的直接受益者。

与此同时，我们弘扬南水北调精神，还要充分发扬自力更生、艰苦奋斗的光荣传统。自力更生、艰苦奋斗是中国共产党人的优良作风，体现了中华民族勤劳勇敢、自强不息的精神，同时也是南水北调精神的重要内涵。20世纪50年代末，为了丹江口水库的建设，4.9万淅川儿女"一条扁担两个筐"搬迁至湖北省钟祥大柴湖，面对一望无际的芦苇荡，移民们发挥自力更生、艰苦奋斗的精神，用最原始的镰刀斧头硬生生砍出万亩良田，凭借自己无限的积极性、主动性和创造力，将芦苇沼泽建设成今天的"中国花都"，使昔日的柴湖变为今天的"财湖"。当前，我们弘扬南水北调精神，就是要传承和发扬这一光荣传统，把南水北调精神贯穿于移民发展致富的全过程，充分发挥地方特色优势，凝聚发展致富的内生动力，紧紧依靠广大移民群众的力量，开辟出发展致富的阳光快车道。

---

① 《毛泽东文集》第2卷，人民出版社1993年版，第467页。

百年调水梦，今日终得圆。南水北调，是人类与自然的一次和谐对话，是中华民族以顽强不屈的毅力和奋斗改写山河、扭转命运的伟大壮举，也是一座不朽的精神丰碑。当一渠清水缓缓北上，我们不能忘记那些为了南水北调事业付出、奉献、牺牲的人们，不能忘记他们用泪水和汗水浇筑出的南水北调精神。南水北调精神是广大干部群众在党的领导下谱写的新时期英雄史诗，也是激励后来人不忘初心、继续前进的精神赞歌。丹江水日夜奔腾不息，新的伟大征程已经开启，我们要大力弘扬南水北调精神，激励和鼓舞全国人民在实现中华民族伟大复兴的历史征程中创造出更多的伟大奇迹。

后 记

　　为了弘扬南水北调精神，河南省在南水北调中线工程渠首建立了南水北调干部学院。2016 年 5 月，河南省社会科学院、中共南阳市委组织部、南水北调干部学院组成联合课题组，对南水北调精神进行研究。研究工作得到了国务院南水北调工程建设委员会办公室、河南省南水北调办公室、河南省社会科学院、中共南阳市委市政府、淅川县委县政府、邓州市委市政府等单位的大力支持和帮助。国务院南水北调办公室主任鄂竟平同志专程到河南省社会科学院调研并慰问课题组人员，对研究工作进行悉心指导。时任河南省南水北调工程建设指挥部的领导同志刘满仓、王树山、王小平、刘正才等对研究工作提出许多宝贵意见。河南省社会科学院党委书记魏一明同志多次带队进行调研，院长张占仓给予研究工作大力支持。南水北调干部学院孙富国主任、李建鹏同志、黄亮同志为课题组调研做了大量工作，提供了宝贵材料。课题组成员、河南省南水北调办公室鲁肃同志多次参与本书调研和部分初稿起草。值此本书即将付梓之时，一并向各位领导和同志们致以诚挚的谢意。

　　本书研究主题和框架由刘道兴提出，闫德民、卫绍生、陈东辉、杨波等参与了框架结构及写作大纲的讨论。参加本书撰稿的有：刘道兴（前言），李立新（第一章第一、三、五节，第二章第一节），刘辉（第一章第二、四节，第二章第二节，第六章第四节，第十二章第三节，第十三章第二、三节），田丹（第二章第三、五节，第四章），陈东辉、鲁肃（第二章第四节，第十三章第一节），杨波（第三章），陈勤娜（第五章，第六章第五节），万银锋（第六章第一节，第十二章第二、四节），卫绍生（第六章第二节，第七章），张沛（第六章第三节，第八章，第十二章第一节，第十三章第四节），闫德民（第九章，第十章，第十一章）。全部书稿最后由刘道兴、闫德民、卫绍生、陈东辉统稿改定。

由于我们对南水北调精神的认识和研究能力有限，书中可能存在瑕疵、疏漏乃至谬误之处，恳请读者不吝赐教、批评指正。

编　者

2017 年 9 月

责任编辑：朱云河（zhuyunhe100@163.com）

特约编辑：曹培强　郭　娜

装帧设计：周方亚

责任校对：刘　青

图书在版编目（CIP）数据

南水北调精神初探／中共南阳市委组织部，南水北调干部学院 组织编写；
　刘道兴 等著 . —北京：人民出版社，2017.11
ISBN 978 − 7 − 01 − 018606 − 1

I.①南…　II.①中…②南…③刘…　III.①南水北调 − 水利工程 − 中国　IV.① TV68

中国版本图书馆 CIP 数据核字（2017）第 289638 号

南水北调精神初探

NANSHUI BEIDIAO JINGSHEN CHUTAN

中共南阳市委组织部、南水北调干部学院 组织编写

刘道兴 等著

人民出版社 出版发行

（100706　北京市东城区隆福寺街 99 号）

北京汇林印务有限公司印刷　新华书店经销

2017 年 11 月第 1 版　2017 年 11 月北京第 1 次印刷
开本：710 毫米 ×1000 毫米 1/16　印张：23.75　插页：8
字数：308 千字

ISBN 978 − 7 − 01 − 018606 − 1　定价：82.00 元

邮购地址 100706　北京市东城区隆福寺街 99 号
人民东方图书销售中心　电话（010）65250042　65289539